Edvard Grunau

Lebenserwartung von Baustoffen

Edvard Grunau

Lebenserwartung von Baustoffen

Funktionsdauer von
Baustoffen und Bauteilen

Wirtschaftlichkeit durch
langlebige Baustoffe

Friedr. Vieweg & Sohn   Braunschweig/Wiesbaden

CIP-Kurztitelaufnahme der Deutschen Bibliothek

Grunau, Edvard B.:
Lebenserwartung von Baustoffen: Funktionsdauer von Baustoffen u. Bauteilen; Wirtschaftlichkeit durch langlebige Baustoffe/Edvard Grunau. — Braunschweig, Wiesbaden: Vieweg, 1980.
ISBN 3-528-08847-8

© Friedr. Vieweg & Sohn Verlagsgesellschaft mbH, Braunschweig 1980

Die Vervielfältigung und Übertragung einzelner Textabschnitte, Zeichnungen oder Bilder, auch für Zwecke der Unterrichtsgestaltung, gestattet das Urheberrecht nur, wenn sie mit dem Verlag vorher vereinbart wurden. Im Einzelfall muß über die Zahlung einer Gebühr für die Nutzung fremden geistigen Eigentums entschieden werden. Das gilt für die Vervielfältigung durch alle Verfahren einschließlich Speicherung und jede Übertragung auf Papier, Transparente, Filme, Bänder, Platten und andere Medien.

Satz: Friedr. Vieweg & Sohn, Braunschweig
Druck: E. Hunold, Braunschweig
Buchbinderei: W. Langelüddecke, Braunschweig
Alle Rechte vorbehalten
Printed in Germany

ISBN 3-528-08847-8

Inhaltsverzeichnis

Geleitwort	VII
0 Vorbemerkung	VIII
1 Einleitung	1
2 Anorganische Baustoffe	6
2.1 Natursteine	7
2.2 Mörtel und Putze	23
2.3 Ziegel und Klinker	34
2.4 Keramische Platten und Bekleidungen aus keramischen Platten	41
2.5 Vormauer- und Verblendschalen	46
2.6 Fachwerk	49
2.7 Mischmauerwerk	53
2.8 Beton und Stahlbeton	55
2.9 Bimsbaustoffe	63
2.10 Kalksandsteine	65
2.11 Asbestzement	69
2.12 Glas	71
2.13 Anorganische Anstrichmittel	73
2.14 Gips und Gipsbauteile	82
3 Metalle	86
3.1 Zink und Titanzink	88
3.2 Kupfer und Kupferlegierungen	89
3.3 Eisen und Stahl, Edelstahl rostfrei	94
3.4 Aluminium und Aluminiumlegierungen	101
3.5 Blei	104
4 Organische Baustoffe	105
4.1 Holz	105
4.2 Bitumen, Teer, Asphalt	109
4.3 Organische Kunststoffe	112
4.3.1 Fassadenplatten und Fensterprofile	120
4.3.2 Siliconharze (Siloxane)	129
4.3.3 Dichtstoffe	134
4.3.4 Dämmstoffe	142
4.3.5 Kunstharzputze (Kunstharzplastiken)	148
4.3.6 Organische Anstrichmittel	151
5 Schlußwort	163
Sachwortverzeichnis	164

Geleitwort

Eine Zusammenstellung unserer Erfahrungen über die Lebenserwartung von Baustoffen war notwendig. Architekten und Bauingenieure waren nur zu sehr auf die Angaben der Herstellerfirmen angewiesen, sofern diese überhaupt Angaben über das Langzeitverhalten ihrer Produkte machten.

Die Arbeitsgemeinschaft für Bauwerkserneuerung und Bauwerkserhaltung (ABE) hat es sich zur Aufgabe gemacht, alle Zusammenhänge, die zur Erhaltung von Bauwerken, d.h. auch zum Zerfall von Bauteilen führen, wissenschaftlich aufzuklären. Diese Erkenntnisse sind für Architekten wie für Bauherren von großer Bedeutung: Die Auswahl der Baustoffe kann sicherer getroffen werden, Wartungs- und Instandhaltungsperioden lassen sich vorherbestimmen. Die ABE verbreitet diese Erkenntnisse und ist damit gemeinnützig tätig. Sie ist auch nicht ganz unschuldig an der Entstehung des vorliegenden Buches. Der Autor ist wissenschaftlicher Vorstand der ABE; er hatte den Auftrag, dieses Wissen um das Langzeitverhalten der Baustoffe — insbesondere der modernen Baustoffe — zusammenzutragen. Viele Mitglieder der ABE haben dabei mitgeholfen; der Autor hofft, schon in der 1. Auflage eine Vielzahl von Daten über die wichtigsten Baustoffe erfaßt zu haben. Selbstverständlich wird man ein solches Werk in den nächsten Auflagen ständig verbessern und ergänzen müssen. Deshalb auch die Bitte an die Hersteller von Baustoffen und ihre Interessenverbände, durch Zurverfügungstellung von Daten und ergänzenden Hinweisen an der nächsten Auflage mitzuarbeiten.

Hamburg, im August 1979   Ivar Buterfas
(2. Bundesvorstandsvorsitzender der Arbeitsgemeinschaft für Bauwerkserneuerung und Bauwerkerhaltung)

0 Vorbemerkung

Baustoffe unterliegen — wie alle anorganischen oder organischen Verbindungen — natürlichem Verfall. Dieser Verfall kann durch geeignete Schutz- und Konservierungsmaßnahmen merklich hinausgezögert werden. Er läßt sich jedoch auch durch ungeschickten, ungünstigen Zusammenbau verschiedener Baustoffe und durch dem Baustoff nicht angemessene Konstruktionen beschleunigen.

Mineralische Baustoffe sind relativ beständig. Wir kennen überwiegend aus solchen Baustoffen errichtete Bauten, die seit 4000 Jahren in gutem Zustand stehen. Wir kennen aber auch Baustoffe, die schon nach wenigen Jahren deutliche Verfallserscheinungen aufweisen. Die Verwendung neuer Baustoffe bedeutet oft einen Vorstoß ins Ungewisse, und hier müssen in vielen Fällen Nutzen und möglicherweise geringe Lebenserwartung gegeneinander gut abgewogen werden.

Das Thema *Lebenserwartung von Baustoffen* stand bisher nicht im Mittelpunkt des Interesses. Bis vor etwa 30 Jahren wurden Bauten aus konventionellen Baustoffen errichtet, die Frage des Verfalls stellte sich nicht. In den letzten Jahrzehnten werden oft Bauteile und Bauelemente aus neuen Baustoffen entwickelt, und wir werden auch zunehmend mit dem Verfall von Baustoffen konfrontiert. Es mag sein, daß hier neue, moderne Baustoffe ins Spiel kommen, es mag auch sein, daß die Konstruktionen neu sind und damit neue Belastungsrisiken entstehen. Auch denken wir heute unter dem Gesichtspunkt der Bauwerterhaltung und im Hinblick auf die Kosten für Wartung und Instandhaltung viel bewußter. Ganz sicher gewinnt diese berechtigte Denkweise heute stark an Boden.

Bauwerke sind nach unserem Verständnis kein kurzlebiges Wirtschaftsgut. Das hatte man uns eine Zeitlang einzureden versucht, doch setzte sich diese Denkweise bei uns nicht durch. Das ist auch verständlich, etwa wenn wir ein Einfamilienhaus als das Produkt der Arbeit und des Sparens eines Arbeitslebens betrachten; dann ist nicht einzusehen, warum dieser Wert bereits nach dreißig oder fünfzig Jahren verfallen sein soll.

Dieses Buch richtet sich an Bauherren, Architekten, Bauingenieure, an die Hersteller von Baustoffen und alle Instanzen, die mit Planung, Herstellung und Instandhaltung von Bauten befaßt sind. Die Baustoffhersteller werden das Buch kritisch prüfen, um festzustellen, ob ihre Produktgruppe bei der Wertung gut abschneidet. Fast jeder Baustoffhersteller wird sich bei irgendeiner Aussage wahrscheinlich betroffen fühlen. Das liegt in der Natur jeder kritischen Würdigung des Sachverhalts; denn die Lebenserwartung von Baustoffen ist nun einmal nicht einheitlich.

Für organische Baustoffe, so z.B. für Kunststoffe, mag eine Lebenserwartung von 35 Jahren schon befriedigend und hoch sein, für einen mineralischen Baustoff, so für Ziegel, mögen 5000 Jahre angemessen sein. Auch Metalle haben meistens eine sehr hohe Lebenserwartung, wenn Kontaktkorrosionen sowie Wasser- und Sauerstoffzutritt vermieden werden. Grundsätzlich gilt: Baut man Werkstoffe nicht ihrem Verhalten entsprechend zusammen, so entstehen Risiken, und die Lebenserwartung wird notwendigerweise gemindert.

Die erste Auflage dieses Buches wird sicherlich nicht alle Baustoffe in ihrem Langzeitverhalten darstellen können. Erfahrungswerte liegen auch nur teilweise vor. Dennoch gestattet der Umfang der bisherigen Erfahrungen und der vorliegenden Unterlagen eine erste Übersicht. Eine Reihe von Forschungsberichten und Untersuchungen ist dabei verwertet worden. Spätere Auflagen sollen durch neue Untersuchungsergebnisse, Erfahrungswerte sowie kritische Stellungnahmen zur vorliegenden Arbeit ergänzt und auf den jeweils neuesten Stand des Wissens gebracht werden.

Erftstadt im August 1979   Edvard B. Grunau

1 Einleitung

Der Verfall von Baustoffen beruht auf Erosions- und Korrosionsvorgängen. Je nachdem, ob der Erosions- oder Korrosionseinfluß überwiegt, sprechen wir von einer Erosionskorrosion oder einer Korrosionserosion; denn sehr oft wirken beide Prozesse nebeneinander, und zwar stets in der gleichen Richtung.

Ursachen des Verfalls

Erosion wird durch mechanisch-physikalische Vorgänge bewirkt. Es können thermische Bewegungen, Bewegungen des Bauwerks, des Untergrundes, Bewegungen infolge von Quell- und Schwindeprozessen, durch Wind, durch Schallwellen, durch Umkristallisationsprozesse und Bewegungen anderer Ursache sein, die im Baustoff wie an den Grenzflächen verschiedenartiger Baustoffe Spannungen entstehen lassen. Diese Spannungen führen dann zur Zerstörung des Baustoffes.
Auch die Wassereinwirkung spielt eine bedeutende Rolle. Wasser löst Baustoffbestandteile (Bindemittel) heraus, dringt in viele Baustoffe ein und durchfeuchtet sie, so daß durch Auswaschungen und Quell- und Schwindvorgänge Risse verbreitert werden. Wasser vermindert, wenn es sich im Baustoff befindet, die Wärmedämmung, was wiederum zu überhöhtem Taupunktwasseranfall in der kalten Jahreszeit führt. Auch die kurzwellige Strahlung des Sonnenlichts vermag einige Baustoffe von der Oberfläche her zu zerstören. Das trifft für organische Baustoffe und für Oberflächenbeschichtungen mit Harzen und Kunstharzen zu.
Auch die Korrosion von Baustoffen läuft fast ausschließlich nur in Gegenwart von Wasser ab. Metallische Baustoffe wie auch andere – so z.B. kalkgebundene Baustoffe – sind der Korrosion ausgesetzt.
Die korrosiven Medien sind Sauerstoff, Kohlensäure, die aggressiven Abgase in der Stadt- und Industrieatmosphäre, der O_2-Gehalt der Luft, die Stickoxide in den Abgasen der Kraftfahrzeuge, die Halogene im Brauchwasser und im Meerwasser und auch Säuren, die sich im Erdreich befinden. Hinzu kommen neuerdings auch die Reinigungsmittel, die alle organischen Säuren enthalten und, in zu hohen Konzentrationen oder dauernder Anwendung, Baustoffe anzugreifen vermögen: Weinsäure, Oxalsäure, Essigsäure, Zitronensäure oder Sulfaminsäure.
Bei den Korrosionsformen unterscheiden wir Flächenabtrag, Spaltkorrosion, Lochfraß, Spannungsrißkorrosion, Entzinkung bei Messing und auch allgemein Elementbildungen und Kontaktkorrosion zwischen Werkstoffen, wenn deren Normalpotentiale oder praktische Potentiale (so z.B. im Leitungswasser oder im Seewasser) um einen größeren Spannungsbetrag verschieden sind.

Hinzu kommt schließlich der ‚reinrassige' Erosionsvorgang bei der Eisbildung im Baustoff, der, ähnlich wie bei der Rostbildung von Eisen, den Baustoff sprengen kann.
Der biologische Verfall von Baustoffen, der Holz und noch andere organische Stoffe betrifft, ist getrennt zu betrachten. Hier spielen eher chemische als physikalische Prozesse eine Rolle.
Erosion und Korrosion kommen selten separat vor, sie laufen meistens parallel ab; man spricht dann von *Erosionskorrosion*, wobei sich beide Verfallsursachen ergänzen und begünstigen.
Nach unseren Vorstellungen ist ein Haus ein beständiges Anlageobjekt, welches von mehreren Generationen bewohnt werden soll. Wir erwarten von allen Bauteilen, daß diese möglichst lange Zeit intakt und wartungsfrei bleiben. Steine, andere silikatische Baustoffe, Holz und Metalle unterliegen aber der Erosion oder der Korrosion.
Geordnete Materie hat die Tendenz, sich zu verteilen und zu zerstreuen. Dies ist eines der physikalischen Grundgesetze der Natur, und alle Baustoffe unterliegen in gleicher Weise dieser Gesetzmäßigkeit. Sie zerfallen im Laufe der Zeit unter der Einwirkung atmosphärischer Einflüsse, äußerer mechanischer Einwirkung und Spannungszuständen im Material. Diesen Zerfall von Baustoffen zu vermindern und ihn zeitlich hinauszuschieben, ist der Sinn schützender Maßnahmen.
Andererseits kann der Zerfall von Bauwerken und Baustoffen durch falsche Konstruktion, Zusammenbau unverträglicher Materialien und Verwendung ungeeigneter Baustoffe beschleunigt werden.
Wasser ist ein wesentlicher Faktor der Erosion und der Korrosion. Hält man es von der Fassade fern, so verläuft der Zerfall sehr viel langsamer. Davon unbeeinflußt bleiben mechanische Einflüsse und thermische Bewegungen. Der dominierende Einfluß bleibt jedoch stets die Wasserbelastung der Außenwand, des Daches und anderer Bauteile, die der Atmosphäre ausgesetzt sind.
Die drei Aggregatzustände des Wassers befähigen es, in der Wand stets präsent zu sein, und zwar als Flüssigkeit (eingedrungenes Regenwasser, Taupunktwasser in der Wand und als von der Innenfläche aufgesogenes Kondenswasser), dann als Gas (Wasser hat bei den auf der Erdoberfläche herrschenden Temperaturen einen merklichen Dampfdruck) sowie als Feststoff, wenn das in die Wand eingedrungene oder dort kondensierte Wasser zu Eis gefriert.
Die Präsenz des Wassers begünstigt darüber hinaus Ionenreaktionen, chemische Umsetzungen, Korrosionen und Erosionskorrosionen bei mineralischen wie metallischen Werkstoffen. Wasser begünstigt die Wärmeleitfähigkeit und damit indirekt die thermische Bewegung, die die Ursache für Erosionen im Microbereich und der ganzen Wand ist.

Präsenz des Wassers ist auch die Voraussetzung für den biologischen Angriff auf Holz und manche Kunststoffe. Auch silikatische Baustoffe können durch Pilze und andere Microorganismen befallen werden, wobei diese keine Zerstörungen verursachen. Eingeschwemmter organischer Staub und Schmutz sind die Nährböden für Microorganismen. Auch kunstharzgebundene Farben, Binder oder Tapetenkleister sind ideale Nährböden. Die ganze organische Flora stirbt ab und überlebt allenfalls in Form von Sporen, wenn ihrer Umgebung die Feuchtigkeit entzogen wird.

Die wichtigste Voraussetzung für die Erhaltung von Baustoff und Bauwerk ist die Ausschaltung der Wassereinwirkung, die eigentliche Aufgabe des Bautenschutzes. Es sind unzählige Methoden und Bautenschutzmittel entwickelt worden, die einer solchen Aufgabe gerecht werden sollen.

Ein weiterer, die Erosion begünstigender Einfluß von nicht geringer Bedeutung ist die thermische Bewegung. Baustoffe unterliegen der thermischen Dehnung (Dilatation) und der thermischen Zusammenziehung (Kontraktion). Es sind Elementarkräfte, die durch Gegenkräfte nicht aufzufangen sind. Die thermischen Bewegungen sind für die einzelnen Baustoffe recht unterschiedlich. Durch den Zusammenbau von Materialien verschiedener Ausdehnungskoeffizienten entstehen in der Außenwand oft schädliche und unnötige thermische Spannungen. Solche Spannungen führen dann zu Rissen in der Wand.

Zweckmäßig ist es, bereits in der Planung die auftretenden Bewegungen in erster Näherung zu errechnen und ein entsprechendes Fugenraster auszulegen (Aufgabe des Architekten). Damit können Bauschäden bereits in der Planung vermieden — oder vorprogrammiert werden.

Durchfeuchtung und Trocknung von Baustoffen (Quell- und Schwindvorgänge) führen zu Bewegungen in Bauteilen. Hier wird der direkte Einfluß des Wassers erkennbar. Diese feuchtigkeitsbedingten Bewegungen führen auch zu Spannungen und zur Rißbildung. Bei silicatischen Baustoffen treten Quell- und Trocknungsbewegungen in der Größenordnung von 0,1 bis 0,25 mm/m auf.

Tabelle 1 gibt die linearen thermischen Ausdehnungskoeffizienten für eine Reihe der wichtigsten Baustoffe wieder. Andere Materialfaktoren — wie die reversiblen Längenänderungen bei Wasserbelastung — sind der Fachliteratur zu entnehmen.*

Die Erosion von Bauteilen

Die Zerstörung von Bauteilen ist von der Zerstörung des Baustoffes zu unterscheiden. Es kann durchaus sein, daß Baustoffe intakt bleiben, doch im Zusammenbau unverträglich und wenig langlebig sind. Dies gilt für den falschen Zusammenbau von Baustoffen, dadurch können Erosionen und Korrosionen ausgelöst werden. Selbstverständlich führt auch der Verfall einzelner Baustoffe in einem Zusammenbau zur Zerstörung des gesamten Bauteils.

Tabelle 1 Lineare, thermische Ausdehnungskoeffizienten wichtiger Baustoffe, α in 10^{-6} m/m pro K

Beton allgemein	11
Beton mit Granit	9
Beton mit Kies	10–12
Beton mit Basalt	9
Beton mit Kalkstein	9
Beton mit Hochofenschlacke	7–10
Beton mit Thermokreteschlacke	8
Beton mit geblähtem Ton	7–9
Beton mit Ziegelsplitt	6
Beton mit Quarz	12
Schaumbeton	11
Betonwerksteine (Zementsteine)	11–18
Zementmörtel	10–11
Kalkzementmörtel	9–10
Kalkmörtel	8–10
Kalksandsteine	5–8
Kalkstein	7
Ziegelsteine	5
Sandstein	12
Bims	5
Bimsbaustoffe (Isobims)	5–7
Quarzit	13
Granit	8
Basalt	9
Klinker und Fliesen	5–8
Hartglas	4,3
Normalglas (Alkali etwa 10 %)	4,8
Normalglas (Alkaliarm)	4,8
Metalle	
Eisen	11,5
Stähle	10–14
Nickel	13
CuNi 30 Fe	15,3
CuNi 10 Fe	16
Kupfer	16,8
Silber	19,3
Aluminium	23,8
AlMgSi 0,5	23,9
Magnesium	26
Zinn	27
Blei	29,4
Zinkbleche	21–33
Hölzer	
Fichte Faserlängsrichtung	5,4
quer zur Faser	34,1
Tanne Faserlängsrichtung	3,7
quer zur Faser	58,4
Ahorn Faserlängsrichtung	6,4
quer zur Faser	48,4
Eiche Faserlängsrichtung	3,4
quer zur Faser	28,0
Mahagoni Faserlängsrichtung	3,6
quer zur Faser	40,4
Ulme Faserlängsrichtung	5,6
quer zur Faser	44,3
Esche Faserlängsrichtung	9,5
Weißbuche Faserlängsrichtung	6
Hartschichtholz	10–40

---

* E. Grunau, Fugen im Hochbau, Köln 1973

Fortsetzung Tabelle 1

Harze	
Melaminharz gefüllt mit Holzmehl	40—60
Melaminharz gefüllt mit Steinmehl	32—45
Harnstoffpreßmassen gefüllt mit kurzfasrigem Zellstoff	40—50
Polyesterpreßmassen mit Glasfasern	35—45
ungesättigte Polyestergießharze	100—150
ungesättigte Polyestergießharze mit Quarzsand 1 zu 7 gefüllt	24—28
Epoxidharze (Gießharze)	60
Epoxidharze mit Quarzsand im Verhältnis 1 zu 5 gefüllt	20
Polyaethylen, Hochdruck —	200—230
Polyaethylen, Niederdruck —	115—185
Polypropylen	160—180
Polystyrol	60—80
Polystyrol hochschlagfest	80—100
Acrylglas (Polymethylmethacrylat)	70—80
Polycarbonate	60—70
Polyvinylchlorid hart	70—80
Polyvinylchlorid hochschlagfest	80—93
Polyvinylchlorid weich	125—180
Polyvinylchlorid hart, gefüllt 12 %	60—70
Polyamid 6	60—120
Polyamid 6,6	70—100
Polyamid 6,10	70—100

1 Zu schwach überdeckter Bewehrungsstahl rostet trotz der Beschichtung mit einem Kunstharzputz.

Schalten wir aus den Erosionsvorgängen auch den Einfluß des Wassers aus, so wird für manche Erosions- und Erosionskorrosionsvorgänge die Geschwindigkeit wesentlich langsamer sein. Das Zusammenspiel von Korrosion und Erosion soll ein Beispiel demonstrieren. Bild 1 zeigt den Verfall einer Stahlbetonoberfläche. Hier war der Bewehrungsstahl nicht ausreichend mit Beton überdeckt. Hilfsweise versuchte man, diese Überdeckung mit einem Kunstharzputz zu erreichen; diesem Verfahren war kein Erfolg beschieden, der Stahl rostete weiter. Das Bild zeigt den Zustand nach knapp sechs Jahren. Wir sehen, daß der Stahl rostet, der Kunstharzputz zerstört und die obere Betonschicht nicht mehr vorhanden ist. Das ist ein kombinierter Angriff und ein klassischer Erosions-Korrosionsvorgang.

Bild 2 zeigt den untauglichen Versuch, in einer Wand anfallendes Wasser durch Röhrchen nach außen abzuleiten. Eine solche Drainage vermeidet nicht den Wasseranfall, lediglich die Fassade wird unnötig verschmutzt.

Nicht nur Putze und Beton unterliegen der Erosion unter Einwirkung von Wasser. Natursteine, Keramik, Ziegel, Holz und viele andere Baustoffe werden in ähnlicher Weise zerstört.

Die Erosion von Verbindungs- und Dichtstoffen

Verbindungsstoffe sind beispielsweise die Fugenverbindungen zwischen Bauteilen. Diese können hart und kraftschlüssig oder weich und die Kräfte nicht übertragend sein. Im ersten Fall sind es echte Verbindungen, im anderen handelt es sich um eine Abdichtung. Diese Verbindungsstoffe werden hier nur der Vollständigkeit halber ganz kurz diskutiert.

2 Das Bild zeigt den untauglichen Versuch, in der Wand anfallendes Wasser durch Glasröhrchen herauszuleiten.

3 Tuffsteinmauerwerk mit noch sehr gut erhaltenem Mörtel und Resten eines groben Putzes
Bauwerk aus dem 2. Jahr. v. u. Z.

4 Exakte Wasserabweisung eines mit Siloxan imprägnierten Betons

Kraftschlüssige Verbindungen stellen Mörtel mit Zement, Kalk- oder Zement-Kalk-Bindung dar. Diese Fugenmörtel werden zerstört, d.h. zermahlen, sofern auf sie Bewegungen einwirken. Wasser löst aus ihnen Bindemittelanteile heraus (die häßlichen Kalkhydratläufer über roten Vormauersteinfassaden sind wohl allgemein bekannt).
In Ausnahmefällen werden Kunstharzmörtel mit Epoxidharz- oder Polyesterharzbindung verwendet. Diese Mörtel sind gegenüber der Wassereinwirkung wesentlich resistenter. Bewegungen vermögen aber auch sie nur in sehr geringem Umfang aufzunehmen. Infolge ihrer sehr guten Kohäsion und ihrer sehr hohen Zug- und Biegezugfestigkeit wirken sich dann die Wandbewegungen nur im Bereich der Fugenränder aus, und es kommt zu Ausbrüchen und Abrissen im Wandmaterial.
Kalkmörtel haben sich über lange Zeiträume recht gut gehalten. Bild 3 zeigt als Verbindung zwischen Ziegeln einen römischen Kalkmörtel, der heute 2100 Jahre alt ist. Wir erkennen, daß manche der weichen Mauersteine (Tuffsteine) schon stark verfallen sind, der Fugenmörtel jedoch stehen geblieben ist. In anderen Wandabschnitten, so zwischen den Ziegeln, waren die Ziegel beständiger als der Mörtel.

Möglichkeiten, Baustoffe vor vorzeitigem Verfall zu schützen.

Alle Überlegungen und Erkenntnisse hinsichtlich der Lebenserwartung von Baustoffen müssen praktische Konsequenzen zur Folge haben. Aus den einleitenden Ausführungen erkennen wir, wie wichtig es ist, Wasser fernzuhalten, um die Baustoffe vor Erosion und Korrosion zu schützen. Die wirksamste Maßnahme für den Schutz ist eine Imprägnierung der Baustoffe. Wenn die Wand trockengelegt wird und der Wasserhaushalt entscheidend zur trockenen Seite hin verschoben wird, fallen die meisten Verfallsrisiken fort.
Neben der Imprägnierung ist auch die Verwendung hydrophober, kapillar inaktiver Putze mit Kalk- oder Zementbindung nützlich. Man kann hier der Mörtelmischung Metallseifen in fester oder in flüssiger Form zusetzen.
Auch Fassadenanstriche können, sofern sie das Wasser sicher abweisen und noch ausreichend dampfdurchlässig sind, für den Schutz verwendet werden. Fassadenanstriche sind bifunktionell. Sie sollen die Fassade optisch verschönern, daneben auch eine Schutzfunktion haben. Die erste Funktion wird zumindest für einige Zeit vom Anstrich erfüllt. Die Schutzfunktion ist vom Anstrichmaterial und vom Anstrichsystem abhängig. Der Schutz kann durchaus vorhanden sein, er kann aber auch fehlen.
Bild 4 zeigt eine typische Wasserabweisung auf einer Betonoberfläche, wie man sie heute mit den modernen Siloxan-Silan-Systemen über längere Zeiträume erreichen kann. Mit diesen Systemen wird die Forderung nach der Diffusionsmöglichkeit des Wasserdampfes gut erfüllt. Die Diffusion wird praktisch nicht vermindert. Bei wasserabweisenden Fassadenlacken (Siloxananstriche) sind noch andere Anforderungen

zu erfüllen, so z.B. eine wirksame Diffusionssperrre für CO_2 und die Schwefeloxide.

So wird damit gegenüber der Kohlensäure eine Diffusionswiderstandszahl von 2 800 000 erreicht. Bei diesen Zahlenangaben sind immer einige Zweifel angebracht, insbesondere bei der Messung des Wasserdampfdiffusionswiderstandsfaktors. Man wird niemals vollständig „trocken" messen können, so daß sich allein durch die Meßtechnik einige Verzerrungen ergeben können.

Bei den metallischen Werkstoffen sind die Verhältnisse konträr. Hier kommt es darauf an, sowohl Wasser als auch den Wasserdampf und alle anderen Gase von der Metalloberfläche fernzuhalten. Es gibt hier aber auch Anwendungsbereiche, bei denen der Kontakt der metallischen Oberfläche mit Wasser ständig gegeben ist, so beispielsweise bei Wasserleitungen.

Wir ersehen schon aus diesen kurzen Hinweisen, wie komplex die Bedingungen für die Lebenserwartung von Baustoffen sind und wie schwierig es ist, allen diesen Faktoren durch geeignete Schutzsysteme gerecht zu werden.

2 Anorganische Baustoffe

Neben Holz sind anorganische Baustoffe seit den ältesten Zeiten Baustoffe für menschliche Behausungen gewesen und entsprechend genutzt worden.
Zu den anorganischen Baustoffen zählen Natursteine, künstlich erzeugte Baustoffe auf anorganischer Basis, wie Mörtel, Ziegel und Klinker, keramische Platten, Beton und Leichtbeton, Kalksandsteine, Gläser, Asbestzementplatten, metallische Baustoffe sowie anorganische Anstrichmittel. Anorganische Anstrichmittel sind die mit Kalkhydrat gebundenen Mineralfarben und die Silicatfarben auf der Basis einer Kaliumwasserglasbindung. Die dafür verwendeten Pigmente sind Metalloxide.
Die Metalle spielen dabei stets eine wichtige Rolle: Blei, Eisen und Stahl, Kupfer, Bronze und Messing, Zink, in neuerer Zeit auch Legierungen dieser Metalle mit Nickel, Chrom, Titan und noch anderen Metallen. Bei den Leichtmetallen ist es das Aluminium, welches mit anderen Leicht- und Schwermetallen in geringeren Anteilen legiert ist. Metalle wurden bereits im Altertum vielfach verwendet, so für Verankerungen von Säulen, Brunnen und für Sanitärinstallation.
Während wir bei den klassischen Baustoffen — Natursteinen, Ziegeln, Glas, Kalkmörteln — recht gut über deren Langzeitverhalten Bescheid wissen und abschätzen können, wie sich diese in 30 oder 50 Jahren verhalten werden bzw. wie weit die Bauteile aus solchen Baustoffen erneuerungsbedürftig sind, besteht diese Sicherheit in der Vorhersage bei anderen anorganischen Baustoffen nicht. So wissen wir z.B. über die Lebenserwartung von Stahlbeton unter den verschiedenen praktisch eintretenden Bedingungen nicht sehr viel. Wir wissen auch nur wenig über das Langzeitverhalten von Kalksandsteinwänden und Silicatfarbenanstrichen.
Korrosionsfälle bei verzinkten Rohrleitungen aus Stahl und bei Kupferrohrleitungen stellen uns auch vor Probleme, mit denen wir ursprünglich nicht zu rechnen glaubten.
Die Ursachen für diese Unsicherheit sind in den modernen Konstruktionsbedingungen sowie in einer Reihe von Umwelteinflüssen zu suchen, die wir im Hinblick auf die Atmosphäre und das zur Verfügung stehende Wasser als Zivilisationsschadstoffe bezeichnen müssen. Manche Baustoffe, die viele Jahrhunderte fast unbeschadet überstanden haben, beginnen heute sehr schnell zu verfallen. Das sind Erscheinungen, die es uns sicher sehr schwer machen, die Lebenserwartungen von Baustoffen in ein Schema zu bringen, an das wir uns halten können.
Wir müssen uns hier grundsätzlich vor Augen halten, daß Umwelteinflüsse, wie sie über Jahrtausende auf die Baustoffe eingewirkt haben, sich wesentlich von den Umwelteinflüssen unterscheiden, wie sie heute vorliegen. Die jetzt hinzugekom-

5 Der Zusammenbau von Metall und anorganischen Baustoffen führt in vielen Fällen zu Problemen, so wie hier bei der Verankerung von Geländerpfosten aus Stahl in Beton. Rostschutzanstriche und überdeckende Anstriche vermögen den Stahl auch nur unzureichend vor Korrosion zu schützen.

menen Zivilisationsschadstoffe spielen eine erhebliche Rolle. Ebenso müssen wir zwischen den klimatischen Bedingungen des Mittelmeerraumes und denen Nord- und Mitteleuropas unterscheiden.
Eine Abgrenzung der anorganischen Baustoffe von den organischen Baustoffen ist systembedingt notwendig. Ob eine solche Abgrenzung sinnvoll und immer möglich ist, sei dahingestellt. Eine Abgrenzung ist beispielsweise nicht sinnvoll bei der Darstellung der Dämmstoffe. Wollte man das Gebiet der Dämmstoffe auseinanderreißen und an ganz verschiedenen Stellen des vorliegenden Buches behandeln, dann würde die Kontinuität der Darstellung eines in sich abgeschlossenen Gebietes unterbrochen werden. Dies soll aber vermieden werden, zumal die anorganischen Dämmstoffe nicht selten noch über zusätzliche organische Bindungen verfügen, die z.B. ihre Beurteilung gemäß DIN 4102 sehr wesentlich beeinflußt.
Andererseits kann man bei Anstrichstoffen diese Trennung gut vornehmen, ohne daß der Leser verwirrt würde; anorgani-

sche Anstrichmittel unterscheiden sich in sehr vielen Kriterien und auch in ihrer Funktion wesentlich von organischen Anstrichmitteln. Hier wäre eine Vermischung also sogar abträglich. In vielen Fällen, so bei Mörteln und bei Betonen, werden den Baustoffen organische Stoffe zugesetzt: Kunstharzdispersionen oder wasserrückhaltende Stoffe wie Methylcellulosen oder andere polyalkoholähnliche synthetische Produkte. Auch die Verflüssiger für die Herstellung von Beton sind organische synthetische Stoffe. Die Zusätze an Metallseifen, bei denen es sich um organische synthetische Stoffe handelt, werden bei Mörtel und Putzen mit abgehandelt. Sie sollen auch nur dann erwähnt werden, wenn sie auf die Langzeitbeständigkeit des Baustoffes einen Einfluß ausüben.

Der Verbund zwischen metallischen Baustoffen untereinander wie auch der Verbund von metallischen Baustoffen mit anderen anorganischen und organischen Baustoffen schließt Risiken ein. Das ist beispielsweise beim Einbetten des Stahls in Beton der Fall. Andere Risiken ergeben sich durch Lokalelementbildungen. Wir kennen Risiken, die in den Verbundsystemen selber liegen, und solche, die zusätzlich in der Umwelteinwirkung, so z.B. durch Schadstoffe, ihre Ursache haben.

Im Beispiel *Stahlbeton* würde eine Darstellung der Betoneigenschaften diese Zusammenhänge nicht erfassen; auch eine Darstellung der Korrosionsrisiken des Stahls würde an den besonderen Gegebenheiten des Stahlbetons vorbeigehen. In manchen Fällen ergeben sich Risiken erst aus dem Zusammenbau zweier Werkstoffe, die den entsprechenden Bauteil zu einem ständigen Wartungsfall machen und die Lebenserwartung ganz anders gestalten als für jeden der Baustoffe selber. Bild 5 zeigt dafür ein Beispiel aus der Praxis.

Der Leser möge verstehen, daß eine formale Darstellung dem Verständnis der Vorgänge, die einen Baustoff belasten oder zerstören können nicht entgegenkommt; aus diesem Grunde sollen neben den Baustoffen selber auch die komplexen Bauteile mit abgehandelt werden, sofern sich durch den Zusammenbau Besonderheiten ergeben. Nur so können die Verhaltensweisen und die Risiken umfassend dargestellt werden. In letzter Konsequenz kommt es immer darauf an, dem Planer die Information zu geben, die es ihm ermöglicht, spätere Schäden zu vermeiden.

2.1 Natursteine

Natursteine sind, neben Holz, der älteste Baustoff, den der Mensch kennt und verwendet. Die als Baustoffe verwendeten Natursteine sind entweder Erstarrungsgesteine, wie z.B. Granit und Syenit, Schichtgesteine, wie z.B. quarzitische Sandsteine, Marmor, Travertin und Dolomit oder metamorphe Gesteine, wie z.B. Serpentin und Dachschiefer.

Sehr viele dieser Gesteine werden im Bauwesen verwendet; sie haben recht unterschiedliche Lebenserwartungen. Die hier skizzierte Einteilung der Natursteine entspricht zwar konventionell ihrer Gliederung nach ihrer Entstehung, nicht aber ihrem bauphysikalischen Verhalten, so z.B. ihrem Wasseraufsaugvermögen, ihrer Wasserdurchlässigkeit, Wärmeleitfähigkeit und anderen physikalischen Werten. Sehr viel besser wäre für den Bereich des Bauwesens eine Einteilung nach der chemischen Zusammensetzung, weil diese schon eine Aussage hinsichtlich der Beständigkeit zuließe. Wir müssen uns jedoch mit der konventionellen Gliederung abfinden. Die Informationsstelle Naturwerkstein in Würzburg hat eine vorzügliche Zusammenstellung der im Bauwesen Verwendung findenden Natursteine erarbeitet (Tabelle 2). Die Informationsstelle bemüht sich, alle wichtigen und für die Verarbeitung wissenswerten Daten zusammenzutragen. Auf ihre Schriften sei verwiesen.

Erstarrungsgesteine

Zu den beständigsten und dichtesten Gesteinen zählen *Granit* und *Syenit*. Granit ist ein körniges Erstarrungsgestein, polierbar mit großer Verwitterungsresistenz. Die Farben sind hell- bis dunkelgrau, auch viele bunte Töne kommen vor. Syenit ist dem Granit ähnlich, die Farbtöne sind graublau und graurot. Diese Steine finden wir in neuerer Zeit als polierte Verblendungen für dekorative bzw. repräsentative Fassaden. Wir können nur begrenzt auf lange Erlebenszeiten zurückblicken, weil diese polierten Steine im Altertum und im Mittelalter relativ selten verwendet wurden. Syenite wurden schon in der ägyptischen Hochkultur verwendet.

Verwitterungsschäden sind an diesem Gesteinstyp nicht bekannt, sie haben sich auch in den Sockelbereichen, die zumal in Großstädten, jeder Art von Spritzwasser ausgesetzt sind, gut bewährt. Lediglich in Wasserbecken kann es vorkommen, daß im ständig wasserbelasteten Bereich Verfärbungen geringeren Umfanges vorkommen. Aufgrund der Dichtheit dieses Steintyps haben auch die in Wasser gelösten, aggressiven Abgase der Feuerungen keine Chance, in den Stein einzudringen und ihn zu zerstören. Derartige Verwitterungsschäden sind nicht bekannt; an der guten Langzeitbeständigkeit dieser Gesteine besteht kein Zweifel.

Erstarrungssteine – wie *Diorit, Gabbro, Diabas, Quarzporphyr, Keratophyr, Porphyrit* und *Andesit* – spielen teilweise auch als Baustoffe eine wichtige Rolle, so z.B. die *Diorite, Gabbros* und *Diabase*. Ihre Verwitterungsbeständigkeit ist ähnlich gut wie bei Granit. Allerdings darf man die physikalischen Eigenschaften und damit die Verwitterungsbeständigkeit von Steinen nicht verallgemeinern. Jeder dieser Steine – oder besser jedes Vorkommen – ist ein Individualist, der unter seinen spezifischen Bedingungen entstanden ist und sich von jedem anderen Vorkommen unterscheidet. Daher auch die große Zahl der Spielarten, wie sie uns Tabelle 2 zeigt.

Hier versagt die konventionelle Einteilung; denn zu den Erstarrungsgesteinen werden auch sehr unterschiedliche vulkanische Gesteine gerechnet, die völlig anders aufgebaut sind. Es sind vulkanische Erstarrungsgesteine, wie *Basalt, Melaphyr, Bims* und *Lavaarten*. Vernünftig wäre es, auch Tuffsteine

Tabelle 2 Zusammenstellung bekannter, bewährter heimischer und ausländischer Naturwerksteine*

Farbton	Handelsname oder Sammelbegriff	Gesteinsart	Farbe	Gefüge
	Marmor			
	heimische Gesteine			
gelb	Auerkalkstein	Kalkstein	elfenbein und rötlich	dicht
	Jura gelb (Deutsch gelb)	Kalkstein	gelb/gelbbräunlich	dicht
	Jura rahmweiß	Kalkstein	weißlichgelb	dicht
	Jura gebändert	Kalkstein	gelbbräunlich	dicht
	Trosselfels (Donaukalkstein)	Kalkstein	beige	dicht
rot	Auberg	Kalkstein	rötlichgrau	dicht
	Bongard	Kalkstein	rötlichgrau	dicht
	Deutsch rot	Kalkstein	rot	dicht
	Unica	Kalkstein	rot	dicht
grau	Aachener Blaustein	Kalkstein	graublau	dicht
	Famosa S	Kalkstein	hell- und dunkelgrau	dicht
	Fürstenstein	Kalkstein	dunkelgrau	dicht
	Grafenstein	Kalkstein	graurötlich	dicht
	Hohenfels	Kalkstein	dunkelgraublau mit weiß	dicht
	Kattenfels	Kalkstein	graublau, anthrazit	dicht
	Jura grau	Kalkstein	graublau	dicht
	Jura gemischtfarbig	Kalkstein	graublau und gelb	dicht
	Theresienstein	Kalkstein	dunkelgrau	dicht
	Wallenfels	Kalkstein	dunkelgraublau	dicht
	Weinberg	Kalkstein	graubraunrot	dicht
	Westland antik	Kalkstein	dunkelgraublau	dicht
	Westernfels	Kalkstein	dunkelgraublau	dicht
	Wirbelau	Kalkstein	grau	dicht
	Zisterzienser	Kalkstein	graubraunrot	dicht
schwarz	Schupbach	Kalkstein	schwarz mit weiß	dicht
	ausländische Gesteine			
weiß	Arabescato cervaiole	Marmor	weißgrau	feinkörnig
	Bianco carnico	Marmor	weißgrau	feinkörnig
	Blanc clair	Marmor	weißgrau	feinkörnig
	Dionysos	Marmor	weiß/grau	feinkörnig
	Estremoz	Marmor	weißbräunlich	feinkörnig
	Lasa	Marmor	weiß	feinkörnig
	Marmara	Marmor	weißgrau	feinkörnig
	Naxos	Marmor	weiß	feinkörnig
	Rosa Aurora	Marmor	weißrosa	feinkörnig
	Ruschitza	Marmor	weiß	mittelfeinkörnig
gelb	Botticino	Kalkstein	gelb	dicht
	Comblanchien	Kalkstein	gelb	dicht
	Lioz	Kalkstein	gelb und rosé	dicht
	Perlato Sizilia	Kalkstein	gelbbraun	dicht
	Trani	Kalkstein	gelb	dicht
	Untersberger	Kalkstein	gelbrötlich und rosa	dicht
	Verona	Kalkstein	gelb und rot	dicht
braun	Cap Romarin	Kalkstein	braungraurötlich	dicht
	Napoleon Grand melange	Kalkstein	bräunlich	dicht
	Napoleon tigré	Kalkstein	bräunlich	dicht
	Notre Dame	Kalkstein	hellbräunlich	dicht
rot	Adneter Marmor	Kalkstein	rot	dicht
	Belgisch rot	Kalkstein	rotbraun	dicht
	Rouge fleury	Kalkstein	rot	dicht
	Ungarisch rot	Kalkstein	rot	dicht
grau	Alexander G	Marmor	hellgrau	grobkörnig
	Astir	Marmor	hellgrau	mittelkörnig
	Azulino	Kalkstein	hellgrau	dicht
	Bleu Cendré	Marmor	hellgrau	feinkörnig
	Charlottenfels	Marmor	hellgrau	dicht
	Cristallina Colombo	Marmor	hell- und dunkelgrau	feinkörnig

* Nach Schrift Nr. 3.9.2 der Informationsstelle Naturwerkstein, Würzburg

Fortsetzung Tabelle 2

Farbton	Handelsname oder Sammelbegriff	Gesteinsart	Farbe	Gefüge
	Cristallina Tigrato	Marmor	hellgrau	feinkörnig
	Cristallina Virginia	Marmor	hellgrau	feinkörnig
	Drama	Marmor	hell/mittelgrau	feinkörnig
	Ilios	Marmor	hellgrau	mittelkörnig
	Lepenizza/Velingrad	Marmor	hellgrau	mittelkörnig
	Paloma	Marmor	graublau	dicht
	Ruivina	Marmor	hell-dunkelgraublau	feinkörnig
	Trigache	Marmor	hell/dunkelgrau	mittelkörnig
	Zola Repen classico	Kalkstein	hellgrau	dicht
schwarz	Belgisch Granit	Kalkstein	schwarzgrau	dicht
	Nero Marina	Kalkstein	schwarz	dicht
	Portoro	Kalkstein	schwarz mit gelb	dicht

Serpentin

ausländische Gesteine

Farbton	Handelsname oder Sammelbegriff	Gesteinsart	Farbe	Gefüge
grün	Rosso Levanto	Serpentinit	grünrötlich	feinkörnig dicht
	Serpentin classico	Serpentinit	dunkelgrün	feinkörnig dicht
	Serpentin Meergrün	Serpentinit	mittelgrün	feinkörnig dicht
	Serpentin Tauerngrün	Serpentinit	dunkel-hellgrün	feinkörnig dicht
	Tinos	Serpentinit	dunkelgrün	feinkörnig dicht
	Verde Aver	Serpentinit	hell-dunkelgrün	feinkörnig dicht
	Verde Issogne	Serpentinit	hell-dunkelgrün	feinkörnig dicht
	Verde Issorie	Serpentinit	hellgrün	feinkörnig dicht
	Verde Larissa	Serpentinit	hell-dunkelgrün	feinkörnig dicht
	Verde St. Denis	Serpentinit	hell-dunkelgrün	feinkörnig dicht
	Verde Viana	Serpentinit	hellgrün	feinkörnig dicht

Muschelkalk

heimische Gesteine

Farbton	Handelsname oder Sammelbegriff	Gesteinsart	Farbe	Gefüge
grau	Eibelstadter	Muschelkalk	dunkelgraubraun	grobmuschelig porig
	Gaubüttelbrunner Blaubank	Muschelkalk	blaugrau	muschelig dicht
	Gaubüttelbrunner Kernstein	Muschelkalk	graubraun	feinmuschelig dicht
	Kirchheimer Blaubank	Muschelkalk	graublau	muschelig dicht
	Kirchheimer Kernstein	Muschelkalk	graubraun	feinmuschelig dicht
	Kleinrinderfelder	Muschelkalk	graubraun	grobmuschelig porig
	Krensheimer	Muschelkalk	graubraun	feinmuschelig dicht
	Mooser	Muschelkalk	dunkelgraubraun	grobmuschelig dicht

Sandstein

heimische Gesteine

Farbton	Handelsname oder Sammelbegriff	Gesteinsart	Farbe	Gefüge
weiß	Weißgrauer Mainsandstein	Schilfsandstein	weißgrau	feinkörnig
gelb	Gelbweißer Mainsandstein	Sandstein	gelblichweiß	feinkörnig
	Gelbweißer Pfälzer Sandstein	Sandstein	gelblich – weißgrau	feinkörnig
	Gelbbrauner Pfälzer Sandstein	Sandstein	gelbbraun	feinkörnig
	Ruhrsandstein	Sandstein	gelblich/grau – braungelb	feinkörnig
rot	Maulbronner Sandstein	Schilfsandstein	rotbraun/violett – braungelb	feinkörnig
	Neckartäler Sandstein	Buntsandstein	hellrot/graugelb-geflammt	körnig
	Nürnberger Quarzit	Burgsandstein	rötlich – weißgrau	körnig
	Roter Mainsandstein	Buntsandstein	rot – rotviolett	feinkörnig/feinstkörnig
	Rotweiß geflammt. Mainsandstein	Buntsandstein	hellrot/weißgebändert	feinkörnig
	Roter Pfälzer Sandstein	Buntsandstein	rot – rotviolett	körnig
	Schwarzwälder Sandstein	Buntsandstein	rotviolett	feinkörnig
grau	Grauer Eifeler Sandstein	Buntsandstein	grau und rot	körnig
	Grauer Mainsandstein	Buntsandstein	graugelblich – rötlich	feinkörnig
	Grüntenstein	Sandstein	dunkelgrau	feinstkörnig
	Obernkirchener Sandstein	Sandstein	grau – gelblich	feinkörnig
grün	Grüner Mainsandstein	Schilfsandstein	grüngrau	feinkörnig

Grauwacke

heimische Gesteine

Farbton	Handelsname oder Sammelbegriff	Gesteinsart	Farbe	Gefüge
grau	Rheinische Grauwacke	Grauwacke	graublau, graugrün, graubraun	feinstkörnig

Fortsetzung Tabelle 2

Farbton	Handelsname oder Sammelbegriff	Gesteinsart	Farbe	Gefüge
	Granit			
	heimische Gesteine			
rot	Gertelbach	Granit	hellrötlich	mittel- bis grobkörnig
grau	Achertal-Seebach	Granit	hellgrau	feinkörnig
	Bayer. Wald-Granite	Granit	hell-dunkelgraublau	mittelkörnig
	Epprechtstein	Granit	weißgrau	mittelkörnig
	Flossenbürger	Granit	graugelb	mittelkörnig
	Gefreeser	Granit	blaugrau	feinkörnig
	Kösseine-Kleinwendern	Granit	dunkelblaugrau	mittelkörnig
	Liebensteiner	Granit	weißgrau	grobkörnig
	Odenwald-Granite	Granit	grauweiß	mittelkörnig
	Raumünzacher	Granit	grau und rötlich	mittel- bis grobkörnig
	Reinersreuther	Granit	weißgrau/blaugelblich	mittelkörnig
	Ringelbacher	Granit	graurosa	grobkörnig
	Roggensteiner	Granit	weißgraublau	grobkörnig
	Schwartenmagen	Granit	weißblaugrau	grobkörnig
grün	Deutsch Neugrün	Diabas	grün	feinkörnig
	Grün Porphyr	Proterobas	dunkelgrün	feinkörnig
	ausländische Gesteine			
braun	Balma	Syenit	bräunlichgrau	feinkörnig
rot	Balmoral	Granit	rötlich	mittelkörnig
	Gotenrot	Granit	rot	mittelkörnig
	Orchideé	Granit	rot	feinkörnig
	Riesengebirge	Granit	rötlich	mittel- bis grobkörnig
	Tranas	Granit	rot	mittelkörnig
	Vanevik	Granit	rotbräunlich	grobkörnig
	Vanga	Granit	rot	feinkörnig
grau	Baveno	Granit	weißgrau und rötlich	mittelkörnig
	Calanca	Gneis	dunkelgrau	mittelkörnig
	Impala/Rustenburg	Gabbro	grauschwarz	mittelfeinkörnig
	Iragna	Gneis	silbergrau hell	mittelkörnig
	Leggiuna	Gneis	grauweiß	feinkörnig
	Maggia	Gneis	dunkelgrau	mittelkörnig
	Monchique	Foyait	dunkelgraubräunlich	mittelkörnig
	Sarizzo	Gneis	hell-dunkelgrau	feinkörnig
	Seeperle/Viking	Larvikit	graublau	grobkörnig
blau	Labrador hell	Larvikit	hellblau	grobkörnig
schwarz	Angola-Labrador	Labradorit	schwarz	feinkörnig
	Schwarz schwed.	Diabas oder Gabbros	schwarz	feinkörnig
grün	Labrador dunkel	Larvikit	dunkelgrün	grobkörnig
	Schwed. Neugrün	Olivingabbro	dunkelgrün	feinkörnig
	Shandong	Gneis	hellgrün	feinkörnig
	Travertin			
	heimische Gesteine			
gelb	Cannstätter Travertin	Kalkstein	goldbräunlich	porös
	Gauinger Travertin	Kalkstein	weißlichgrau und gelbbräunlich	porös
	Jura Travertin	Kalkstein	hellgelb, gelbbräunlich	porös
	ausländische Gesteine			
gelb	Mokka Travertin	Kalkstein	weißgelb/braun	porös
	Persischer Travertin La Plata	Kalkstein	weißgelb	porös
	Röm. Travertin classico	Kalkstein	hellgelb	porös
	Toscanischer Travertin	Kalkstein	hellgelb	porös
	Ungarischer Travertin	Kalkstein	weißgelb, braun	porös
rot	Persischer Rot-Travertin	Kalkstein	rot	porös

Fortsetzung Tabelle 2

Farbton	Handelsname oder Sammelbegriff	Gesteinsart	Farbe	Gefüge
	Dolomit			
	heimische Gesteine			
gelb	Oberfränkischer	Dolomit	elfenbein und hellgrau	dicht
grau	Wachenzeller	Dolomit	graugelb	feinkörnig
grün	Anröchter	Dolomitmergel	grüngrau	dicht
	Quarzit			
	ausländische Gesteine			
grau	Diamant-Quarzit	Quarzit	weißgrau bis braunrötlich	mittelkörnig
	Hochland	Quarzit	grün	feinkörnig
	Alta	Chloritgneis	grünlichgrau	fein- bis mittelkörnig
	Norwegische Schiefer	Gneise u. Glimmerschiefer	grünlichgrau	fein- bis mittelkörnig
	Stjörna	Gneise u. Glimmerschiefer	silbergrau	mittelkörnig
	Walliser Quarzit	Quarzit	hellgrau-grünlich	mittelkörnig
	Zebrato	Gneis	grauweiß	feinkörnig
	Schiefer			
	heimische Gesteine			
gelb	Solenhofer Plattenkalk	Plattenkalk	gelb und hellgrau	dicht
grau	Rheinischer Schiefer	Schiefer	grauschwarz	dicht
	Sauerländer Schiefer	Schiefer	grauschwarz	dicht
	ausländische Gesteine			
grau	Italienischer Schiefer	Phyllit	grauschwarz	dicht
	Otta Phyllit	Phyllit	dunkelgrau	dicht
	Solveig	Gneisschiefer	dunkelgrau	gewellt, genoppt
	Theumaer	Schiefer	grau	dicht
	Onyx			
	ausländische Gesteine			
gelb	Gelber Onyx	Aragonit	gelb mit braun	dicht
	Sky Onyx	Aragonit	weißgelblich	dicht
grün	Grüner Onyx	Aragonit	grün mit braun	dicht
	Diabas			
	heimische Gesteine			
grün	Hessischer Diabas	Diabas	dunkelgrün	feinkörnig dicht
	Basaltlava, Trachyt, Vulkanischer Tuff			
	heimische Gesteine			
gelb	Ettringer	Trachyttuff	gelblichgrau	grobkörnig
	Riedlinger	Kalkstein	gelbbraun	porös
	Tengener	Kalktuff	gelb	dicht
	Weiberner	Trachyttuff	gelblichgrau	dicht
rot	Michelnauer	Tuff	rot	fein porös
grau	Londorfer	Basaltlava	dunkelgrau	fein porös
	Rheinische Basaltlava	Basaltlava	grauschwarz	fein porös
	Westerwalder	Trachyt	graublau/graugelb	dicht
	ausländische Gesteine			
grau	Basaltina	Basaltlava	dunkelgrau	porös
	Nagelfluh, Konglomerate			
	heimische Gesteine			
braun	Brannenburger	Nagelfluh	bräunlich	grob porös
	ausländische Gesteine			
grau	Ital. Nagelfluh	Nagelfluh	grau und braungelb	porös
gelb	Ternitzer	Konglomerat	gelbbraun	grob — porös

hinzuzurechnen. Diese Steine verhalten sich in der Praxis ganz anders als z.B. *Granite.* Die weichen, vulkanischen Gesteine wurden schon im Altertum gern verwendet. In Italien schneidet man heute noch Steinblöcke aus dem Berg, um sie als Wandbaustoffe zu verwenden. Bims wird körnig gewonnen und als Zuschlagstoff für die Herstellung leichter, wärmegedämmter Betonsteine verwendet.

Da sich vulkanische Gesteine wesentlich von den harten und polierbaren Gesteinen unterscheiden, sollen sie gesondert beschrieben und hinsichtlich ihrer Lebenserwartung diskutiert werden. In diesem Zusammenhang ist die Oberflächenbehandlung angesprochen, deren Gestaltung sehr wichtig für die Langzeitbeständigkeit vieler Gesteine ist. So hängt auch die Wasseraufnahme und überhaupt die Angriffsfläche für die Verwitterung mit der Oberfläche der Steine zusammen. Tabelle 3 gibt einen Überblick über die Oberflächenbearbeitungsmöglichkeiten bei Natursteinen.

Schichtgesteine

Schichtgesteine spielten im Bauwesen seit jeher eine Rolle. Solche Steine wurden als Baustoff verwendet, seit der Mensch seßhaft wurde. Er schichtete zunächst Feldsteine aufeinander und begann dann, sehr kunstvoll behauene und geschliffene Steinblöcke aufeinanderzusetzen. Als Material verwendete er Marmor und Kalkstein jeder Art, so wie er es fand. Die Steinblöcke lagen so fest und fast fugenlos aufeinander, daß solche Bauten noch heute erhalten wären, wenn nachfolgende Generationen diese Bauten nicht als Steinbrüche benutzt hätten.

In den Hochkulturen war vor allem Marmor das Material für kunstvolle Skulpturen, Reliefs und Säulen. Die Bilder 6 bis 9 zeigen davon Reste von noch großer Schönheit, die über die Jahrtausende nur wenig durch Witterungseinflüsse gelitten haben. Die Zerstörungen erfolgten durch Menschenhand. In ebenfalls sehr gutem Zustand befinden sich die Fassaden des Mailänder Doms, den die Bilder 10 und 11 in verschmutztem bzw. gereinigtem Zustand zeigen. Der Vergleich von Marmorskulpturen in einer Großstadt mit den sehr viel älteren antiken Marmorskulpturen in meist ländlichen Gebieten ist wichtig: Er läßt erkennen, daß Marmor gegenüber aggressiven Abgasen in der Atmosphäre recht widerstandsfähig ist.

Wir können bei der Beurteilung der Lebenserwartung auf die Bauten der Antike zurückgreifen: Natursteine haben meistens eine sehr hohe Lebenserwartung; diese aber können wir nur über sehr lange Zeiträume feststellen. Erst dann zeigen sich die Unterschiede im Langzeitverhalten der verschiedenen Natursteine, in der Widerstandsfähigkeit gegenüber Erosion

Tabelle 3
Oberflächenbearbeitung von Naturwerksteinen*

Granite, Syenite, Diorite, Diabase, Gabbros, Porphyre und ähnliche Hartgesteine	Basaltlava	Sandsteine Tuffsteine	Travertine, Muschelkalke, Dolomite, Juramarmor, Handelsmarmore, kristalline Marmore, Serpentine und ähnliche
a) Manuelle Bearbeitung (steinmetzmäßige Bearbeitung)			
bruchrauh	bruchrauh	bruchrauh	bruchrauh
bossiert	bossiert	bossiert	bossiert
gespitzt	gespitzt	gespitzt	gespitzt
fein gespitzt	grob gestockt	fein gespitzt	fein gespitzt
grob gestockt	gebeilt	gekrönelt	geflächt
mittel gestockt	grob scharriert	geflächt	gebeilt
fein gestockt	fein scharriert	gebeilt	gezahnt
	aufgeschlagen	gezahnt	grob scharriert
	abgerieben	grob scharriert	fein scharriert
		aufgeschlagen	aufgeschlagen
		abgerieben	abgerieben
b) Mechanische Bearbeitung (Bearbeitung mit Steinbearbeitungsmaschinen und -werkzeugen)			
stahlsandgesägt	gesägt	stahlsandgesägt	quarzsandgesägt
diamantgesägt	gefräst	diamantgesägt	diamantgesägt
grob geschurt	gesandelt	gefräst	gefräst
fein geschurt	abgerieben	gesandelt	halbgeschliffen
gefräst	geschliffen	abgerieben	gesandelt
geschliffen		geschliffen	abgerieben
fein geschliffen			geschliffen
bis zur Politur			fein geschliffen
geschliffen			anpoliert
poliert			poliert
geflammt			

* Quelle: Informationsschrift Nr. 3.9.0 der Informationsstelle Naturwerkstein

6 Marmorrelief aus Aquilea in vorzüglichem Zustand. Freibewitterung über ca. 1800 Jahre

7 Stierkopf aus Marmor, Cumae, ca. 2600 Jahre alt

8 Reste mutwillig zertrümmerter Marmorreliefs auf dem Forum Romanum. Wir erkennen auf der Unterseite des einen Marmorblocks eine in Blei eingegossene Bronzeklammer.

9 Marmorplastik aus Aquilea, ca. 1800 Jahre alt

11 Portalseite des Mailänder Doms in gereinigtem Zustand.
Material: dichter Marmor

10 Südfassade des Mailänder Doms, noch nicht gereinigt.
Material: dichter Marmor

12 Marmormosaik Rom, Caracallathermen

und Korrosion. Das trifft in bezug auf die Länge der Zeit insbesondere für Marmor zu. Es sei aber auch darauf hingewiesen, daß viele Werkstoffe, die sich über Jahrtausende gut gehalten hatten, durch die modernen Zivilisationsschadstoffe bereits in Jahrzehnten zerstört werden können und auch tatsächlich zerstört werden. Nicht alle Bauten der Antike wurden übrigens in Marmor ausgeführt; in den Provinzen verwendete man oft Kalksteine oder gar Imitationen aus Ziegel und Mörtel.

Marmor wurde auch als Material für Mosaiken verwendet. Dafür brauchte man einen Stein, der ständig begangen werden konnte und zugleich beständig gegen Wasser war. Die Bilder 12 bis 15 zeigen Marmormosaike und Mosaiksteine, die vom Material her auch heute noch einwandfrei erhalten sind. Am Rande sei erwähnt, daß für den Zusammenhalt des Gesamtmosaiks der ausgezeichnet aufgebaute Kalkmörtel verantwortlich ist.

Die Erlebenszeit von Marmorbauteilen festzustellen wäre akademisch, wenn wir von den korrodierenden Einwirkungen durch die bereits erwähnten aggressiven Abgase absehen würden. Unter natürlichen Umweltbedingungen muß Bauteilen aus Marmor, bewittert oder unbewittert, eine Lebenserwartung im Bereich von 10000 Jahren zugebilligt werden, wobei diese Lebenserwartung sicherlich auch beträchtlich überschritten werden dürfte. Unter Lebenserwartung müssen wir in diesem Falle die Erhaltung der äußeren Struktur, so z.B. von Reliefs verstehen. Die Steinblöcke selber werden in der Form sicher noch viel länger erhalten bleiben. Marmor verschmutzt infolge seiner Dichtheit auch nur oberflächlich durch Auflagerung von Schmutz. Schmutzwasser kann nicht eindringen, dafür ist der Stein zu dicht. Aus diesem Grunde genügt es, Marmor schonend zu reinigen; keineswegs sollte man die äußere Schicht durch Sandstrahlen abtragen oder gar durch aggressive, saure Reinigungsmittel abätzen. Eine schonende Reinigung mit Wasser und Netzmittelzusatz beeinträchtigt die Lebenserwartung von Marmor nicht.

Marmor, *Travertin* und *Dolomit* gehören der großen Gruppe der Kalksteine an, wobei die Bezeichnung Kalkstein für die chemische Bindung steht. Es handelt sich meist um kristalline Gesteine, die sich allerdings in ihrem Verhalten wesentlich voneinander unterscheiden.

Travertin hat, wie andere Kalksteine, eine geringere Verwitterungsbeständigkeit und Lebenserwartung als Marmor. Auch die Verschmutzungstendenz des Materials ist größer als die von Marmor; der Baustoff ist weniger dicht. Die Bilder 16 bis 19 zeigen den Verschmutzungszustand und einen Reinigungsvorgang an Travertinfassaden. Der Werkstoff läßt sich unter Zuhilfenahme von heißem Wasser und Dampf-Heißwassergemischen unter Zusatz von geringen Mengen an Netzmitteln relativ gut reinigen. Da Travertin eine gewisse Saugfähigkeit für Wasser hat und dadurch Schmutz fixieren kann, kann man ihn vor weiterer Verschmutzung schützen. Die Travertinfassade muß nach dem Reinigen, Nachwaschen und Trocknen vor neuer Verschmutzung durch eine wasserabweisende Imprägnierung geschützt werden, wobei sich dieser Schutz auch

13 Marmormosaik Rom, Caracallathermen

14 Details von Mosaiken in Rom, Caracallathermen

15 Einzelne Mosaiksteine aus einem Mosaik in einer römischen Villa auf Elba

17 Reinigung einer verschmutzten Travertinfassade in Köln. Der obere Teil ist gereinigt.

16 Travertinfassade in Wolfsburg. Verschmutzungszustand nach 7 Jahren

18 Neue Travertinfassade mit handwerklichen Schäden in Düsseldorf

19 Gereinigte und durch Siloxanimprägnierung vor neuer Verschmutzung geschützte Fassade in Köln

20 Kalksteinfassade in Elche (Mittelspanien), Zustand nach ca. 200 Jahren

auf Schadstoffe in der Luft erstreckt, die nur in Verbindung mit Wasser die calzitische Bindung von Travertin angreifen können. Die Wasseraufnahme von Travertin beträgt (nach DIN 52 103) 4 — 10 Vol. %, die von Marmor 0,4 — 1,8 Vol. %.
Dolomit wird selten verwendet. Das Material ist etwa mit Travertin zu vergleichen, besitzt jedoch meist eine dichtere Struktur. Dolomit ist ein harter, kristallisierter, feinkörniger Kalkstein mit heller, gelbgrauer bis grauer Färbung.
Auch *Juramarmor* gehört in diese Gruppe: ein Kalkstein, der weniger dicht ist als der klassische Marmor, im Langzeitverhalten etwa dem Travertin gleichzusetzen, nicht aber von der hohen Witterungsbeständigkeit des klassischen Marmors.
Kalksteine haben je nach Kristallisation und Dichte sehr unterschiedliche Lebenserwartungen. Am geringsten ist die von Muschelkalkstein. Während der Juramarmor noch ein dichter Stein ist, ist *Muschelkalk* relativ weich, körnig und porös. Plattenkalk ist auch wenig beständig und wenig kristallin ausgebildet.
Die Bilder 20 bis 25 zeigen verschiedene Kalksteine, vielfach auch Muschelkalk, als Bauteile. Die Bauteile sind 200 bis 2500 Jahre alt. Eine solche Zeitspanne erlaubt eine ausreichende Differenzierung, auch wenn wir stets die Unterschiede im Material selber berücksichtigen müssen. Wir erkennen, daß die 200 bis 800 Jahre alten Bausteine noch einigermaßen in Ordnung sind, die Steine aber, die 1900 bis 2000 Jahre alt

21 Kalksteintorbogen aus der Provence, ca. 2000 Jahre alt

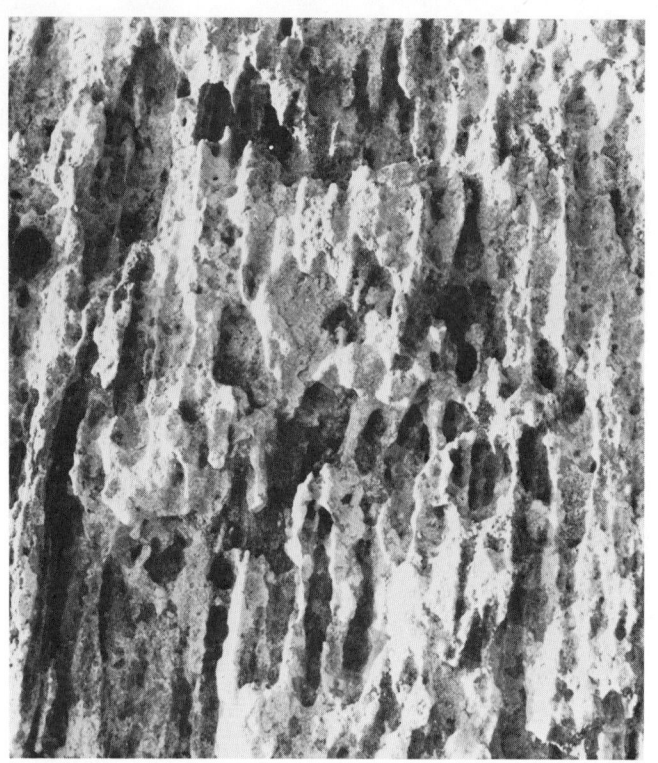

22 Verwitterungszustand einer griechischen Kalksteinsäule nach 2500 Jahren, Standort: Küste Siziliens

24 Verwitterungszustand weichen Kalksteins. Brücke Pont du Gard, ca. 1900 Jahre alt

23 Griechisches Kalksteinrelief aus Poseidonia, etwa 2450 Jahre alt

25 Normannisches Säulenkapitell in Sizilien, sehr fester Kalkstein, ca. 900 Jahre alt

sind und in Gegenden ohne merkliche Zivilisationsbelastungen stehen, schon ziemlich stark ausgewaschen und erodiert sind.

Hier muß eine Anmerkung gemacht werden. Leider dürfen wir, zumindest in den letzten 10 Jahren, nicht mehr streng zwischen Gebieten hoher Zivilisationsbelastung und solchen ohne jede Zivilisationsbelastung unterscheiden. Der Wind trägt aus den Ballungsgebieten und Industriezonen die Schadstoffe auch in ländliche Gebiete und Wälder. So konnten im Schwarzwald merkliche Konzentrationen an Schwefeloxiden in der Luft nachgewiesen werden. Diese Situation wird sich solange verschlimmern und anhalten, wie wir schwefelhaltige, organische Brennstoffe verfeuern.

Die 2450 und 2500 Jahre alten Säulen und Reliefs befinden sich deutlich im Stadium des Verfalls. Das ist bei einem wenig kristallinen, calzitischen Material auch nicht anders zu erwarten. Bedauerlich ist jedoch, daß bei den unersetzlichen antiken Kulturdenkmälern aus Kalkstein schützende Maßnahmen nur zum Teil erfolgt sind.

Bei den einzelnen Kalksteintypen ist die Lebenserwartung sehr unterschiedlich; allein der Marmor ragt hier durch seine hohe Lebenserwartung heraus. Abgestuft stellt sich die Lebenserwartung der Kalksteine etwa wie folgt dar:

Marmor	mehr als 10 000 Jahre
Travertin, Dolomit und Juramarmor	5 000 bis 8 000 Jahre
nicht kristalline Kalksteine	2 000 bis 3 500 Jahre
Muschelkalk	2 000 bis 2 500 Jahre

Bei diesen empirisch festgestellten Daten ist eine andauernde und fortschreitende Belastung durch Zivilisationsschadstoffe nicht berücksichtigt; die Werte wurden rückblickend ermittelt. Dabei erfolgt die Festlegung der Lebenserwartung und der Funktionsfähigkeit eines Bauteils wie der bildlichen Wiedergabe nach Gesichtspunkten etwa des Kunsthistorikers, des Archäologen oder des Bauingenieurs. Über diese Zahlen kann man daher nicht streiten.

Zum besseren Vergleich dienen die Bilder 26 und 27; sie stellen Kulturdenkmäler in Rom dar, die einem schnellen Verfall ausgesetzt sind, sofern man sich nicht bald zu Schutzmaßnahmen entschließt. Die heutige Bautenschutztechnik verfügt über solche Schutzmaßnahmen sowie über die dafür notwendigen Materialien.

Vulkanische Gesteine

In dieser Gruppe seien, abweichend von der konventionellen Einteilung, alle *Steine vulkanischen Ursprungs, vulkanische Tuffsteine, Bims, Basalt* und *Lavatypen* zusammengefaßt. Diese Gesteine sind relativ weich, einige jedoch auch aus hartem, silicatischem Material; sie saugen Wasser nicht kapillar auf, und nur ihre Oberfläche kann durch Wasser und Frost der Erosion unterliegen. Dennoch haben sie eine relativ lange Lebenserwartung. Von den Zivilisationsschäden sind sie weniger betroffen als Kalksteine.

26 Erhaltungszustand von gutem Kalkstein, Colosseum in Rom

27 Erhaltungszustand von dichtem Kalkstein und Marmor. Constantinsbogen in Rom

28 Ca. 1900 Jahre altes Verblendmauerwerk aus Pompeji, das das Erdbeben 62 Jahre n. u. Z. und den Vesuvausbruch im Jahre 79 überstanden hat. Es besteht aus Bims- und Tuffsteinen sowie aus römischen Ziegeln.

29 Verblendmauerwerk aus Natursteinen, Bims und Tuffsteinen (Pompeji), das Erdbeben und Vesuvausbruch überstanden hat.

Die Bilder 28 und 29 zeigen aus verschiedenen vulkanischen Gesteinen hergestelltes römisches Verblendmauerwerk, das noch in sehr gutem und brauchbarem Zustand ist. Derartiges Verblendmauerwerk wird heute nicht mehr hergestellt. Die Lebenserwartung solcher Verblendschalen und solchen Mauerwerks aus vulkanischen Steinen ist mit 2200 Jahren nachgewiesen, liegt aber sicherlich höher als 3000 Jahre.

Bims wird heute in großem Umfang als Zuschlag für zementgebundene Bimsbausteine (Bimsbeton) verwendet. Hier hängt die Lebenserwartung allein vom Zementstein, nicht vom Zuschlagstoff ab. Über einen Verfall von Bimsbeton ist nichts bekannt.

Sandsteine

Diese Sedimentationsgesteine sind entweder calzitisch oder silicatisch gebunden. Silicatisch gebundene Steine sind witterungsresistent, die calzitisch gebundenen Sandsteine unterliegen dem Einfluß aggressiver Abgase. Letztere wurden in den vergangenen Jahrhunderten gerne verarbeitet; sie sind unterschiedlich widerstandsfähig. Sie unterlagen bisher nur in geringem Umfang der Erosion durch Wasser. Erst in den letzten Jahrzehnten setzte ein schneller Verfall unter Einfluß von Zivilisationsschäden ein. Wir können an diesem Beispiel studieren, wie ein nicht natürlicher Einfluß uns vor neue, schwerwiegende Probleme stellt.

Dem Autor sind in zahlreichen Industriegebieten und Großstädten Sandsteinbauten bekannt, die kaum 60 Jahre alt sind und schon einer gründlichen Restaurierung bedürften. Das sind leider keine Sonderfälle. Ursache des Verfalls ist immer der Angriff von Schwefeloxiden zusammen mit Wasser auf die Calziumcarbonat-Matrix der Sandsteine. Bei genauer Betrachtung müssen wir erkennen, daß die Sandsteine eigentlich „Kalksandsteine" sind, in denen Sand durch Kalkstein gebunden ist.

Schwefeldioxid wird in der Atmosphäre durch Ozon und katalytisch wirkende Schwebstoffe, wie z.B. Vanadiumpentoxid, zu Schwefelsäure oxidiert. Schwefelsäure und schweflige Säure greifen von der Oberfläche her das Calciumcarbonat an und wandeln es schließlich zu Gips um. Schließlich bilden sich auf der Steinoberfläche dicke und feste Gipskrusten von 5 bis 15 mm Stärke, die im Winter unter Eisbildung abgesprengt werden. Die Bilder 30 bis 34 zeigen diesen Prozeß in seinen einzelnen Phasen in anschaulicher Weise.

Konservierung und Restaurierung von Sandsteinen ist heute ein weitweites Problem des Denkmal- und Bautenschutzes. Chemische Industrie und Bautenschutzfachleute geben sich die größte Mühe, wirksame Methoden zu finden. So hat z.B. der Dombaumeister am Kölner Dom in mühevoller Kleinarbeit in den letzten 10 Jahren sehr viele mehr oder weniger wirksame Methoden erprobt, um die verschiedenen Sandsteinarten des Doms vor weiterem Verfall zu schützen. Die Ergebnisse sind für uns sehr wichtige Erfahrungen; bisher hat sich nur die tiefe Infiltration von Sandsteinen mit Silanen oder Siloxanen als die schonendste und wirksamste Methode des Schutzes herausgestellt.

30 Die Sandsteinoberfläche ist mit einer Schmutzkruste aus Ruß, Schmutz und Gips bedeckt. Das Wasser unter der sperrenden Kruste wird im Winter zu Eis und sprengt die Kruste ab. Rechts im Bild sind bereits neu eingesetzte Sandsteinplatten erkennbar.

32 Sandstein. Florenz, ca. 300 Jahre alt

31 Sandstein im Zustand deutlicher Zerstörung. Are 220, ca. 350 Jahre alt

33 Sandstein. Zürich, ca. 300 Jahre alt. Hier ist die Zerstörung durch Krustenbildung gut erkennbar.

34 Sandstein, Hamburg, ca. 110 Jahre alt. Auch hier ist die Krustenbildung gut erkennbar.

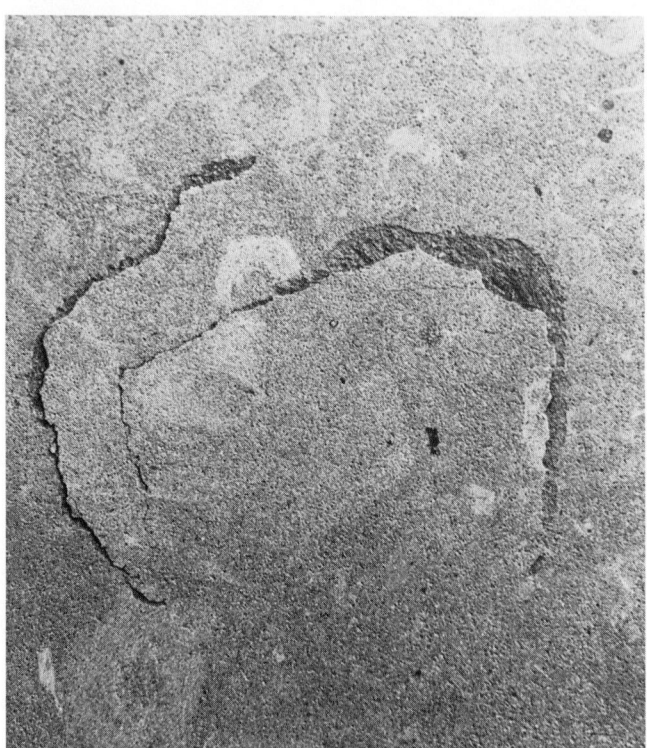

35 Absprengung der Oberfläche von Dolomit durch Kristallbildung (Na-Chlorid) bei Frost

Neben Teilerfolgen des physico-chemischen Bautenschutzes bleibt immer noch die Restaurierung durch Auswechseln alter, zerstörter Bauteile durch neue Teile, möglichst aus nicht calzitisch gebundenem Sandstein. Von den physico-chemischen Schutzmaßnahmen sind die in die Tiefe hinein hydrophobierenden Imprägnierungen immer noch die risikolosesten und wirksamsten. Man kann sie anwenden, wenn der Stein noch nicht zu stark zerstört ist.

Leider sind die Dinge komplizierter, als daß sie allein mit dem Angriff von Schwefeloxiden und Wasser erklärt werden könnten. Bei der Krustenbildung spielen noch Eluierungsprozesse, von der Norm abweichende Rekristallisationsprozesse unter dem Einfluß von Schadstoffen und noch andere Vorgänge bei der Zerstörung von Sandsteinen mit.

Die Lebenserwartung calzitisch gebundener Sandsteine hängt von vielen Faktoren ab: Dichte, Kristallisationsgrad, Konzentration und Andauern der Belastung durch aggressive Bestandteile der Luft und Wasserbelastung. Der Verschmutzungsgrad der Luft ist je nach den Höhen verschieden. So ist die Schadstoffkonzentration um den Kölner Dom in der Höhe zwischen 60 und 80 Meter am größten. Es darf auch nicht vergessen werden, daß schädigende Gase die Kalkbindung im trockenen Zustand nicht angreifen; sie wirken nur als in Wasser gelöste Ionen, d.h. als Säuren. Der Schutz gegen die Wasserbelastung ist damit ein wesentlicher Faktor.

Auch hier muß eine Abstimmung zwischen dem Zerstörungsgrad und der Erlebenszeit von Bauteilen aus Sandsteinen gefunden werden. Die Zerstörung eines Bauteiles aus Sandstein dürfte dann vollständig sein, wenn Schichten über 30 mm Dicke abgesprengt sind. Nach den bisherigen Erfahrungen sind die Zeiten, in denen ein solcher Zerstörungsgrad erreicht wird, 50 bis 900 Jahre je nach den oben erwähnten Voraussetzungen hinsichtlich der Belastung durch Zivilisationseinflüsse. Das sind jedoch nur Erfahrungswerte, die sich sehr schnell zu Ungunsten der Lebenserwartung ändern können, wenn — womit zunächst zu rechnen ist — die hohe Luftverschmutzung anhält oder gar noch zunimmt.

Unter diesen Gesichtspunkten fällt die Lebenserwartung unter natürlichen Bedingungen kaum noch ins Gewicht. Unter natürlichen Bedingungen verfällt ein Sandstein je nach Typus und Wasserbelastung von der Oberfläche her durch Auswaschungs-(Erosions-)Prozesse erst nach etwa 800 bis 1000 Jahren, wobei diese Zeiten im Einzelfall auch bedeutend überschritten werden können. Die Angriffe durch Zivilisationsschadstoffe sind es, die unsere Kalksandsteinbauten schnell zerstören.

Schiefer

Von den anderen Natursteinen, deren Gesamtzahl hier nicht dargestellt und diskutiert werden kann, sei noch der *Schiefer* erwähnt, welcher in Form von Platten bei Dach- und Fassadenbekleidungen eine Rolle spielt. Dachschiefer ist ein metamorphes Gestein, seine Wasseraufnahme nach DIN 52 103 liegt bei 0,5 Gewichtsprozenten, die Porosität liegt bei 1,6 %. Es

Tabelle 4 Feuchtigkeitsbedingte und thermische Längenänderungen bei Natursteinen

Material	Thermische Dehnung bei 100 grd. C. Temp. Differenz in mm/m	Quellung und Kontraktion in mm/m
Sandstein	1,20 mm/m	0,30–0,70 mm/m
Basalt	0,90 mm/m	0,35 mm/m
Gabbro	0,88 mm/m	0,13 mm/m
Granit, Syenit	0,80 mm/m	0,06–0,18 mm/m
Kalkstein	0,70 mm/m	0,10–0,16 mm/m
Dichte Kalksteine und Dolomite	0,75 mm/m	0,10 mm/m
Travertine	0,68 mm/m	0,10–0,12 mm/m
Quarzit, Quarzporphyr, Porphyrit	1,25 mm/m	0,08 mm/m
Trachyte	1,00 mm/m	0,10 mm/m
Diabas	0,75 mm/m	0,09 mm/m
Schiefer	–	0,10–0,13 mm/m
Andesite	0,53 mm/m	0,10 mm/m
Diorit	0,88 mm/m	0,12 mm/m
Andere Baustoffe zum Vergleich		
Stahlbeton	1,00 mm/m	0,14–0,16 mm/m
Beton	1,20 mm/m	0,14–0,16 mm/m
Zementmörtel	1,00 mm/m	0,20 mm/m
Betonwerkstein	1,20 mm/m	0,16–0,20 mm/m

Tabelle 5 Elastizitätsmodul von Festgesteinen[*]

	Elastizitätsmodul E N/mm^2
I. Magmatische Gesteine, Tiefengesteine	
Granite	38 000 – 76 000
Syenite	64 000
Gabbros	112 000 – 125 000
Dunite	60 000 – 178 000
II. Ergußgesteine	
Porphyre	25 000 – 65 000
Diabase	78 000 – 115 000
Basalte	58 000 – 103 000
III. Sedimentgesteine	
Sandsteine	
Quarzite, Grauwacken	8 000 – 18 000
Kalksteine (mesozoisch)	74 000 – 77 000
Kalksteine (paläozoisch)	40 000 – 74 000
Kreide, weich	62 000 – 92 000
Karbon-Tonschiefer (II z. Schieferung)	8 000
Karbon-Tonschiefer (I z. Schieferung)	30 000 – 38 000
IV. Metamorphe Gesteine	
Gneise (II z. Schieferung)	36 000
Gneise (I z. Schieferung)	15 000

[*] nach Niggli und Reich aus: Villwock-Industriegesteinskunde

muß zwischen kristallinem Schiefer und Tonschiefer unterschieden werden. (Schiefer unterscheidet sich darüber hinaus nach den einzelnen Lagerstätten.) Letzterer ist spaltbar. Die Farben des Schiefers sind grauschwarz, oft mit einem Blau- oder Gelbstich.

Schiefer ist sehr langlebig. Ein Verfall ist so gut wie nicht bekannt; mittelalterliche Bauten zeigen häufig intakte Schieferbekleidungen. Während eine Zerstörung der Form der Schieferplatten kaum auf natürlichem Wege erfolgt, wird das Aussehen der Schieferplatten teilweise im Laufe der Zeit stark verändert.

Nachteilig ist bei einigen Schiefervorkommen die Farbveränderung in Form weißer und gelblicher Ausblutungen, die durch das Eluieren von Bestandteilen hervorgerufen werden. Die Erfahrung lehrt, daß selbst Siloxanimprägnierungen ein solches Ausbluten nicht verhindern können. Ein Einfluß von Schadstoffen aus der Atmosphäre muß vermutet werden, ist jedoch bisher nicht exakt nachgewiesen.

Von den in unseren Breiten noch zusätzlich auftretenden Risiken ist die Salzsprengung bei Frost zu erwähnen. Während die Steine die Eisbildung des in die feinen Spalten eingedrungenen Wassers noch auffangen können, widerstehen sie nicht dem Kristallisationsdruck von beispielsweise Natrium- oder Calciumchlorid, wenn dieses als Tausalz in den Stein eingedrungen ist. Es kommt dann zu Absprengungen der Oberfläche. Bild 35 zeigt eine solche Sprengung an einem Dolomit.

Tabelle 4 zeigt ergänzend dazu Längenänderungen bei thermischer Belastung sowie feuchtigkeitsbedingte Längenänderungen bei Natursteinen, sofern man etwas darüber weiß. Tabelle 5 enthält eine Zusammenstellung der Elastizitätsmoduli.

2.2 Mörtel und Putze

Mörtel ist einer der ältesten Baustoffe. Wenn wir vom Lehmverstrich absehen, sind Mörtel so alt wie Menschen begonnen haben, Kalk zu brennen. Mörtel treten in der Antike als *Mauermörtel* und *Innen-* wie *Außenputze* in Erscheinung.

Mörteltypen

Zu den traditionellen Anwendungsbereichen von Mörtel ist heute eine Anzahl neuer Mörteltypen hinzugekommen. Die modernen Mörtel werden zum großen Teil vorgefertigt. Dazu gehören:

Außenputze

Vorspritzbewurf	Baustellenfertigung
Unterputze	Baustellenfertigung und vorgefertigt
Deckputze	Baustellenfertigung und vorgefertigt
Einlagendeckputze	vorgefertigt
Edelputze	vorgefertigt
Luftporenedelputze	vorgefertigt
wasserabweisende Edelputze	vorgefertigt
Sperrputze	vorgefertigt

Innenputze

kalk-zementgebundene Putze	Baustellenfertigung und vorgefertigt
Haftputze	vorgefertigt
Gips- und Kalkbindung	

Dämmputze

mit Kunststoffschaumperlen	vorgefertigt
mit geblähten Mineralstoffen	vorgefertigt
hoch luftporenhaltig	vorgefertigt

Mauer- und Fugenmörtel

Mauermörtel	Baustellenfertigung, neuerdings vorgefertigt
Vormauermörtel	Baustellenfertigung und vorgefertigt
Fugenmörtel	Baustellenfertigung und vorgefertigt

Ansetzmörtel für keramische Platten

Ansetzmörtel für Dickbett	Baustellenfertigung
wasserabweisende Ansetzmörtel	
Klebemörtel für Fliesen	vorgefertigt
Fugenschlämmen zwischen Fliesen	vorgefertigt

Spezialmörtel für andere Anwendungen

Dünnbettkleber für Gasbeton, Kalksandsteine u.a. Wandbaustoffe	vorgefertigt
Flick- und Spachtelmörtel zur Ausbesserung von Defekten im Beton	vorgefertigt
Vergußmörtel	vorgefertigt
Dichtungsschlämmen	vorgefertigt
Dachdeckermörtel	vorgefertigt

Die Zusammensetzung all dieser Mörtel ist sehr ähnlich. Weil ständig neue Mörteltypen konfektioniert werden, kann diese Aufzählung nicht vollständig sein.

Die traditionellen, antiken Mörtel (vgl. Tabelle 6)

Diese Mörtel sind durchweg Kalkhydrat/Sandgemische. Andere Zusätze, wie z.B. Puzzolane, konnten in ihnen nicht gefunden werden. In der Zeit der Bau-Hochkultur in der römischen Kulturepoche sind in den Mörteln selten Verunreinigungen von Lehm vorzufinden. In den Provinzen findet man allerdings sehr oft viel Überkorn. Das trifft für die hochzivilisierten Kulturbereiche nicht zu.

Diese Mörtel, die als Innen- und Außenputz und als Mauermörtel Verwendung fanden, sind heute noch in vielen Fällen erstaunlich gut erhalten. Wir finden sie als wasser-, erd- und witterungsbelastete Putze vor. Je nach Belastung ist der Erhaltungszustand unterschiedlich gut.

Tabelle 6 Zusammensetzung verschiedener antiker Mörtel

Putzbezeichnung	Verhältnis Carbonatanteil zu Sand
Dickputz aus Selinunt, 5. Jahrhundert v. u. Z.	1:1,4 Volumenteile
Dekorunterputz an Säulen, Selinunt, 5. Jahrhundert v. u. Z.	1:1,6 Volumenteile
Dekorputz an Wänden, Selinunt, 5. Jahrhundert v. u. Z.	1:1,5 Volumenteile
Feindeckputz an Säulen, Selinunt, 5. Jahrhundert v. u. Z.	1:0,9 Volumenteile
Dichtputz in Tongefäßen, Selinunt, 5. Jahrhundert v. u. Z.	1:0,7 Volumenteile
Innendekorputz aus Poseidonia, 4. Jahrhundert v. u. Z.	1:1,7 Volumenteile
Außenputz, Taormina, 2. Jahrhundert v. u. Z.	1:2,0 Volumenteile
Cumae, Innenputzreste, 6. Jahrhundert v. u. Z.	1:1,6 Volumenteile

Die Sandfraktionen (nichtcarbonatische Zuschläge) waren im griechisch-hellenistischen Raum Süditaliens und Siziliens wie folgt:

Poseidonia:		Durchschnitt 0,2–2,2 mm (3 Proben) Überkorn etwa 4 mm	
Selinunt:	Außenputze	Durchschnitt 0 –3,5 mm (4 Proben) Überkorn etwa 6 mm	
	Dekorunterputz	Durchschnitt 0 –1,3 mm (11 Proben) Überkorn 2 mm	
	Dekordeckputz	Durchschnitt 0 –0,4 mm (8 Proben) Überkorn 1 mm	
Taormina:	Außenputz	Durchschnitt 0 –4 mm (2 Proben) Überkorn 7 mm	

Literum: (1. Jahrhundert v. u. Z.)	1:1,4 bis 1:1,8 Volumenteile
Minturno: (1. Jahrhundert v. u. Z.)	1:1,5 bis 1:1,9 Volumenteile
Minturno: (1. Jhdt. v. u. Z.) (Mauermörtel)	1:2,4 Volumenteile
Minturno: (Mauermörtel im Aquädukt)	1:2,3 Volumenteile
Cumae: (röm. 1. Jhdt v. u. Z.)	1:1,8 Volumenteile
Cumae: (röm. 1. Jhdt. v. u. Z.) Akropolis (2. Jhdt. v. u. Z.)	1:1,4 bis 1:1,7 Volumenteile
Pompei: Dickputz (2. Jhdt. v. u. Z., samnitischer Putz)	1:2,2 Volumenteile
Pompei: römische Putze, 1. Jhdt. v. u. Z. bis zum Untergang	1:1,7 bis 1:3 Volumenteile
Pompei: Feinputze unter Malereien	1:1,4 bis 1:1,6 Volumenteile
Herculaneum: Feinputze unter Malereien	1:1,3 bis 1:1,6 Volumenteile

Fortsetzung Tabelle 6

Herculaneum:
Dickputze und Wandaußenputze,
2. und 1. Jhdt. v. u. Z.   1:1,8 bis 1:2,5 Volumenteile

Rom:
Wandaußenputze, 2. Jhdt. v. u. Z.
bis 2. Jhdt. n. u. Z.   1:1,6 bis 1:2,6 Volumenteile

Rom:
Wanddekorputze, 1. Jahrhundert v. Chr.
bis 3. Jahrhundert n. Chr.   1:1,1 bis 1:1,5 Volumenteile

Ausgehende Antike und beginnendes Mittelalter

Monreale:
Normannisch-arabischer Dickputz,
12. Jahrhundert   1:2,6 bis 1:3,4 Volumenteile

Monreale:
Normannisch-arabischer Feinputz,
12. Jahrhundert   1:1,5 bis 1:1,8 Volumenteile

Fraktionen in Gewichtsprozenten

Selinunt 5. Jh. v. u. Z.		Pompei 1. Jh. v. u. Z.		Arezzo 16. Jh. n. u. Z.	
$CaCO_3$	61 %	$CaCO_3$	55 %	$CaCO_3$	42 %
Sand 0 –0,4	7 %	Sand 0 –0,4	12 %	Sand 0 –0,4	8 %
Sand 0,4–1	22 %	Sand 0,4–1	19 %	Sand 0,4–1	15 %
Sand 1 –1,5	10 %	Sand 1 –1,5	9 %	Sand 1 –1,5	20 %
Sand 1,5–4	–	Sand 1,5–4	5 %	Sand 1,5–4	15 %

36 Stück eines griechischen Torbogens mit noch intaktem Mauermörtel, jedoch insgesamt im Zustand der Verwitterung. Ca. 3000 Jahre alt

Innenputze bescheidener Art finden wir zunächst im vorderasiatischen Raum, so in einer der ersten uns bekannten Stadtgründungen, in Jericho. Als Mauermörtel finden wir kalkgebundene Mörtel in der babylonischen und assyrischen Kulturepoche. Es ist auch bekannt, daß die Griechen noch vor 1000 v. u. Z. Kalköfen hatten und Kalkmörtel herstellten. Einen solchen noch recht einfachen Kalkmörtel zwischen zugehauenen Kalksteinen zeigt ein Torbogen aus Mykene (Bild 36).

In der Bibel wird bereits der Bau eines Turmes in Babylon erwähnt; hier sind wie in anderen ähnlich alten Ziegelbauten die Steine mit Pech verbunden worden. Doch sind aus der gleichen Epoche auch vermörtelte Steine bekannt.

Die ersten exakt aufgebauten Mörtel mit Kalkbindung sind im 3. Jahrhundert v. u. Z. entstanden, und zwar im Bereich der römischen Kultur. Diese Putze und Mauermörtel wurden sehr genau und sorgfältig hergestellt, wie überhaupt die Bautechnik im Römischen Reich hinsichtlich der Materialherstellung von hoher Qualität war.

Kalkhydrat als Bindemittel wurde in gemeinsamen Kalkgruben lange eingesumpft, so daß sich eine sehr feine, nahezu kolloidale Verteilung ergab. Die mit solchem Kalk hergestellten Mörtel banden gut und schnell ab, sie wurden sehr fest. Hinzu kommt über lange Zeiträume die Verfestigung durch Umkristallisation, so daß wir sehr feste Putze und Mörtel aus dieser Zeit vorfinden.

Der Verfall ist meistens durch Spitzhacke, Erdbeben, andere Beschädigungen und auch durch Auswaschungen bedingt. Oft steht der Fugenmörtel noch sehr gut da, der weiche Naturstein ist ausgewaschen. In anderen Fällen erweist sich der gebrannte Ziegel als etwas beständiger als der Mauermörtel. Bild 37 zeigt ein Beispiel dafür.

Die Bilder 38 bis 43 zeigen Beispiele für Putze aus der klassischen Antike. Auch die Innenputze aus dieser Zeit müssen erwähnt werden. Sie dienten oft als Untergründe für Malereien mit Mineralfarben, wobei die Farben auf den frischen oder auch abgebundenen Putz aufgetragen wurden. Solche Putze wurden mit einigen Feinputzlagen überdeckt, so daß sie insgesamt aus sehr vielen Lagen bestehen. Man hatte es seinerzeit verstanden, diese feinen Putzlagen vor dem Verdursten zu schützen. Wie das im einzelnen gemacht wurde, ist uns nicht bekannt. Die Erdfarbenmalereien auf derartigen Putzen sind erstaunlich gut erhalten.

Die Lebensdauer antiker Putze aus dem römischen Kulturkreis ist mit rund *2200 Jahren* sicher nachgewiesen. Die Lebenszeit von Mauermörteln der gleichen Kulturperiode ist mit *2400 Jahren* nachweisbar. Vielen dieser Mörtel und Putze müssen wir aufgrund ihres guten Erhaltungszustandes eine noch bedeutend höhere Lebenserwartung zuschreiben.

37 Hier ist der weichere Tuffstein im Laufe von mehr als 2000 Jahren ausgewaschen, der härtere Fugen- und Mauermörtel blieb jedoch stehen.

39 Dekorputz auf einer Tempelsäule in Selinunt, freibewittert, ca. 2400 Jahre alt

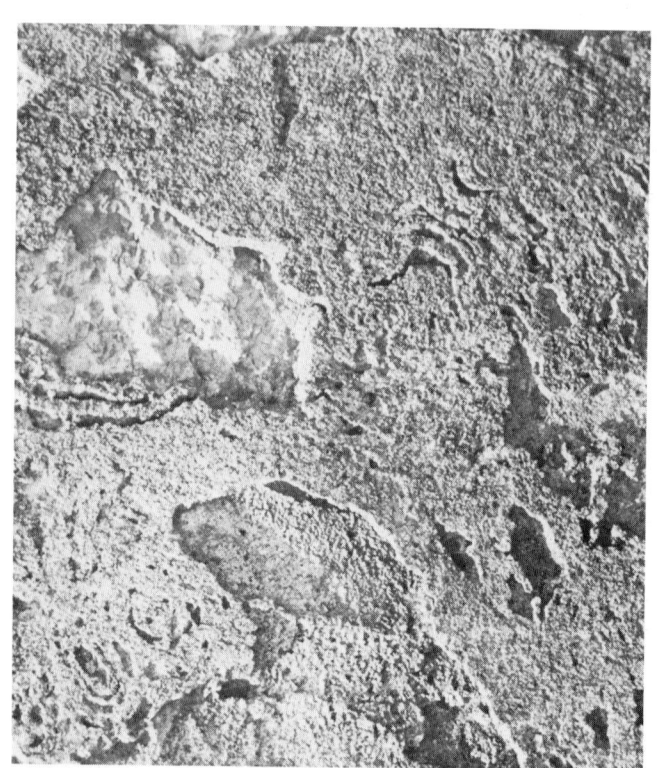

38 Römischer Außenputz aus der spanischen Provinz. Der Putz lag zeitweise unter der Erde. Zustand nach ca. 1900 Jahren

40 Detail des Dekorputzes aus Selinunt

41 Malerei auf römischem Feinputz, etwa 2200 Jahre alt. Diese Fläche ist zeitweise bewittert gewesen.

42 Römische Feinputzoberfläche, bewittert, 2100 Jahre alt

Die noch älteren primitiven Putze, die *3000 und mehr Jahre* alt sind, werden auch in vielen Fällen noch längere Zeiträume überstehen.

Solche primitiven Putze tauchen zwischenzeitlich wieder auf im 5 Jahrhundert n.u.Z.; ihre Verbreitung reicht bis zum Anfang des 20. Jahrhunderts. Es ist aber wenig sinnvoll, diese Mörtel und Putze mit den heute verwendeten Mörteln zu vergleichen und in diesem Zusammenhang Schlüsse auf deren Lebenserwartung zu ziehen; die heutigen Mörtel sind anders und auch sorgfältiger zusammengesetzt.

Über die Lebenserwartung der primitiven, oft auch falsch zusammengesetzten und angewendeten Putze lassen sich keine schlüssigen Aussagen machen. Sie mögen Lebenserwartungen zwischen 30 und einigen hundert Jahren haben. Die Bilder 44 bis 47 zeigen dafür Beispiele.

So schnell manche primitiven Putze verfallen, so gut verhalten sich Putze und Mauermörtel im Zeitraum vom 10. bis zum 17. Jahrhundert n.u.Z., wenn sie aufgrund überlieferter Traditionen sorgfältig hergestellt und verarbeitet wurden, so etwa bei Klöstern und Kirchen im Norden Europas (z.B. in Hude und Ratzeburg). Hier ist der Mauermörtel intakt, und die Fugen zwischen den Steinen sind in Ordnung, teilweise jedoch schon nachgebessert.

Alle diese Erfahrungen und Beobachtungen erlauben die Aussage, daß gut aufgebaute, kalkgebundene Mörtel ein beständiger Baustoff sind. Eine gute Verarbeitung muß sowohl bei

43 Römische Feinputzoberfläche. Innenputz in einem Haus in Herculaneum, ca. 1900 Jahre alt

44 Stuckarbeit aus dem 16. Jahrhundert. Die dünnen Mörtel-(Putz-)Lagen werden im Laufe der Jahre durch Wasser und Frost abgesprengt

46 Zustand eines wenig sorgfältig aufgebauten Putzes aus der Mitte des 15. Jahrhunderts

45 Eine verputzte und mehrfach nachgebesserte Fassade aus dem Ende des 19. Jahrhunderts. Der Mauerwerkspfeiler (rechts im Bild) ist wesentlich älter.

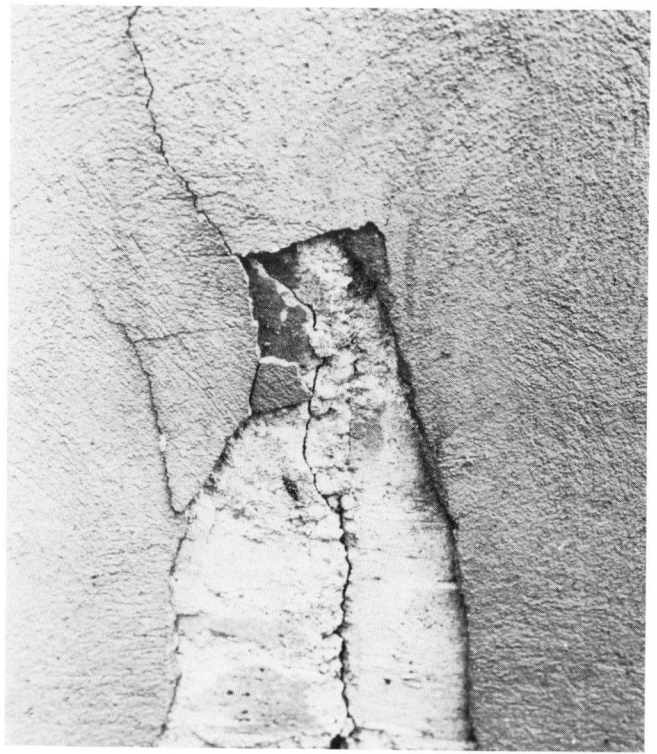

47 Ein zu fest gebundener einlagiger Außenputz wird durch Bewegungen des Untergrundes zerstört.

Putzen als auch bei Mauermörteln stets vorausgesetzt werden. Nachlässige Verarbeitung (Verdursten des Mörtels, Verarbeiten mit vielen Hohlräumen) wie auch falscher Aufbau lassen Mörtel und Putze frühzeitig verfallen.

Zementgebundene Mörtel

Dieses Bild ändert sich bei Verwendung von Zement als Bindemittel für die Mörtel. Man mußte erst lernen, mit dem neuen Bindemittel umzugehen, und auch die Sieblinien der Sande mußten dem Zement besser angepaßt werden.
In der Praxis finden wir im Rückblick alle Stufen der Zement/Sand-Gemische und auch sehr unterschiedliche Kornzusammensetzungen. Die Leistungsfähigkeit der Zementbindung wurde empirisch festgelegt. Wir finden schwache Bindungen bei rasch verfallenden Mörteln ebenso wie sehr feste Bindungen. Der Bereich der Bindung reicht zunächst von 1:1 bis zu 1:6 Raumteilen Zement/Sand-Mischungen.
Aus dieser Zeit der Unsicherheit stammen viele schadhafte Mauerwerksfassaden und Verblendschalen. Bild 48 mag dafür als Beispiel dienen. Man beherrschte noch nicht die Zusammensetzung der Kornfraktionen, und oft fehlte auch das Feinstkorn (0 – 0,2 mm).
Auch die Periode, in der spezielle Fugenmörtel verwendet wurden, mit denen die ausgekratzten Mauerwerksfugen nachträglich verfüllt wurden, hinterließ ihre Schäden. In den dreißiger bis vierziger Jahren unseres Jahrhunderts wurden solche Mörtelfugen beispielsweise im norddeutschen Raum und in den Niederlanden mit zu fettem Fugenmörtel hergestellt. Man verwendete Zement/Sand-Mörtel der Zusammensetzung von 1:1,5 bis zu 1:2,5 Raumteilen. Solche Fugen rissen ab und fielen heraus (Bild 49). Ähnlich aufgebaute Putze zeigten ein ausgeprägtes Rissenetz. Man erlag dem Trugschluß: Je höher die Festigkeit, desto haltbarer der Putz – das erwies sich jedoch als falsch. Zum Vergleich zeigt Bild 50 noch einmal eine nachträgliche Mörtelverfugung, Bild 51 einen normalen Glattstrich.
Im Altertum, im Mittelalter und bis in die Neuzeit hinein wurden die Mauermörtel selbst bei barbarischem Mauerwerk (s. Bilder 52 und 53) noch sorgfältig oder verhältnismäßig sorgfältig aufgebaut, so daß ein Fugenauskratzen unterblieb. Der aus den Fugen heraustretende Mörtel wurde lediglich geglättet. Das ersparte nicht nur viel Arbeit, sondern war auch technisch zuverlässiger. Hohlräume und lose aufliegende sowie verdurstete und nicht abgebundene Fugenmörtel kannte man nicht. Die Unsitte, Fugen auszukratzen und speziell zu verfüllen, schien dann notwendig zu sein, wenn die Mauermörtel zu stark wasseraufsaugend, zu weich und nicht witterungsbeständig waren.
Allem Anschein nach ist jeder zementgebundene Mörtel, ob man ihn nun als Mauermörtel, als Fugenmörtel oder als Putz verwendet, bei einer vernünftigen Bindung von Zement und Sand, mit oder ohne Zusätze von Kalk ein langlebiger Baustoff. Seine Lebensdauer können wir an Objekten nachweisen, die heute etwa 70 Jahre alt sind. Da wir aber Beton kennen,

48 Barbarisches Mauerwerk aus dem 11. Jahrhundert n. u. Z. Der Mauermörtel ist intakt.

49 Fugenmörtel in einem Mauerwerk des 20. Jahrhunderts. Hier hat man die Fugen herausgekratzt und neu verfüllt.

50 In der Zerstörung befindliche Klinkerverblendfassade aus dem Jahre 1968. Hier ist der Fugenmörtel zu schwach gebunden und verbrannt.

52 Mörtelfugenbild in einem latinischen Mauerwerk. Ca. 2300 Jahre alt

51 Fugenglattstrich durch Verwendung von Vormauermörtel. Das Bild zeigt den Zustand aus dem Jahre 1971.

53 Mörtelfugenbild in einem römischen Mischmauerwerk (erdbebensicheres Mauerwerk). Ca. 2100 Jahre alt

der heute nachweislich 114 Jahre schadensfrei dasteht, und Mörtel dem Beton vergleichbar aufgebaut ist, kann man für Mörtel bei richtiger Mischung und Verarbeitung sicher eine Lebenserwartung von *110 Jahren* annehmen und auf eine längere Zeit extrapolieren. Dabei sollte die zu erwartende Lebenszeit recht lange angesetzt werden.

Der heutige Entwicklungsstand der Mörtel

Der heutige Entwicklungstand der Mörtel, wobei diese letzte Phase seit etwa 1950 einsetzt, bringt einerseits viele Vorteile, andererseits auch Unsicherheiten in bezug auf die Dauer der Funktionstüchtigkeit neu entwickelter Mörtel. Die meisten modernen Mörtel enthalten organische Zusätze. Wir wissen, daß die Lebenszeit organischer Stoffe bedeutend kürzer ist als die mineralischer Baustoffe.

Die Zusätze sind:

1. teils veraetherte Polysacharide, wie Methylzellulosen und ähnliche Stoffe, die der Erhöhung der Wasserretention dienen;
2. Kunstharze als Dispersionen und Dispersionspulver, die zur Erhöhung der Grenzflächenhaftung des Dehnvermögens, des Biegevermögens, der Kohäsion, zur Senkung des Elastizitätsmoduls und der Wasseraufnahme sowie zur Verbesserung der Verarbeitbarkeit der Mörtel eingesetzt werden;
3. Detergentien zur Erzeugung feiner Luftporen;
4. Metallseifen zur Kapillarinaktivierung der Mörtel;
5. Zusätze organischer oder mineralischer luftporenhaltiger Stoffe zur Herstellung wärmedämmender Putze.

Polysacharide und Kunststoffe verfallen in verhältnismäßig kurzer Zeit. Polyalkohole werden meistens organisch aufgezehrt, Kunstharze unterliegen alkalischer Hydrolyse. Es sind zur Zeit Copolymere des Vinylacetats und des Vinylpropionats mit den Estern ungesättigter Carbonsäuren, wie zum Beispiel denen der Acryl- oder Methacrylsäuren.

Die Frage ist, ob nach dem Verfall der organischen Stoffe Struktur und Bindung der Mörtel intakt bleiben, so daß diese ihre Funktion weiter erfüllen können. Das kann bei den Polysacharriden bejaht werden, weil diese nicht in den Bindungsmechanismus eingreifen und zudem nur in verschwindend kleinen Mengen zugesetzt werden. Bei den Kunstharzen dagegen kann man keine so sichere Aussage machen. Diese beeinflussen das Abbinden der Mörtel je nach Zusatzmenge. Bei geringen Zusätzen mag der Einfluß nur gering sein und kann vernachlässigt werden. Bei größeren Mengen ist Vorsicht geboten.

Wir kennen Flickmörtel aus den Jahren 1958 und 1959, die mit erheblichen Zusatzmengen an Kunstharzdispersionen hergestellt wurden. Diese Flickmörtel sind nach zwei bis vier Jahren weich und bröcklig geworden. Das Harz war verfallen, wurde verseift, und die Bindung des übriggebliebenen Mörtels war beschädigt. Ähnliche Schäden sind bei Estrichen, die wasserbelastet wurden, aus dem Jahre 1962 bekannt. Das ist einerseits eine Lehre, wie man solche unnötigen Fehler und Schäden vermeiden kann. Andererseits mahnt diese Erfahrung grundsätzlich zur Zurückhaltung bei Zusätzen von Kunstharzdispersionen und Kunstharzdispersionspulvern, aber nur insofern, als man lange Zeiträume berücksichtigt.

Detergentien werden im Laufe der Zeit relativ schnell unter dem Einfluß der Witterung aus dem Mörtel herausgewaschen. Man braucht sie daher für die Lebens- und Funktionsdauer der Mörtel nicht in Rechnung zu ziehen.

Fassen wir die nachgewiesene und voraussichtliche Lebenserwartung der Mörtel mit Zement/Kalk-Bindung mit organischen Zusätzen nach unserem heutigen Wissen zusammen:

Detergentien und Polysacharidzusätze des Typus Methylzellulosen werden aus den oben erwähnten Gründen nicht die Funktionstüchtigkeit der Mörtel stören, weil sie in relativ kurzer Zeit ohne Nachteile den Mörtel verlassen. Es gelten — wenn wir hier Zahlen nennen wollen — die nachgewiesenen und angenommenen Lebenszeiten der zementgebundenen Mörtel, die bei mindestens 110 Jahren liegen.

Kunstharzzusätze — heute in der Regel bei den vorgefertigten Mörteln nur *Kunstharzdispersionspulver* — können nicht ohne weiteres auf ihren Einfluß hin allgemeingültig beurteilt werden. Richtig ist es, diese Zusätze an der untersten Grenze zu halten. Nachgewiesen ist die Funktionstüchtigkeit eines Fugenmörtels aus dem Jahre 1960, der noch mit einem relativ einfachen Vinylpropionatpolymer versetzt worden war. Dieser war 1978 noch in Ordnung.

Metallseifen sind der Wirkstoff für die große Gruppe der kapillarinaktivierten Mörtel. Man bezeichnet solche Mörtel auch als *Sperrputze*, wasserdichte Mörtel und Putze sowie als wasserabweisende Mörtel. Wie man sie auch nennt, es handelt sich immer um den gleichen Wirkungsmechanismus: Auskleidung der feinen Blatt- und Röhrenkapillaren mit den fein verteilten Metallseifenpartikeln. Die Kapillarität wird dadurch gebrochen.

Hier handelt es sich zunächst um Aluminium-, Kalzium und Zinkseifen. Häufig werden Stearate verwendet, wirksamer sind jedoch Seifen der Carbonsäuren mit Kettenlängen von $C_8 - C_{12}$. Es stellt sich die Frage, wie lange die fein verteilten Metallseifenteilchen im Mörtel verbleiben, denn nur so lange kann die wasserabweisende Wirkung andauern.

Darüber liegen Erfahrungswerte vor. Bekannt sind noch funktionsfähige kapillarinaktivierte Mörtel aus den Jahren 1952 bis 1955. Der Autor hat selbst einen solchen wasserabweisend ausgerüsteten Putz untersucht, der im Jahre 1960 in Essen aufgebracht worden war. Dieser Putz war etwa 20 mm dick. In der Tiefe von 4 bis 5 mm war die Wasserabweisung noch deutlich erkennbar. Auch in diesem Einzelfall ist eine Funktionstüchtigkeit von *18 Jahren sicher nachgewiesen*. Die Metallseife war hier Zinkstearat.

54 Wasserabweisender Edelputz, der noch nach 18 Jahren ab einer Tiefe von 4 mm eine deutliche Wasserabweisung zeigt.

In den äußeren 4 mm war die Metallseife offensichtlich abgebaut und herausemulgiert worden. Bild 54 zeigt diese Fläche. Rein rechnerisch könnte man linear extrapolieren und käme dann auf eine Zeit der Funktionstüchtigkeit von $5 \times 18 = 90$ Jahren. Das ist allerdings so nicht möglich, denn für den sicheren Schutz gegen Schlagregen reichen kleine Dicken von einigen Millimetern nicht aus. Man sollte daher bei Putzstärken von 10 mm mit einer Funktionstüchtigkeit von rund *30 Jahren*, bei 15 mm von rund *40 Jahren* rechnen. Bei 20 mm würde sich die Zeit der Funktionsfähigkeit mindestens auf einen Bereich von *50 Jahren* erstrecken. Wenn wir diese Zeiten zugrunde legen, dürften wir auf der sicheren Seite liegen.

Nach dem Abbau und Herauswaschen der Metallseifen bzw. deren Umsetzungsprodukte liegt ein normaler, nicht wasserabweisender Mörtel mit normaler Lebensdauer vor. Zudem kann nach dem Erlöschen der Funktionsfähigkeit der Metallseifen ein solcher Putz sehr einfach und mit geringen Kosten durch eine gute Siloxanimprägnierung für weitere 25 Jahre wasserabweisend gemacht werden.

Selbstverständlich setzen alle diese Angaben über die nachgewiesene und voraussichtliche Lebenserwartung von Mörteln und Putzen eine handwerklich richtige Verarbeitung voraus. Werden einfache handwerkliche Regeln mißachtet, so treten Zerstörungen auf, die mit dem Material selber in keinem Zusammenhang stehen. Die Bilder 55 und 56 zeigen die Folgen derartiger handwerklicher Fehler. Ausführungsfehler müssen nicht nur Verarbeitungsfehler sein, es kann sich im Einzelfall auch um Mischungsfehler und falsche Rezeptierung der Mörtel handeln.

Jeder Mörtel neigt zur Bildung von Haarrissen. Diese sehr feinen Risse sind keine Schäden, und sie leiten in der Regel keinen Verfall ein. Die Bilder 57 und 58 zeigen solche typischen Rißbildungen bei zement- und kalkgebundenen Putzen, wie wir sie im allgemeinen nicht zu fürchten haben. Rißbildung wird durch eine Vergrößerung (Strukturierung und Entspannung) der Oberfläche weitgehend verringert oder auch verhindert. Beispiele zeigen die Bilder 59 und 60.

Die bei den *Dämmputzen* zugesetzten geblähten mineralischen Stoffe (Perlit und andere) sind im Hinblick auf die Langzeitbeständigkeit ohne Bedenken einzusetzen.

Die Zusätze organischer Schaumstoffe sind sicher nicht kurzlebig, doch ist ihre Lebenserwartung gemessen an der mineralischer Zuschläge geringer. Wir können auf die ersten Probekörper aus Polystyrolschaummörtel aus dem Jahre 1959 zurückblicken. Diese hatte der Autor bis 1979 der Bewitterung ausgesetzt, wobei sich keine Veränderung zeigte. Der Probekörper hatte eine Trockenrohdichte von 0,53 kg/l. Man kann mit recht gutem Gewissen eine solche Erlebenszeit von *20 Jahren* auf gut aufgebaute Dämmputze übertragen. Dämmputze solcher Art sind dem Autor seit 1967 als noch intakt bekannt. Bild 61 zeigt einen Schnitt durch einen solchen Mörtel.

55 Zerstörung eines Außenputzes durch falschen Aufbau in der Putzfolge

57 Normales Rissenetz in einem glatten Putz mit Zementbindung. Die Risse in der Breite von 0,01 bis 0,05 mm werden durch Anfeuchten mit Testbenzin sichtbar. Diese Risse sind materialimmanent, also kein Anzeichen von Verfall.

56 Zerstörung eines Außenputzes durch den Auftrag eines zu dichten, kunststoffvergüteten Deckputzes

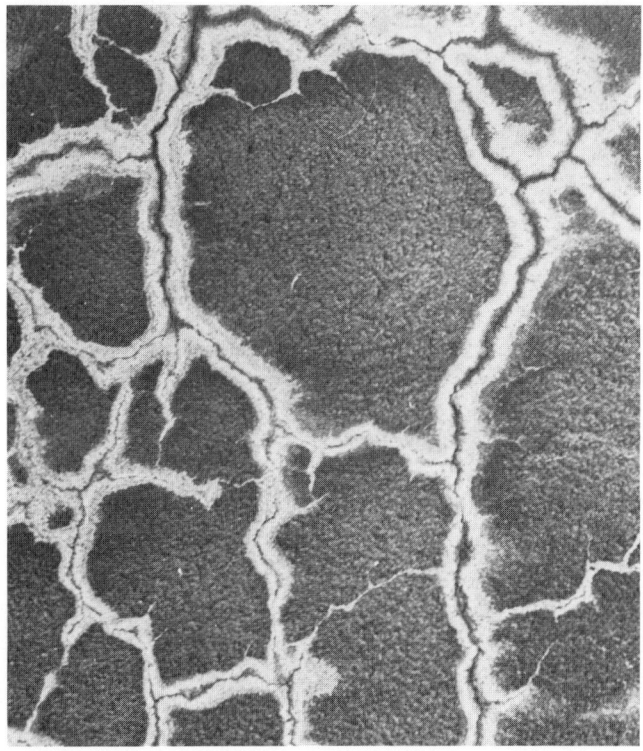

58 Optische Verbreiterung von feinen Haarrissen in einem älteren, kalkgebundenen Putz. Die Ausblutungen sind bei dickeren Putzlagen keine Anzeichen von Verfall.

59 Strukturierte Putzoberfläche. Hier ist der Deckputz stark durchgerieben, nur die dünnste Putzlage ist als Schutzschicht anzusehen. Sie kann oft nur 0,5 mm betragen.

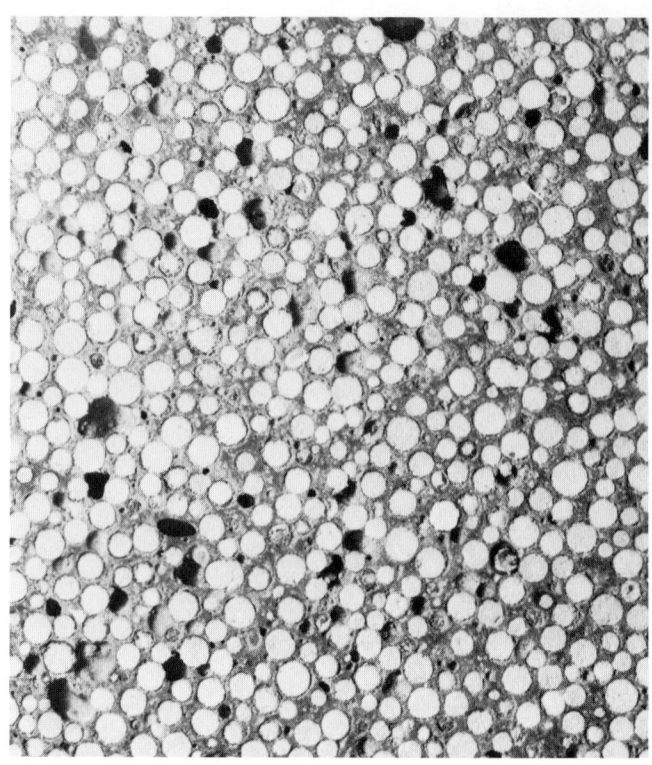

61 Leichtmörtel mit Polystyrolschaumkügelchen aus dem Jahre 1959. Schnitt durch den Prüfkörper im Oktober 1978.

60 Oberflächenstruktur eines Kratzputzes. Die Oberfläche ist zur Verringerung der Rißbildung vergrößert worden.

2.3 Ziegel und Klinker

Ton ist der letzte Verwitterungsrückstand feldspatreicher Gesteine, so z.B. von Granit. Er besteht aus einem innigen Gemisch feinstverteilter Mineralien und Hydratwasser. Wird Ton mit Feinstsand vermischt, so erhalten wir Lehm. Ton und Lehm sind plastisch verformbar, sie sind wohl auch das erste plastisch verformbare Material, das der Mensch kennenlernte.

Beim Erhitzen über die Siedetemperatur des Wassers entweicht aus dem Lehm das Porenwasser, bei 200 bis 300 °C entweicht das Hydratwasser, und damit verlieren Ton und Lehm ihre Fähigkeit, in Wasser wieder zu quellen und plastisch zu werden. Das wäre der erste, noch schwache Brennvorgang. Auf diesen Brennvorgang ist der Mensch schon in sehr früher Zeit gestoßen, wie die Reste von Tonscherben aus ältesten Zeiten beweisen. Unter solchen Temperaturen konnten schon wetterbeständige Tontafeln, Gefäße und Ziegel hergestellt werden.

Brennt man bei höherer Temperatur, dann rücken die Teilchen noch näher zusammen (Brennschwinden), der Ziegel wird härter und widerstandsfähiger. Bei etwa 1000 °C beginnt die Verklinkerung bei noch stärkerem Zusammensintern des Ziegels; die Farbe wird dunkler, nur stark kalkhaltige Lehme werden gelb.

62 Heutiger Zustand des Ziggurats der Elamiten (Susa). Ziegelbauwerk aus dem 7. Jahrhundert v. u. Z.

63 4000 Jahre altes Ziegelmauerwerk mit Reliefziegeln aus Babylon

Luftgetrocknete Lehmsteine sind aller Wahrscheinlichkeit nach im 6. Jahrtausend v.u.Z. entstanden. Das höhere Brennen setzte dann im 4. Jahrtausend ein. Aus dem 3. Jahrtausend kennen wir eine große Zahl von beschrifteten Tontäfelchen, die heute noch gut erhalten sind. Wann der Mensch begann, in Holzformen Ziegel herzustellen, wissen wir nicht genau; das ist auch nicht wichtig, denn die ältesten bekannten Ziegel (damals noch im Schwachbrand bis max. 300 °C) sind noch erstaunlich gut erhalten.

In Vorderasien begann dann die Epoche der „Ziegelbauweise". Ziegel gehören damit — neben Steinen, Holz und Lehmverputz — zu den ältesten Baustoffen der Welt. Im 2. Jahrtausend finden wir schon Ziegelbauten vor.

Eindrucksvoll sind die ältesten Ziegelbauten, die in Ur, die der Babylonier und der Elamiten. Oft sind diese Großbauten aus luftgetrockneten Ziegeln errichtet worden, die eine Vorsatzschale (Vorläufer der römischen und der neuzeitlichen Verblendschaltechnik) aus gebrannten, wetterbeständigen Ziegeln hatten.

Später übernahmen die Griechen die Ziegelbauweise nur sehr zögernd und unvollkommen; die Römer entwickelten sie schließlich zu hoher technischer Vollendung. In der griechischen Kulturepoche finden wir eine Lücke in der Ziegelbauweise. Die Griechen hatten zwar das keramische Kunsthandwerk zu großer Schönheit und Vollkommenheit gebracht, doch vom Material her blieb diese Entwicklung recht bescheiden und in keiner Weise z.B. mit chinesischer Keramik der gleichen Zeit vergleichbar. Die Griechen bevorzugten zur Errichtung ihrer Bauten exakt behauene und sorgfältig geschliffene Natursteine, die gleichsam fugenlos aufeinander gelegt wurden. Wir kennen wenige Ziegelbauten der griechischen Kulturepoche, dagegen viel Kunst- und Gebrauchskeramik und auch aus Ton gebrannte Särge, die in manchen Städten sogar die übliche Bestattungsform wurden, so u.a. in Metaponto und Selinunt.

Zunächst seien einige Beispiele alter Ziegelbauten gezeigt. Bild 62 zeigt den noch erhaltenen unteren Teil eines Ziggurats der Elamiten, Bild 63 ein sehr altes Reliefziegelmauerwerk der Babylonier, Bild 64 eine Wand mit Schriftziegeln aus Susa. Aus dieser Zeit stammen auch die ersten bemalten und glasierten Ziegel. Dagegen verfallen ungeschützte, luftgetrocknete Ziegel schnell; Bild 65 zeigt solche verfallenen luftgetrock-

64 Wand mit Schriftziegeln aus Susa

66 Ziegelmauerwerk im Forum Romanum

65 Reste griechischer ungebrannter Ziegel aus Catania, ca. 2500 Jahre alt

67 Römischer Torbogen (Cumae), wahrscheinlich 3. Jahrhundert v. u. Z.

68 Lucanisches Ziegelmauerwerk mit völlig intaktem Mörtel und intakten Ziegeln. 4. Jahrhundert v. u. Z.

69 Römische Tonkrüge in völlig intaktem Zustand aus dem 2. Jahrhundert n. u. Z.

neten Ziegel eines Baues der Griechen in Catania. Hohe technische Vollendung erreichte im klassischen Rom eher die Ziegelbauweise als die Entwicklung des Ziegelmaterials selbst, welches auch nur bei Temperaturen zwischen 300 und 450 °C gebrannt wurde. Die Formgebung der Ziegel war ebenso streng geregelt wie die Errichtung von Bauten aus Ziegeln und von Gebäuden aus Ziegeln und Natursteinen. Die Bilder 66 und 67 zeigen Beispiele für sehr gut erhaltene Ziegel der Römer, Bild 68 zeigt sehr gut erhaltene Ziegel der Lucaner, die noch nicht die exakten Maße römischer Ziegel hatten.

Alle diese Ziegel waren unter den Bedingungen gebrannt worden, die die mit Holz gefeuerten Brennöfen zuließen. Die meisten der alten Bauten von oft riesigen Ausmaßen, wie die Caesarenpaläste und die Caracalla-Thermen in Rom, dienten nachfolgenden Generationen nur noch als Steinbrüche. Aus diesem Grunde scheint es zunächst schwierig, Zerstörung von Menschenhand und natürlichen Verfall auseinanderzuhalten. Bei näherer Untersuchung muß man allerdings feststellen, daß die Zerstörungen bei weitem überwiegen.

Bild 69 zeigt vollständig intakte, römische Tongefäße erheblicher Dimensionen, die uns einen Eindruck von den Möglichkeiten der Brenntechnik dieser Zeit geben, Bild 70 ein Fallrohr aus Ton in der Außenwand einer römischen Villa in Pompeji. Das Material ist vollständig erhalten. Es hat Erosion und Korrosion widerstanden; die Zerstörung könnte auf das Erdbeben im 62. Jahr n. u. Z. zurückzuführen sein oder auch auf Zerstörung durch Ausgräber und Touristen.

Auch bei Ziegeln müssen wir die Lebensdauer der aus ihnen errichteten Bauteile von der des Baustoffes Ziegel unterscheiden. Wände und ganze Bauten werden selten durch Erdbeben, in geringem Umfang durch Auswittern der Bindestoffe, so des Mörtels zwischen den Ziegeln zerstört. Gebäude verfallen, die Ziegel aber werden als Baustoffe wieder verwendet. Sehr viele mittelalterliche, sogar neuzeitliche Bauten in Rom sind aus antiken Ziegeln erbaut.

Ziegel, die auch nur bei mittlerer Temperatur von 200 bis 400 °C gebrannt worden sind, haben sich als ein sehr beständiger Baustoff erwiesen, der nachweisbar Jahrtausende ohne Schaden übersteht. Setzen wir diese nachgewiesenen 4000 Jahre als Mindesterlebenszeit an, so haben wir ein Indiz dafür, daß die Menschen es erst vor 4000 Jahren gelernt hatten, gebrannte Ziegel herzustellen und daraus Bauten zu errichten. Die Lebenserwartung auf diese 4000 Jahre zu beschränken, wäre rein akademisch; wir dürfen diese Zeitspanne nur als unterste Grenze auffassen.

Zu unterscheiden sind die Beanspruchungen des Mittelmeerklimas und die des norddeuropäischen Klimas, aber auch die Beanspruchungen des heutigen Kulturklimas mit seinen Umweltbelastungen. Erst in der Neuzeit und unter den herrschenden klimatischen Verhältnissen Nord- und Mitteleuropas müssen wir uns mit dem Verfall von Ziegeln und Klinkern auseinandersetzen. Es geht dabei um die Frostsprengung des keramischen Materials. Solche Frostsprengungen sind uns aus den Trümmerfeldern mancher großer Städte bekannt, die in

70 Fallrohr aus gebranntem Ton. Fundort Pompeji

71 Ziegelmauerwerk am alten Rathaus in Bremen. Das Mauerwerk ist in seinem alten Zustand noch heute erhalten.

den Räumen östlich und südlich des Kaukasus liegen. Hier haben thermische Differenzen und Frostsprengungen keramisches Material zerstört. Allerdings handelt es sich hier mehr um keramische Platten als um Ziegel. Ziegel sind von Hause aus frostbeständig.

Sehr oft finden wir frostbeständig ausgewiesene Ziegel in den Bereichen hoher Wasserbelastung, die ihre äußere, dichtere Schale absprengen. Ziegel, die alle Frostbeständigkeitsprüfungen bestanden haben, können unter bestimmten Bedingungen durch Eisbildung zerstört werden.

Auch durch ungeeignete Maßnahmen können wir zur Zerstörung des an sich sehr beständigen Werkstoffes Ziegel (Klinker) beitragen. So ist es uns durch höheren Brand gelungen, Ziegel herzustellen, die weniger witterungsbeständig sind: Erst bei höherer Verdichtung und Rissebildung im Stein, bei der Bildung dichterer Oberflächenschichten und auch durch Anlegen hoher Temperaturen, die unterschiedlichen Brand im Ziegel bewirken, stellen wir weniger beständige Ziegel her.

Sehen wir uns nun einige Ziegelbauten des Mittelalters und unserer Zeit an. Bild 71 zeigt das Mauerwerk des alten Rathauses in Bremen. Die Steine sind teilweise bereits angeklinkert, doch sind keine Schäden erkennbar. Die Ziegelbauweise des Mittelalters ist mit der exakten Ziegelbauweise der Römer überhaupt nicht vergleichbar. Bild 72 zeigt Steine einer Hamburger Kirche, die der Wasserbelastung nicht widerstanden haben. Die Bilder 73 und 74 zeigen 34 und 6 Jahre altes Mauerwerk. Hier sind Schäden in der Verblendschale durch eine ungeschickte Verfugungstechnik praktisch miteingeplant worden. Die gleiche Aussage trifft auch für Bild 75 zu. Im Abschnitt 2.5 ‚Vormauer- und Verblendschalen' wird auf derartige eingeplante Fehler noch eingegangen werden.

Die Bilder 76 und 77 zeigen, stellvertretend für ähnliche Vorgänge, die Beschichtung einer Klinkerverblendschale mit einem sperrenden Kunstharzfilm. Eine Bautenschutzfirma glaubte, durch das Aufbringen einer solchen Lackschicht die Wand vor Durchfeuchtung schützen zu können; sie sperrte damit die Wand ebenso gegen das Eindringen des Wassers von außen ab, wie sie durch diese Maßnahme die Diffusionsmöglichkeit des Wassers von innen nach außen verhinderte. Damit wurde jede Austrocknungsmöglichkeit unterbunden. Da jedoch im Winter in der Taupunktfront der Wand Wasser anfällt und es durch eine solche Sperre nicht abdampfen kann, wird es zu Eis und sprengt die äußeren Schichten der Steine ab. Wir erkennen die Blasenbildung ebenso wie die vollendete Absprengung der äußeren Schale. Hier haben wir es mit einem Fehler zu tun, der in der Fachliteratur seit gut 15 Jahren geschildert wird, und dennoch wird er leider immer wieder gemacht. Diese Fehler entstehen aus althergebrachten, primitiven Anstreichervorstellungen, nach denen eine aufgebrachte Schicht, die möglichst dicht sein soll, schützen soll.

Bild 78 zeigt den Angriff aggressiver Abgase von Feuerungen auf Ziegelsteine und Mörtel. So häßlich die Schmutz- und Ausblutungsflecken aussehen mögen, so sehr der Mörtel durch die Säuren deutlich angegriffen wird – Ziegel und Klinker widerstehen diesem Angriff. Ziegel und Klinker sind

72 Zerstörte Ziegelsteine an einer aus dem 19. Jahrhundert stammenden Kirche in Hamburg. Hier haben Wasserbelastung und Frost die Steine zerstört.

74 Mauerwerk aus dem Jahre 1975. Auch hier ist der Fugenmörtel nachträglich eingebracht worden.

73 Ziegelmauerwerk mit ausgekratzten und nachgemörtelten Fugen. Hier verfällt das Mauerwerk in seinen Fugen.

75 Hier sind Schäden und Verfall der Ziegelverblendschale praktisch mitgeplant worden.

76 Eine Klinkerverblendschale ist mit einer wasser- und dampfdichten Klarlackbeschichtung versehen. Wasser sammelt sich unter der Lackschicht an.

77 Das Wasser unter der sperrenden Lackschicht ist zu Eis geworden und hat die obere Steinschicht mit dem Lack abgesprengt.

78 Durch fallende Abgase mit hohem Gehalt an Schwefeloxiden bewirkte Erosion insbesondere des Fugen- und Mauermörtels bei einem Schornsteinmauerwerk

79 Kalkhydratausblutungen in einer Ziegelverblendschale infolge der Durchfeuchtung der Giebelwand. Es sind aufliegende $CaCO_3$-Schichten, welche die Lebenserwartung von Ziegel und Wand nicht beeinträchtigen.

nach unserer Erfahrung bei guter und auch bei schlechter Verarbeitung ein sehr beständiger Baustoff. Wenn man sie nicht so einbaut, daß sie ständig durchfeuchtet werden und es ihnen erlaubt auszutrocknen, dann widerstehen sie auch dem Frost. Normalerweise haben sie ein ausreichendes Porenvolumen, um der Eisbildung genügend Spielraum zu geben.

Ausblühungen aus den Steinen (Silicate oder Sulfate) bedeuten nicht, daß die Steine in ihrer Lebenserwartung verkürzt werden. Es sind mehr oder weniger lösliche Salze, die an die Oberfläche treten. Dabei wird die Festigkeit der Steine nicht vermindert. Ebenso wird die Festigkeit von Steinen und Mauerwerk nicht durch das Heraustreten von Bindemittel (Ausblutungen) aus dem Mauermörtel oder dem Fugenmörtel vermindert. Bild 79 zeigt eine solche Ausblutung infolge Durchfeuchtung der Außenwand. Die geringen Ausblutungsmengen an Kalkhydrat beeinträchtigen Mauerwerk nicht. Man kann sie durch eine Hydrophobierung des Mauerwerks verhindern.

2.4 Keramische Platten und Bekleidungen aus keramischen Platten

Unter keramischem Material verstehen wir bei höheren Temperaturen gebrannte Ton- und Lehmmischungen. Die hoch gebrannten Scherben sind auf der Oberfläche in den meisten Fällen mit einer dichten Glasur versehen. Keramische Platten wurden schon gegen Ende des klassischen Altertums zum Belegen von Böden und Wänden verwendet, oft in Verbindung mit Natursteinen und Glas. So entstanden Mosaiken von großer Schönheit.

Heute verwenden wir keramische Platten als Beläge für Böden, für die Bekleidung von Innenwänden, in Naßräumen – wie Bädern, Duschen und Schwimmbecken –, für die Gestaltung repräsentativer Räume und für die Fassadenbekleidung. Im Rheinland werden sogar noch unglasierte, hoch gebrannte Bodenplatten des gleichen Formates und der gleichen Farbe verwendet, wie sie die Römer hier vor knapp 2000 Jahren hergestellt hatten. In manchen Kirchen sind diese Klinker noch vorzufinden. Sie werden noch heute hergestellt.

Dichte und frostbeständigere Scherben werden für die Bekleidung der Außenwände verwendet, meistens als Spaltklinker, porösere und weniger dichte Scherben mehr für Innenwandbekleidungen. Eine Unterscheidung zwischen Steinzeug und Steingut wäre hier nicht unbedingt zweckmäßig, da es bei der Frostbeständigkeit nicht nur auf den Porenanteil des Scherbens ankommt.

Keramische Platten werden mit Hilfe von zementgebundenen Klebern (Klebemörteln) oder mit einfachen Zement/Sandmischungen (Ansetz- oder Verlegemörteln) aufgebracht. In neuerer Zeit verlegt man keramische Platten auf Innenwandflächen mit Hilfe von kunstharzgebundenen Klebern. Dabei handelt es sich um mit Sand gefüllte Kunstharzdispersionen mit einem Kunstharzanteil zwischen 7 und 10 Gewichtsprozenten bezogen auf den gesamten Kleber. Diese Kleber und Ansetzmörtel sind zusammen mit der Art der handwerklichen Verlegung ein sehr wichtiger Faktor für die Lebenserwartung von verlegten Fliesen und Platten.

Wir finden im Baugeschehen stets nur verlegte, keramische Platten vor, also im Verbund mit anderen Werkstoffen. Damit stellt sich eigentlich auch nur die Frage nach der Lebenserwartung *verlegter* keramischer Platten.

Ein anderes Kriterium für die Lebenserwartung von Bodenplatten ist deren Abriebfestigkeit. Die Hersteller haben ihre Platten in verschiedene Abriebfestigkeitsgruppen eingeteilt. Diese Abriebfestigkeit ist besonders für glasierte Platten von Bedeutung. Hier muß die Glasur oft ständigem Abrieb durch Sand und Schmutz, so z.B. bei Eingängen von Verkaufsräumen widerstehen können. Bei nicht glasierten Platten ist der Abrieb nicht von so großer Bedeutung. Bild 80 zeigt den Oberflächenzustand einer stark begangenen Fläche aus keramischen rotbraunen Platten nach sechs Jahren. Außer einer geringen Schmutzbeladung ist kein Abrieb erkennbar.

An Fassaden und Innenwänden werden keramische Platten (Fliesen) durch verschiedene Faktoren zerstört. Man muß hier zwischen der Zerstörung der Platten selber und der des Platten- oder Fliesenbelags unterscheiden, doch führen beide Schäden bzw. Schadensvorgänge zu dem gleichen Effekt: der Zerstörung der Platte. Bei einem zerstörten keramischen Belag sind die einzelnen Platten nicht mehr zu verwenden. Unter

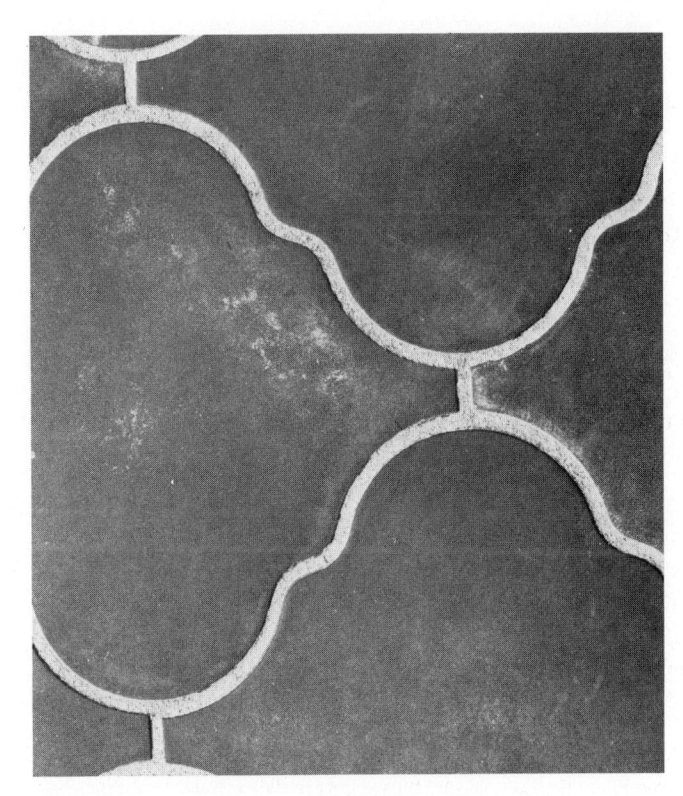

80 Oberflächenzustand einer stark begangenen Fläche aus keramischen Platten nach 6 Jahren

81 Flächige Absprengungen von Spaltklinkerplatten als Folge der Durchfeuchtung des Scherbens

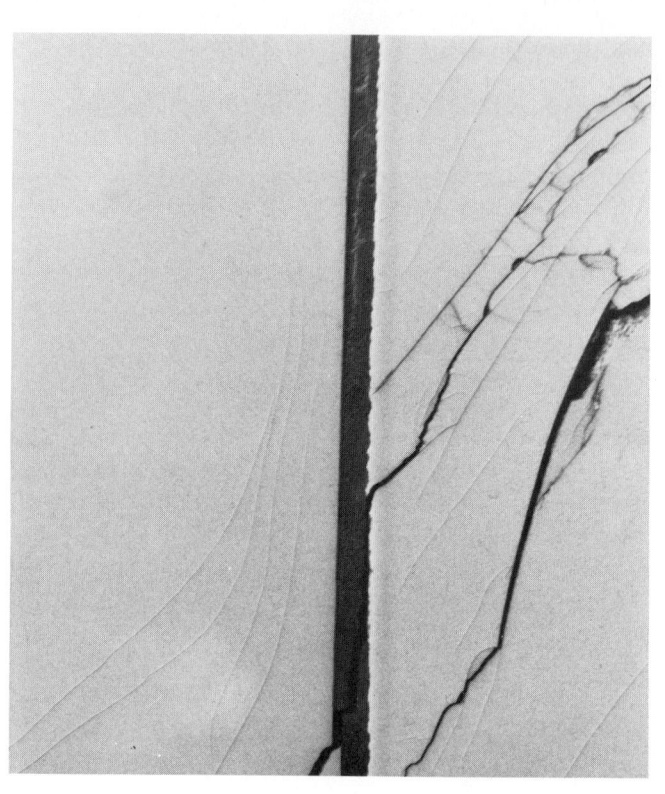

83 Zerstörung von Wandfliesen durch Spannungen in der Wand, die sowohl Fliese als auch Mörtel in den Fugen aufreißen. Die Risse in der Fliese sind entweder feine Risse in der Glasur oder breite Risse, die durch Glasur und Scherben hindurchgehen.

82 Punktförmige Absprengungen der Glasur keramischer Platten als Folge von Durchfeuchtung und Frost

84 Absprengung der Fliesenverblendschale durch Bewegungen in der Wand bzw. durch bloße Haftung auf den Kammspitzen des Dünnbettklebers

85 Dieses Bild zeigt, wie sich die Fliesen vollständig vom Dünnbettkleber abheben und nur an einer Seite am Siliconkautschuk in der Fuge hängen

Frosteinwirkung können unter ungünstigen Verhältnissen alle keramischen Platten, die mehr oder weniger Wasser aufnehmen, zerstört werden. In den Hohlräumen entsteht Eis mit der Folge, daß Teile der Glasur oder die obere Lage des Scherbens mit der Glasur abgesprengt werden. Das Wasser dringt in solchen Fällen entweder von hinten in den Scherben oder durch die Mörtelfugen ein. Die Bilder 81 und 82 zeigen Beispiele für solche Frostabsprengungen, die entweder als Flächensprengungen oder als Punktsprengungen auftreten können. Punktsprengungen sind oft durch Einschlüsse wassersaugenden Materials bedingt.

Rißsprengungen in der Platte sowie Absprengung der ganzen mit Fliesen belegten Wand oder von Teilen des Fliesenbelags können aber auch durch Bewegungen des Verlegeuntergrundes — der Wand, auf der die keramischen Platten verlegt sind — bewirkt werden. Bild 83 zeigt die Folge der Bewegung in einer Wand, die Bilder 84 und 85 zeigen die Absprengung der ganzen Verblendschale durch thermische Bewegungen, die in der Wand ablaufen. In diesem Falle sind es die thermischen Spannungen in der Wand eines Badezimmers. Diese Bewegungen führen hier deshalb zur Zerstörung der Verblendschale, weil der Fliesenleger alle Fliesenschalen im rechten Winkel hart gegeneinander gestoßen hatte und es unterließ, sie durch Fugen zu trennen. Die im Bild sichtbaren Fugen in den Ecken sind nur Scheinfugen, in Wirklichkeit stoßen die Fliesen hart gegeneinander, womit die Fliesenschale daran gehindert wird, die thermischen Bewegungen ohne Schaden abzufangen. Wir erkennen hier, daß die normale Lebenserwartung einer Fliesenschale durch falsche handwerkliche Verlegung erheblich unterschritten werden kann.

Keramisches Material ist sehr witterungsbeständig sowie gegenüber allen chemischen Einflüssen aus der Atmosphäre sehr widerstandsfähig. Zu den oben beschriebenen Zerstörungen kommt es meistens durch falsche Planung, ungeeignetes Verlegematerial bezogen auf den jeweiligen Anwendungszweck sowie durch Fehler in der handwerklichen Ausführung. Handwerkliche Verlegungsfehler sind die häufigste Schadenursache für die verminderte Lebenserwartung von keramisch belegten Flächen. Typische Fehler sind z.B.:

1. zu spätes Ansetzen der keramischen Platte auf den vorgekämmten, hydraulisch abbindenden Fliesenkleber;
2. kein oder zu geringes Vornässen von stark saugenden Verlegeuntergründen, so daß der Kleber zu schnell anzieht und härtet;
3. zu große Saugkraft des Scherbens, der nicht vorgenäßt dem Kleber das Wasser entzieht, das dann beim Abbinden fehlt. So kommt es nicht zu einer einwandfreien Aushärtung und Abbindung des Fliesenklebers;
4. Arbeiten in „Frikadellentechnik", was gleichbedeutend mit einem nicht vollflächigen Ansetzen von Platten ist. Hier bilden sich Wassernester in den Hohlräumen unter der Platte.

Die Bilder 86 bis 88 zeigen für solche Fehler Praxisbeispiele; dabei ist der vorzeitige Wasserentzug überwiegend als Ursache für solche Schäden anzusehen. Es handelt sich um Fehler — nicht um Mängel: aus Fehlverlegungen resultieren Schäden, was beim Vorliegen eines Mangels nicht unbedingt der Fall sein muß.

In allen gezeigten Fällen ist mit der Zerstörung der keramisch bekleideten Fläche auch der Verlust der verwendeten keramischen Platten selbst verbunden.

Auch eine Frostsprengung des Untergrundes führt zur völligen Zerstörung von keramischen Platten (Bild 89). Die Platten werden dabei abgesprengt und sind meistens so stark beschädigt, daß man sie nicht mehr verwenden kann. Der Fehler bei dem Schaden, den uns das Bildbeispiel zeigt, liegt in zahlreichen Hohlräumen im Verlegemörtel, die sich mit Wasser anfüllten. Bei Frosteinbruch wurde dieses Wasser zu Eis und zersprengte durch Volumenvergrößerung den gesamten Belag. Damit wird das weite Feld der Bekleidung von Außenwänden — Fassaden — mit keramischen Platten angesprochen. Die keramische Platte ist nahezu dampf- und wasserundurchlässig. Sie vermag das Eindringen von Wasser in die Außenwand zu verhindern, sie läßt aber auch Dampf nicht aus der Wand nach außen hindurch und verhindert so das Austrocknen der Wand. Das Wasser kann nicht nach außen abdiffundieren, die Wand füllt sich mit Wasser an und kann so regelrecht „ertrinken".

86 Geringe Haftfläche der Fliese auf dem Kleber. Hier ist die Fliese zu spät auf den bereits hart werdenden Kleber gesetzt worden.

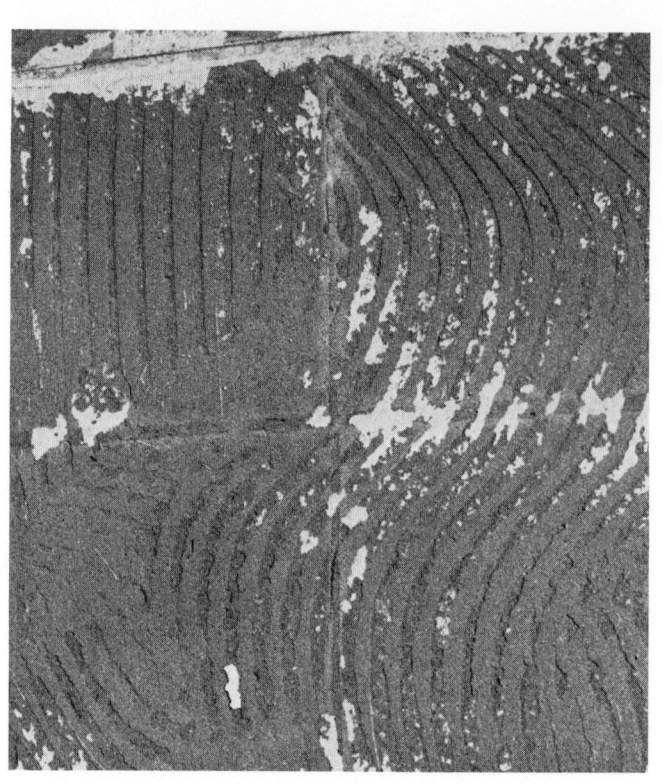

88 Gute Haftung der Fliesenrückseiten auf dem vorgekämmten Dünnbettkleber. Die Ablösung des Dünnbettklebers vom Verlegeuntergrund ist hier die Schadensursache.

87 Fast keine Haftfläche der Fliesenrückseite auf dem Kleber. Der Kleber war schon hart, als die Fliese angesetzt wurde.

89 Eine mit keramischen Platten bekleidete Treppe ist durch Frost (Temperaturen bis zu −20 °C) gesprengt worden.

90 Durch die Mörtelfugen tritt aus dem Mörtelbett (hier aus den vorhandenen Hohlräumen) mit Kalkhydrat gesättigtes Wasser heraus.

91 Absprengungen der Fliesenschale durch Wasseransammlungen in der Außenwand

Irrig wäre es anzunehmen, daß eine keramisch bekleidete Wand nur deshalb kein Regenwasser aufnimmt, weil die keramischen Platten selber dicht sind. Das Wasser läuft nämlich von den Platten ab und versickert vollständig — spätestens nach der 5. oder 6. Mörtelfuge — in der mit Platten bekleideten Wand. Das Wasser gelangt auf diese Weise in die Wand, kann aber aufgrund des geringen Flächenanteils der Mörtelfugen (6—15 %, in der Regel jedoch nur 10 %) nur begrenzt und langsam nach außen abdampfen.

Dieses Wasser hinter den Fugen, welches dann im Mörtelbett oder im Wandbaustoff selber sich befindet, reichert sich mit eluiertem Kalkhydrat an und sammelt sich in allen Hohlräumen. Aus diesen Hohlräumen läuft es dann durch feine Mörtelfugenabrisse heraus. Auf diese Weise entstehen die bekannten weißen Läufer, wie sie Bild 90 zeigt.

Das handwerklich falsche Anmörteln der keramischen Platte, bei der auf der Rückseite der Platte nur ein Batzen Mörtel liegt, ergibt stets Hohlräume im Verlegemörtel und insbesondere Hohlräume im Übergang von der Stoß- zur Lagerfuge. Das ist die gefährlichste Art der „Frikadellentechnik". Das Wasser steht dann in diesen Kavernen. Bei Frosteinbruch wird das Wasser zu Eis, es kommt zu Frostabsprengungen der Mörtelfuge, zur Absprengung einzelner Platten oder ganzer Flächenteile (Bild 89). Bild 91 zeigt ein Beispiel für Frostsprengungen in einer Fassade. Diese Sprengungen bedeuten die Zerstörung der gesamten Bekleidungsfläche und der Platten selber. An dieser Stelle sei eingeblendet, daß in den letzten Jahren wasserdichte, aber dampfdurchlässige Fugenmörtel

92 Nachschwinden des Betons und Fehlen ausreichender Fugen in der Verblendschale ziehen ein Ablösen der Verblendung mit keramischen Platten nach sich. In diesem Fall sind die Mörtelfugen zudem sehr fett und starr ausgebildet.

93 Hier wird ein Bodenbelag dadurch zerstört, daß die Mörtelfugen durch vorzeitige Reinigung mit aggressiven Substanzen auf dem noch frischen Belag herausgelöst werden.

verwendet werden, die den Wasserhaushalt der mit keramischen Platten bekleideten Wand auf die trockene Seite verschieben. In solche bauphysikalisch richtig regulierte Verblendfassaden dringt kein Wasser ein, sie werden nicht zerstört, und die Lebenserwartung der keramisch bekleideten Fläche entspricht wieder der des Plattenmaterials.

Auch Schwindbewegungen und thermische Spannungen sprengen die keramische Bekleidungsschale, die man auf einer Fassade auch Verblendschale nennt, ab. Bild 92 zeigt diesen Vorgang an einer Außenwand aus Beton. Infolge des Nachschwindens dieser vorgefertigten Platte auf der Südseite eines Objekts kam es durch thermische Spannungen zu großflächigen Abplatzungen des Mittelmosaiks. Das ist ein in den Jahren um 1960 sehr oft programmierter Schaden bei vorgefertigten Platten. Der Mörtelverguß war zu fett und zu starr, um kleine Bewegungen im Mikrobereich abfangen zu können. Die keramischen Platten wurden wie üblich in die Form vorgelegt und dann mit einem fett gebundenen Mörtel auf der Rückseite überschüttet. Das ist technisch so in Ordnung.

Eine weitere Möglichkeit, keramische Beläge zu zerstören, zeigt Bild 93. Solche Reinigungsschäden treten nicht selten auf. Sofern frische keramische Beläge zu früh einer Grundreinigung unterworfen werden, wobei man regelmäßig saure Reinigungsmittel verwendet, werden die frischen Mörtelfugen aufgelöst. So entstehen Verätzungen und Löcher in den Mörtelfugen. Die Folge ist, daß zumindest der Fugenmörtel er-

neuert werden muß, was technisch keineswegs einfach ist und nicht ausschließt, daß dabei auch einzelne Platten ausgewechselt werden müssen.

Zusammenfassend darf man sagen, daß weniger poröse keramische Platten auch bei andauernder Außenbewitterung sehr beständig sind. Ihre Lebenserwartung ist dann allein durch die Lebenserwartung des Klebe- oder Verlegemörtels und des Verlegeuntergrundes bestimmt. Die Lebenserwartung dichter keramischer Platten erreicht Zeiträume, die oberhalb von 100 Jahren liegen.

Porösere Platten, die man für Innenwandverkleidungen verwendet, sind keinen Belastungen der Art wie Außenwandplatten ausgesetzt. Sie können allerdings durch Planungs- und Verlegefehler zerstört werden. Ohne diese handwerklichen Mängel sind auch sie nahezu unbeschränkt haltbar.

2.5 Vormauer- und Verblendschalen

Vormauerschalen von Außenwänden sind in bezug auf die verwendeten Baustoffe weitgehend festgelegt; es sind Schalen aus Ziegeln oder Natursteinen. Aus diesem Grunde werden die Kriterien für die Steine die für gebrannten Ton sein. Das Vorsetzen einer optisch schöneren und wetterfesten Schale aus Ziegeln oder Klinkern sowie im Einzelfall auch aus Natursteinen ist eine alte Technik. Sie wurde von den Baumeistern der Römer bereits aus dem vorderasiatischen Raum übernommen. Sie entwickelten die Technik des Verblendens entscheidend weiter; unsere Baumeister und Handwerker übernahmen sie ziemlich unverändert aus der römischen Kulturepoche.

Viele Erfahrungen, viel Anschauungsmaterial liegt aus dieser Zeit vor. Wie die Wand auch gemauert war — ob man Ziegel, Klinker oder Natursteine für ihren Aufbau verwendete —, die Wand schloß nach außen, sofern sie nicht schlicht verputzt wurde, mit einer Verblendschale aus römischen Ziegeln, zuweilen auch aus Natursteinen ab.

Beispiele für diese Technik zeigen die Bilder 94 bis 97. Grundsätzlich hat sich seither am Material, an Formgebung und Arbeitstechnik kaum etwas geändert. Auch heute setzen wir Ziegel- und Klinkerverblendschalen vor eine gemauerte oder in Beton geschüttete Wand, und wir ziehen auch heute diese Schale in hydraulisch oder mit Kalk abbindendem Mörtel hoch. Auch die Fugen machen immer noch ca. 15 % der Verblendfläche aus.

Einige Unterschiede haben sich im Laufe der Entwicklung jedoch ergeben. Da ist zunächst die hinterlüftete Vormauerschale, in der Luft als Trennschicht oder eine mit Dämmstoffen angefüllte Schicht hinter der Schale steht. Diese Bauweise kann in unseren Breiten wegen der hohen Regenbelastung und niedriger Temperaturen im Winter von Vorteil sein.

In diesem Falle wird die Vormauerschale von der Wand getrennt. Man verzichtet auf alle ihre Funktionen und verwendet sie nur als vorgesetzten Schild, der das Wasser von der raumabschließenden Wand abhalten soll. Allerdings verfügen

94 Reste einer Verblendschale aus römischen Ziegeln über Tuffsteinmauerwerk (Pompeji)

96 Verblendschale in den Caracallathermen. Dieser Bau wurde als Steinbruch für Ziegel benutzt.

95 Kombinierte Verblendung aus Natursteinen und Ziegeln. Rom 2. Jhdt. n. u. Z.

97 Detail der geplünderten Verblendschale in den Caracallathermen

98 Verblendschale mit Fugenglattstrich ohne Auskratzen der Fugen

99 Verblendschale nach Auskratzen der Mörtelfugen und Nachfugen mit einem Fugenmörtel

wir heute über sehr wirkungsvolle Bauhilfsstoffe, die es uns erlauben, diese Schale hydrophob auszurüsten und wieder direkt an die eigentliche Wand anzuschließen und so zu nutzen.

Eine andere Methode — die des zusätzlichen Auskratzens der Fugen und Verfüllens mit einem speziellen Fugenmörtel — ist ganz und gar nicht von Vorteil. Zunächst sind es zwei zusätzliche Arbeitsgänge, und sie kosten Zeit und Geld. Viel risikoreicher aber ist diese Methode deshalb, weil eine Vielzahl von Fehlern zwangsläufig dabei mit einprogrammiert wird.

Da ist zunächst das nicht ausreichend tiefe und nicht immer vollständig und korrekt ausgeführte Auskratzen der Fugen in der frischen Verblendschale. Die Herstellung des Fugenmörtels an der Baustelle bietet keine Gewähr für eine richtige Mörtelrezeptur, oft auch deswegen, weil die notwendigen Sande nicht zur Verfügung stehen. Zudem werden die notwendigen Zusätze zur Verhütung schnellen Austrocknens (Verbrennen oder Verdursten), wegen der besseren Haftfestigkeit des Mörtels an den Steinflanken und zur Senkung des Elastizitätsmoduls meist nicht zugewogen und eingemischt, weil dem Maurer diese Stoffe in der Regel nicht bekannt sind, nicht zur Verfügung stehen und eine Möglichkeit der Feineinwägung fehlt.

Seit einigen Jahren wendet sich das Baugewerbe von dieser in den dreißiger Jahren aus den Niederlanden zu uns gekommenen Methode wieder ab; man beginnt wieder, die Vormauerschalen in *einem* Mörtel und in einem Arbeitsgang hochzuziehen, so wie es der jahrtausendealten Tradition entspricht und sich gut bewährt hat.

Die Bilder 98 und 99 zeigen eine Gegenüberstellung der alten Bauweise und der des Fugenauskratzens. Wir erkennen deutlich die gleichsam „systemimmanenten Risiken" der Auskratztechnik.

Die Lebenserwartung der Verblendschale ist zum einen vom Stein, zum anderen von der Mörtelzusammensetzung und auch von der Arbeitstechnik bestimmt. Die hohen Lebenserwartungen von Stein und Mörtel lassen sich nicht ohne weiteres auf den speziellen Bauteil Vormauerschale übertragen.

Manche zeitgenössischen Bauten in Rom enthalten alte römische Flachziegel aus antiken Bauten. Manche Kirche ist aus solchen Ziegeln und Steinen erbaut worden. Sehr viele alte Verblendschalen stehen in vorzüglichem Zustand. Die Bilder 100 bis 102 zeigen Beispiele für den sehr guten Erhaltungszustand von rund 2000 Jahre alten Verblendschalen. Mit Recht kann man daher sagen, daß unter Verwendung gut gebrannter Steine und gut rezeptierten Mauermörtels bei handwerklich normal guter Verarbeitung Verblendschalen nachgewiesenerweise eine Lebenserwartung von mehr als 2000 Jahren haben können.

Verblendschalen unter Verwendung zugehauener Natursteine sind ebenfalls langlebig, doch wird hier die Lebenserwartung weitgehend von der Art der Steine bestimmt. Diese Anmerkung ist notwendig, weil der Verwitterungsgrad von Natursteinen nach einiger Zeit sehr unterschiedlich sein wird.

100 Bewittertes Verblendmauerwerk aus Ziegeln und Natursteinen, provinzielle Bauart, Mittelitalien, 1. Jhdt. n. u. Z.

101 Bewittertes römisches Verblendmauerwerk aus Rom, 2. Jhdt. n. u. Z.

2.6 Fachwerk

Die Ausfachung von Außenwandholzkonstruktionen ist eine alte Bautechnik. Sie wurde bereits in den latinischen Staaten, aber auch in anderen Ländern des Mittelmeerraumes in der Antike verwendet. Bild 103 zeigt einen Fachwerkbau aus Herculaneum. Dieser Bau, der vor etwa 10 Jahren freigelegt wurde, ist heute rund 1900 Jahre alt. Die Bauten des Mittelalters bis zu den Bauten des 19. Jahrhunderts weichen davon nur wenig ab, wie die Bilder 105 bis 107 erkennen lassen.

Fachwerk ist ein Zusammenbau verschiedener Werkstoffe mit unterschiedlichen Lebenserwartungen. In einem solchen Zusammenbau beeinflussen die Baustoffe sich wechselseitig in ihrer Beständigkeit. Die Verhältnisse sind damit ähnlich wie bei Mischmauerwerk. Daher ist es berechtigt und nützlich, eine solche typische und konventionelle Methode des Zusammenbaus von verschiedenen Baustoffen unter dem Gesichtspunkt der Lebenserwartung darzustellen.

In allen Fällen wurde der Raum zwischen den Holzbalken mit anderen Baustoffen verfüllt — ursprünglich mit Natursteinen, dann mit Stroh und Gras, mit Lehm gebunden und verputzt. Als Fugenmaterial und als Putz wurde Kalkmörtel verwendet. Je nach Höhe der Baukultur waren die Ausführungen stabil und kunstvoll oder roh hergestellt und wenig haltbar.

Neuere Fachwerkbauten wurden ebenfalls unter Verwendung von Steinen, Ziegeln und Mörteln errichtet. Bei sehr vielen Fachwerken des ausgehenden Mittelalters, aber auch aus neuerer Zeit, finden wir Strohfüllungen, die mit Lehm oder Kalkmörtel verfestigt sind; solche Bauten sind allerdings kaum noch erhalten. In der Regel wurden die Hohl-

102 Bewittertes römisches Verblendmauerwerk, 1. Jhdt. n. u. Z. (Pompeji).

räume mit unterschiedlichstem Steinmaterial verfüllt. Der Erhaltungszustand dieser Fachwerkbauten ist zum großen Teil noch sehr gut. Dabei muß betont werden, daß bei solchen historischen Bauten ständig kleine Ausbesserungen und neue Farbanstriche vorgenommen wurden. Die Bilder 104 und 105 zeigen dafür typische Beispiele.

Auch die zum Teil jüngeren städtischen Bauten, wie z. B. die sehr gepflegten Fachwerkhäuser in Celle, stehen in vorzüglichem Zustand. Wir sehen auf den Bildern 106 und 107, daß es sich hier um Verblendsteinausfachungen und um verputzte Ausfachungen handelt.

103 Fachwerkwand aus Herculaneum. Der größte Teil der Wand war über 1900 Jahre freibewittert, ein Teil lag im Lavaschutt. Die Ausfachung besteht aus Feldsteinen, die verputzt worden sind.

105 Fachwerkbauernhaus aus dem Jahre 1850 in heute noch einwandfreiem Zustand

104 Fachwerkbauernhaus aus dem Jahre 1681 in heute noch einwandfreiem Zustand

106 Historischer, gepflegter Fachwerkbau in Celle

107 Historische Fachwerkbauten in Celle, links im Bild eine Ausfachung mit Ziegeln

108 Verwahrloster Fachwerkgiebel in Oostende

Zur Pflege muß auch die ständige Wartung des Holzes gerechnet werden.

Heute restauriert man solche Fachwerkbauten, indem man den Raum zwischen den Holzbalken mit beständigen Baustoffen ausfüllt, die zugleich eine gute Wärmedämmung bieten. Dafür eignen sich ausgezeichnet Bims und Gasbeton. Die ausgefachte Fläche wird dann verputzt. Entweder ist der Putz selber wasserabweisend oder erhält eine wasserabweisende Imprägnierung bzw. einen wasserabweisenden Anstrich. Dadurch bleibt die Ausfachung trocken, sie behält ihre Wärmedämmwerte und wird gleichzeitig vor Verfall geschützt.

Diese wasserabweisende Ausführung ist gleichzeitig eine langfristige Trockenlegung und ist auch deswegen notwendig, um das Holz von den Flanken her nicht unnötig einer Wasserbelastung auszusetzen. (Vorzüglichen Schutz gegen Wasserbelastung bieten übrigens Siloxanimprägnierungen, Siloxananstriche sowie wasserabweisende Edelputze, vgl. Abschnitt 2.2.) Unterläßt man diese Schutzmaßnahmen, so wird man regelmäßig mit Pflege und Wartung beschäftigt sein, um Verfallserscheinungen vorzubeugen. Solche Verfallserscheinungen zeigen die Bilder 108 und 109.

Die Wartungsintervalle, die für die Erhaltung von Fachwerken notwendig sind, sollten nach Möglichkeit 10 Jahre betragen, wobei bei allen verputzten und angestrichenen

109 Ausschnitt aus einer 45 Jahre alten Fachwerkwand, die nicht gewartet wurde. Der Verfall schreitet voran

110 Das älteste Fachwerkhaus in Hessen steht in Gelnhausen. Das um 1340 erbaute Wohnhaus ist bis heute in Form und Struktur erhalten. Es wurde jetzt renoviert. Die über 600 Jahre alten Eichenholzbalken waren in gutem Zustand; sie wurden jetzt mit Dispersionslack neu gestrichen. Für den Neuanstrich der Putzfelder wurde eine Silicatfarbe eingesetzt. Das Haus ist bewohnt.

Fachwerkfassaden der Zeitraum von 12 Jahren nicht überschritten werden sollte. Bei Ausfachungen, deren Oberfläche aus Ziegeln oder Klinkerverblendsteinen besteht, müßte man mit 20 Jahren auskommen.

2.7 Mischmauerwerk

Unter Mischmauerwerk versteht man den Zusammenbau verschiedener Werkstoffe. Dadurch wird die Lebenserwartung sowohl der einzelnen Baustoffe als auch des Bauteils und der Bauwerke als ganzes in der Regel beeinträchtigt, sofern man nicht die einzelnen Baustoffe hinsichtlich ihres physikalischen Verhaltens aufeinander abstimmt. Dieser Zusammenbau verschiedener Baustoffe ist uns aus ältesten Zeiten bekannt.

Normal und risikolos ist der Zusammenbau unterschiedlicher Natursteine und von Natursteinen und Ziegeln mit Holzbauteilen. Dieser Zusammenbau kann bewußt geplant sein oder als Notlösung, als zwangsläufige oder auch als unüberlegte, oft leichtfertige Bauausführung erfolgen. Mischmauerwerk muß unter dem Gesichtspunkt ‚Lebenserwartung' deshalb behandelt werden, weil in vielen Fällen die Lebenserwartung einzelner Baustoffe durch unsachgemäßen Zusammenbau verringert wird.

Bild 111 zeigt ein bewußt geplantes Mischmauerwerk aus der Zeit um etwa 50 n.u.Z. Dieses Mauerwerk hat ein Erdbeben mittlerer Stärke und den Vesuvausbruch ohne Schaden überstanden. Es wurde allerdings als erdbebensicheres Mauerwerk geplant und aus Tuffsteinen, römischen Flachziegeln und einzelnen größeren Kalksteinen zusammengebaut. Diese Konstruktion aus weichen vulkanischen Gesteinen und Ziegeln, verbunden durch einen gut rezeptierten Kalkmörtel, hat sich gut bewährt. In den allermeisten Fällen ist derartiges Mauerwerk von Menschenhand zerstört, oft als Steinbruch benützt worden.

Ein solches Mischmauerwerk war auch ein ausgezeichneter Untergrund für alle Putzarten, vom einfachen Außenputz bis zu Feinputzen, die als Basis für Fresken und Malereien dienten (vgl. Abschnitt 2.2). Bild 112 zeigt barbarisches Mischmauerwerk unter Verwendung antiker Baustoffe und Feldsteine. Solche kunstlosen und primitiven Mischmauerwerktypen finden wir im Anschluß an die Zeit des römischen Imperiums sowohl in Italien als auch in anderen Teilen Europas und Vorderasiens. Sie bildeten sicherlich für Putze keinen geeigneten Untergrund.

Heute entsteht Mischmauerwerk bei Kleinbauten und auch bei größeren Bauvorhaben unter dem Aspekt der Resteverwertung. Dabei werden Steine und auch kleinteilige Bauelemente kombiniert, wobei — anders als bei antiken Bauten — Baustoffe mit sehr unterschiedlichem physikalischen Verhalten kombiniert werden. Ein solches Mischmauerwerk entsteht zwangsläufig aus den für die Wand vorgesehenen Baustoffen und allen möglichen Materialresten.

111 Römisches Mischmauerwerk in erdbebensicherer Ausführung, ca. 2100 Jahre alt

112 Barbarisches Mauerwerk unter Verwendung von römischen Ziegeln. Mittelitalien, ca. 1150 Jahre alt

113 Zeitgenössisches Mischmauerwerk — Resteverwertung

114 Detail eines zeitgenössischen Mischmauerwerks

Fast regelmäßig finden wir den Zusammenbau von Betonteilen (Balken, Wandflächen und Stützen) mit Kalksandsteinen, Bimsbetonsteinen, Ziegeln und Holzwolleleichtbauplatten. Oft werden im Mauerwerk alle möglichen Steinsorten planlos durcheinander vermauert. Die Bilder 113 und 114 zeigen dafür eindrucksvolle Beispiele.

Es ist leicht einzusehen, daß ein derart heterogenes Mauerwerk in hohem Maße risikoträchtig ist. Zeitgenössisches Mischmauerwerk verstößt in vielen Fällen gegen die Erfahrung wie gegen die Regeln der Bautechnik. Im Kleinbereich wird die Statik der Wände durch solche Mischbauweisen beeinflußt, was Risse zur Folge hat. Später, im Schadensfall, wenn der Putz oder die keramische Verblendung von der Wand fallen, ist es oft schwierig, die Schadensursachen aufzudecken.

Die Werte für die Wasseraufnahme, die Quell- wie die Schwindwerte der einzelnen Baustoffe, liegen oft weit auseinander. Das trifft auch für die Werte der linearen, thermischen Dehnung zu. Aus diesen Gründen kommt es regelmäßig zu Spannungen im Mischmauerwerk, die sich dann in Rissen, im Abwerfen von Putz- und Verblendschalen zeigen.

Unterschiedliche Bewegungen zwischen Bauteilen wie unterschiedlichen Baustoffen (z.B. zwischen Beton und Holzwolleleichtbauplatten oder Beton und Ziegelmauerwerk) bleiben in der Regel nicht ohne Folgen; meist treten Risse und andere Formen der Spannungsentladung auf, was auf jeden Fall zur Zerstörung im Kleinbereich führt.

Diese Vorgänge müssen bei Mischmauerwerk stets in besonderem Maße berücksichtigt werden. Ein zusätzlicher Schutz gegen eindringendes und Quellbewegungen auslösendes Regenwasser ist dabei sehr von Nutzen. Bei Putzen muß man sehr sorgfältig auf den Aufbau des Mischmauerwerks im Hinblick auf die Aufnahme von Bewegungen achten. Oft sind mehr Putzlagen als sonst üblich notwendig. Kritische Bereiche sollten mit korrosionsfestem Streckmetall oder mit Geweben überspannt werden.

Besondere Risiken und verkürzte Lebenserwartungen ergeben sich bei der Bekleidung von Mischmauerwerk mit keramischen Platten. Die Verblendschale ist starr, sie vermag keine Bewegungen aufzufangen. Sofern man mit Dünnbettkleber arbeitet, ist auch die Verklebung auf dem Untergrund starr. Die Wasserbelastung der Außenwand läßt ohnehin nur feste und dichte hydraulisch abbindende Kleber zu, die starr und kraftschlüssig verbinden. Jede in der Wand auftretende Spannung führt damit zwangsläufig zur Spannungsbelastung der Schale. Die Folge: Risse oder Absprengungen ganzer Teile der keramischen Schale.

Alle diese Zusammenhänge spielen in hohem Maße in die Lebenserwartung der Außenwand hinein. Davon ist auch die Lebenserwartung der einzelnen Baustoffe und Bauteile betroffen. Die Bauleitung sollte aus diesen Gründen sehr genau darauf achten, daß kein unnötiges und nicht vorher genau kalkuliertes Mischmauerwerk entsteht. Wenn dies jedoch unvermeidbar sein sollte, sind die Risiken zu erkennen und durch geeignete Maßnahmen zu entschärfen. Insbesondere die Lebenserwartung von Bekleidungsschalen — Putze und keramische Schalen — wird durch Mischmauerwerk erheblich gesenkt. Dieser Tatsache muß man sich bei der Planung und Ausführung von Mischmauerwerk stets bewußt sein.

2.8 Beton und Stahlbeton

Wie bei jedem neueren künstlichen Baustoff (mineralischer Kunststoff) besteht auch gegenüber dem inzwischen rund 100 Jahre bekannten Baustoff Beton zunächst eine Unsicherheit hinsichtlich seines Langzeitverhaltens. Daher ist es wichtig, auch hier alle Erfahrungen im Hinblick auf sein Verhalten über längere Zeiten zusammenzutragen, um Hinweise auf seine praktische Lebensdauer zu erhalten. Dabei ist es, neben dem unbewehrten Beton, vor allem der Stahlbeton, der im Vordergrund unseres Interesses steht, weil eine rostende Stahlbewehrung auch eine Zerstörung des Betonbauteils bedeutet.

Auf die Betontechnologie soll und kann hier nicht eingegangen werden; von Interesse ist allein das Langzeitverhalten von bewittertem Beton. Hier können wir auf über 100 Jahre Erfahrung im Verhalten des Materials bei freier Bewitterung zurückblicken — für die moderne Bautechnik bereits beachtliche Zeiten, die uns zu sicheren Aussagen berechtigen. Untersuchungen darüber sind nicht ganz einfach. Vor allem aber das Auffinden alter Betonbauten ist nicht ganz mühelos. Bauvorhaben aus Beton, die lediglich 40 bis 50 Jahre alt sind, findet man dagegen häufiger vor.

Die ältesten vom Autor untersuchten Beton-Bauteile sind Natursteinimitationen in Beton am Schloß Freysenborg in Jütland. Das Schloß ist in den Jahren 1862 bis 1865 gebaut worden; die Betonteile sind rund 150 Jahre alt*.

Beton unterliegt Korrosion und Erosion. Die Korrosion dominiert, die Erosion von Beton ist nur gering. Wir müssen zwischen der Korrosion des Betons und der des im Beton eingebetteten Stahls unterscheiden. Letztlich aber laufen die Korrosionsvorgänge parallel; sie haben immer den gleichen Effekt: Die Betonoberfläche und die äußeren Betonschichten werden zerstört.

Die direkten und die indirekten Korrosions- und Zerstörungsfaktoren sind:

— Rosten des eingebetteten Stahls, wenn das ihn schützende, alkalische Milieu des Betons abgebaut wird. Dieser Abbau der den Stahl passivierenden Wirkung des alkalischen Betons erfolgt durch die Aufzehrung der Alkalität in der Betondeckung.

---
* Die Untersuchungen sind in den letzten Jahren sehr sorgfältig durchgeführt worden; der Forschungsbericht „Stahlbeton, Oberflächenschutz und Lebenserwartung" berichtet darüber.

115 Frei bewitterter Beton im Zustand nach 114—117 Jahren. Standort Jütland, Schloß Freysenborg. Beton wurde hier als Natursteinimitation hergestellt.

— Abbau der Alkalität und damit Einleitung des Rostprozesses. Unter normalen klimatischen Verhältnissen ist die Kohlensäure der Luft in Verbindung mit Wasser dafür verantwortlich. Die Carbonatisierung des deckenden Betons läßt den pH-Wert des Betons unter den Wert 10 herabsinken.

— Aggressive Abgase der Atmosphäre, meist Schwefeloxide, sind sauer und wirken in der gleichen Richtung auf den Abbau der Alkalität; sie greifen den Stahl auch direkt an.

— Direkte chemische Korrosion des Betons durch die aggressiven Abgase der Feuerungen in der Atmosphäre. Es sind Fälle bekannt, in denen Beton bis zu 40 mm tief korrosiv zerstört wurde und seine ursprünglich feste Struktur verlor.

Alle weiteren Faktoren spielen demgegenüber nur eine geringe Rolle. Auswaschung und Verschmutzung der Betonoberfläche mag optisch wenig schön sein, doch sind sie technisch belanglos. Auch Farbanstriche vermögen den Beton auf Dauer entweder nur optisch zu verschönen oder im Verfall zu beeinträchtigen, können ihn weder angreifen noch zerstören. Anstriche auf dem Beton sind hinsichtlich der Schutzwirkung in manchen Fällen erforderlich. Man sollte sich jedoch merken: Ein Farbanstrich auf Beton macht die Oberfläche zum Wartungsfall.

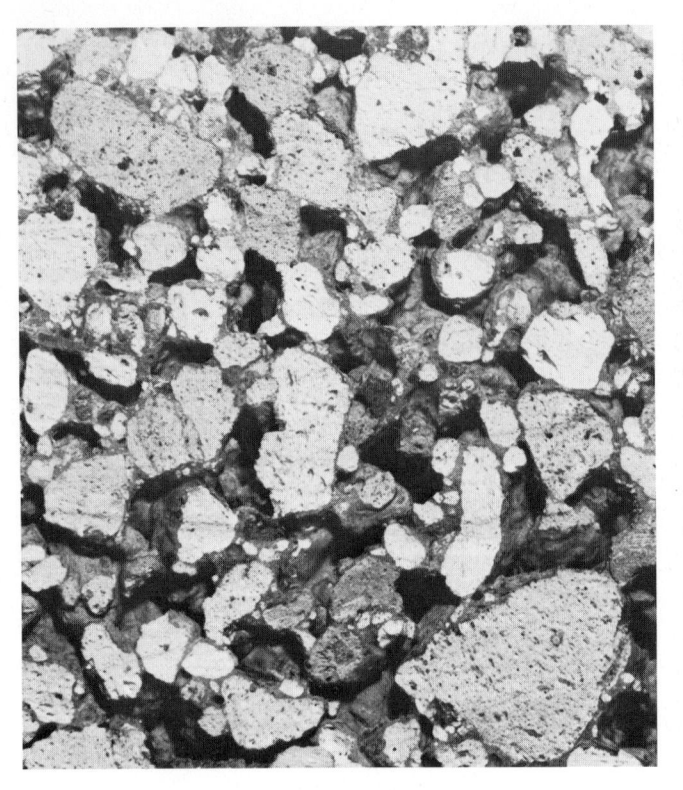

116 Strukturbild von Bimsbeton der Trockenrohdichte 0,59

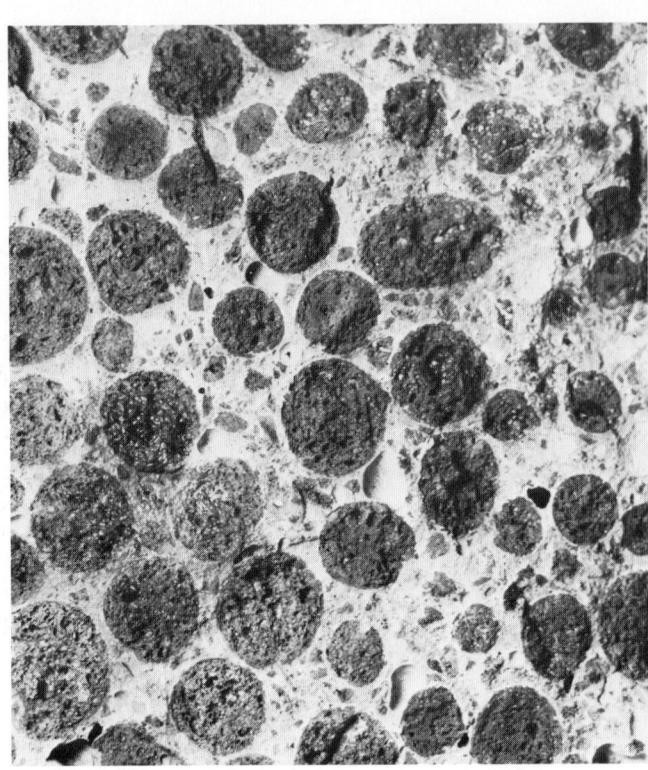

118 Strukturbild von Blähtonbeton der Trockenrohdichte 1,2

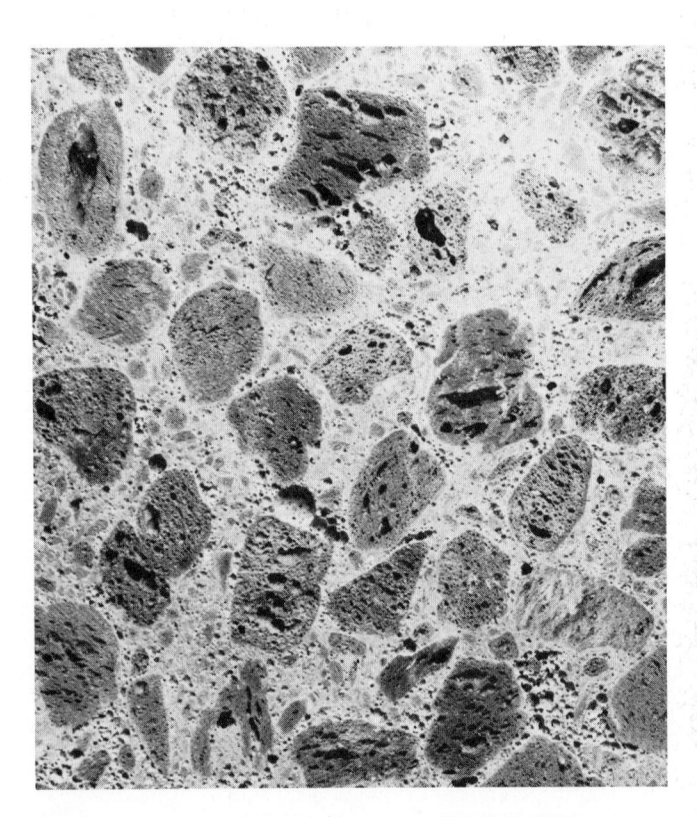

117 Strukturbild von Blähschieferbeton der Trockenrohdichte 1,17

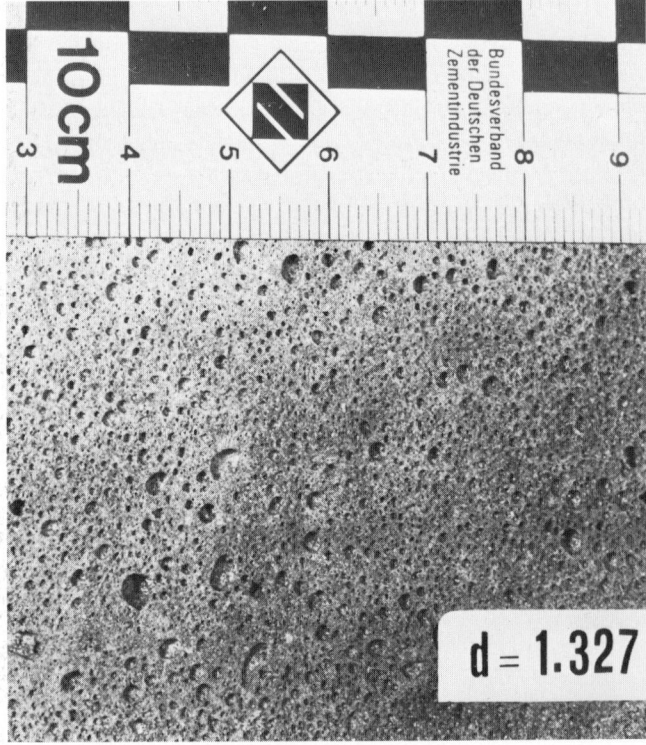

119 Strukturbild von Porenbeton der Trockenrohdichte 1,33

120 Leichtbetonfassadenelemente im Rohbau

122 Unterrostung des Bewehrungsstahls sprengt die (in diesem Fall zu geringe) Betonüberdeckung ab.

121 Rostabsprengung einer Betonkante. Standort Berlin, Zustand nach 15 Jahren

123 Rostender Bügel in einer glatten Betonfläche, der zu schwach überdeckt ist. Auch der Magnet zeigt die hier zu schwache Überdeckung von nur 4 mm an; er haftet auf der Betonoberfläche.

124 Durchscheinende Stahlmatte in einer vorgefertigten Platte. Hier ist der Stahl noch von Beton überdeckt.

126 Absprengung der Betondeckung über dem Stahl und Rostung des Stahls

125 Schützende Epoxidharzmörtelbeschichtung durchscheinender Stahlmatten (Erdgeschoß)

127 Durch Rostung völlig zerstörte Stahlbewehrung

Bild 115 zeigt den Beton des Schlosses Freysenborg. Die Bilder 116 bis 120 zeigen Schnitte und Flächen verschiedener Leichtbetontypen. Bild 121 zeigt eine typische Absprengung der Betonoberfläche durch rostenden Stahl im Beton. Die Bilder 122 und 123 zeigen Absprengungen der Betonoberfläche durch rostenden Stahl an einer Brüstung und Betonfertigteilen, die Bilder 124 und 125 Betonbrüstungen, bei denen die Bewehrungsmatten durchscheinen. Auch hier ist der Keim der Zerstörung gelegt, sofern man nicht frühzeitig Schutzmaßnahmen vornimmt. Die Bilder 126 und 127 schließlich zeigen vollendete Zerstörungen der Betondeckung durch rostenden Stahl.

Wir erkennen aus allen diesen Beispielen, daß eine zu geringe — oft nur 5-7 mm dicke — Betondeckung nicht in der Lage ist, den eingebetteten Stahl langfristig vor Korrosion zu schützen. Auch bei einer ausreichenden, den Normen entsprechenden Betondeckung von 25 oder 30 mm reicht diese Deckung nicht aus, wenn bei schlanken Konstruktionen die oben geschilderten Angriffe von allen vier Seiten erfolgen und der Beton nicht die Masse besitzt, um durch eine ausreichende Alkalireserve (Freisetzen von Ca^{++}-Ionen) den angreifenden Säuren längere Zeit entgegenzuwirken.

Der Einfluß einer ausreichenden Betondeckung auf die Erhaltung des Stahls ist von großer Bedeutung. In dem oben erwähnten Forschungsbericht wurde festgestellt, daß im „Normalklima", dem Klima in der Kleinstadt oder außerhalb von Siedlungsgebieten die Carbonatisierungszone in der Tiefe von etwa 11 mm im Laufe der Zeit zum Stehen kommt. Allerdings stellen wir dabei fest, daß dieser stationäre Zustand sich nur dann einstellt, wenn

a) in der Atmosphäre keine größeren Mengen aggressiver Abgase vorhanden sind (das trifft heute nicht einmal mehr für Waldgebiete zu, weil die Emission der Schwefeloxide aus den Feuerungen mehrere 100 Kilometer weit getragen werden),

b) das Bauelement aus Beton ausreichend dick ist, damit viel Beton vorhanden ist und die Alkalireserve über lange Zeit ausreicht,

c) der Beton ausreichend verdichtet ist.

Die aggressiven Abgase der Atmosphäre, in erster Linie Schwefeloxide, zerstören den Beton wesentlich schneller. Der Abbau der Alkalität dringt in viel tiefere Zonen vor, nach Untersuchungen im Rhein-Main-Gebiet an einigen Objekten bis zu 40 mm.

Abbau der Alkalität im Stahlbeton und Aufzehrung der Alkalireserve sind die natürlichen Faktoren, welche den Stahl dem Rosten preisgeben und damit die Lebenszeit des Stahlbetons begrenzen. Wie wir heute wissen, beträgt die natürliche Lebenserwartung ohne den Einfluß hoher Schadstoffkonzentrationen in der Atmosphäre mindestens 120 Jahre. Die Wirkung der Schadstoffeinflüsse ist von der Konzentration der Schadstoffe, vom Grad der Wasserbelastung des Betons und der Dichtheit des Betons abhängig. Zuverläs-

128 Absprengung einer Betonausflickung. Standort Dortmund, Zustand nach 10 Monaten

sige Erfahrungswerte haben wir noch nicht, wir scheuten auch oft davor zurück, diese erschreckenden Vorgänge in ihrem ganzen Ausmaß wahrzunehmen; inzwischen wissen wir, daß die natürliche Lebenserwartung durch Schadstoffeinflüsse erheblich verkürzt wird.

Die Ausbesserung von Betondefekten

Ausbesserungstechniken gehören eigentlich nicht zum hier behandelten Thema. Sie sollen hier dennoch diskutiert werden, weil Ausbesserungen durchaus Ausführungsfehler und Schäden dauerhaft kaschieren oder gar beseitigen können, was wesentlich zur Erhöhung der Lebenserwartung von Stahlbetonbauteilen beiträgt.

Die Bilder 128 bis 131 zeigen mißlungene Ausbesserungen von Betondefekten. Beton muß dann ausgebessert werden, wenn

a) beim Transport von Fertigteilen Ecken und Kanten beschädigt wurden,

b) Fugenflanken defekt sind oder nicht vollständig ausgebildet wurden,

c) Defekte in der Fläche, wie z.B. Löcher, größere Poren und Entmischungszonen vorliegen,

d) die Betondeckung der Bewehrung zu dünn ist – und nicht für einen Schutz des Stahls ausreicht,

e) der Stahl im Beton bereits rostet und die Betondeckung absprengt.

129 Abgeworfene Spachtelausflickung von Beton. Standort Dortmund, Zustand nach 8 Monaten

131 Flächenüberspachtelung einer Betonfläche mit Zement/Sandgemisch ohne jede Vergütung und ohne nachträglichen Schutz gegen die Wasserbelastung. Zustand 14 Monate nach der Ausbesserung

Sofern Defekte im Beton mit zementgebundenem Mörtel ausgebessert werden, platzen solche Ausbesserungen aus den verschiedensten Gründen sehr häufig wieder ab. Einmal sind dafür handwerkliche Fehler verantwortlich, dann wieder Unzulänglichkeiten des Ausbesserungsmaterials. Die Bilder 128 bis 131 zeigen solche unzureichenden und sehr kurzlebigen Ausbesserungen. Bild 128 stellt das Abplatzen einer ganzen Ecke nach schon zehn Monaten dar. Bild 129 zeigt eine abgeplatzte, sehr kunstvoll in vielen Schichten aufgebaute, flächige Ausbesserung, Bild 130 das Abplatzen einer handwerklich falschen Ausbesserung an Betonkanten.

Bild 131 zeigt schließlich, wie eine flächige Beschichtung auf waagerechter Betonfläche sich vollständig löst, wobei unterschiedliche Quell- und Schwindbewegungen zwischen Beschichtung und Beton die Ursache sind.

Es ist möglich, Ausbesserungen des Betons zuverlässig und mit langer Lebenserwartung herzustellen, doch erfolgt das keineswegs auf eine so einfache Weise, wie es auch heute immer wieder versucht wird. Ausbesserungen des Betons sind, auch wenn sie richtig ausgeführt wurden, in vielen Fällen Wartungsfälle; Ausbesserungsstellen haben niemals die Lebenserwartung des intakten Betons. Das trifft auch dann zu, wenn sie nachträglich durch eine Siliconharzimprägnierung wasserabweisend ausgerüstet werden oder auch einen dichten, wasserabweisenden Schutzanstrich erhalten.

130 Sehr dünne und nachträglich nicht gegen Wasserbelastung geschützte Ausbesserung von Betondefekten durch einen Zement/Sand-Spachtel. Zustand 7 Monate nach der Ausbesserung

Diese Tatsache muß bei einer Mängelrüge berücksichtigt werden. Es reicht nicht aus, die Fläche auszubessern; dem Bauherrn muß eine erhöhte Gewährleistung oder ein Wertminderungsausgleich für die Kosten einer späteren anfallenden Wartung zur Verfügung gestellt werden — Ersatzleistungen für den Fall, daß der vertraglich vereinbarte Zustand nicht wieder vollständig hergestellt werden kann.

Auch der Versuch, eine unzureichende Betonüberdeckung nachträglich herzustellen, ist äußerst problematisch und nach allen langfristigen Erfahrungen zum Scheitern verurteilt. Eine Realkalisierung des Betons durch Aufbringen von Wasserglas oder Kieselsäureestern, Aufbringen von Spritzbeton- und Mörtelschichten bringt nur für kurze Zeit einen schützenden Effekt.

Besser ist das Epoxidharzschutzsystem unter Einschluß eines aktiven Rostschutzes, der Hydrophobierung der behandelten Zone und eine Erhöhung der Gasbremse auf der Betonoberfläche durch Schutzanstrich. Über diese Techniken ist in der Fachliteratur in den letzten Jahren ausführlich berichtet worden.

Man sollte festhalten, daß nur die ursprüngliche Betonoberfläche mit technisch ausreichender Deckung über dem Bewehrungsstahl langlebig und wartungsfrei ist. Auch hier muß leider bemerkt werden, daß diese Aussage bei konzentrierter Einwirkung von Schadstoffen aus der Atmosphäre nicht immer zutrifft. Alle Schutzsysteme, Ausbesserungen und schützenden oder verschönenden Farbanstriche bedingen mehr oder weniger häufige und regelmäßige Wartungsvorgänge, die meistens Neuanstriche bedeuten.

Anstriche und Schutzanstriche der Betonoberfläche

Bei Anstrichen der Betonoberfläche müssen wir zwischen den aus nur optischen Gründen angebrachten und den zugleich schützenden Anstrichen unterscheiden. Schützende Anstriche helfen, Wasser, Kohlensäure und die Schadstoffe in der Atmosphäre von der Betonoberfläche fernzuhalten. Schützende Anstrichmittel haben auch die längste Lebenserwartung. Diese reicht auf dem Beton von etwa 2 bis zu 20 Jahren. Wir kennen freibewitterte Anstriche, die heute schon fast 20 Jahre stehen, ohne daß ein Schaden oder Verfall erkennbar wird. Andere Anstriche sind bereits nach sehr kurzer Zeit verfallen. Am langlebigsten sind wasserabweisende Anstrichsysteme über einer in die Tiefe reichenden Hydrophobierung des Betons (Siloxansysteme). Hier kann man mit Lebenserwartungen über 20 Jahren sicher rechnen.

Vorzeitige Zerstörung von Stahlbeton durch schnellen Verzehr der Alkalireserve

Im Normalfall wird Stahlbeton von einer Seite, allenfalls noch zusätzlich von der Rückseite her der Witterung ausgesetzt. In der Regel dringen Kohlensäure, Wasser und Schwefeloxide von einer Seite her in den Beton ein. Bei relativ dicker Betonplatte werden vom Inneren des Betons her über sehr lange Zeit ausreichend Ca^{++}-Ionen freigesetzt, die den

132 Schule Weidendamm in Bremen, die 1965, als der Beton noch neu war, mit dem Siloxansystem angestrichen wurde. Das Bild zeigt den Zustand im Jahre 1979.

133 Detail einer mit Siloxan geschützten Betonoberfläche. Schule Weidendamm in Bremen, 1979

134 Allseitig bewitterter Stahlbetonpfosten mit normgerechter Betondeckung wird durch vorzeitige Aufzehrung der Alkalireserve zerstört.

136 Zerstörung eines schlanken Betonpfostens durch Verzehr der Alkalireserve und vorzeitige Rostung des Stahls

135 Rostsprengung eines allseitig bewitterten Betonpfostens mit normal durchaus ausreichender Betondeckung des Stahls

eindringenden Schadstoffen entgegentreten können. Dadurch stellt sich solange ein dynamisches Gleichgewicht ein, bis diese Alkalireserve aufgebraucht ist.

Anders sind die Verhältnisse bei schlanken oder auch sehr flachen Beton-Bauteilen. Hier dringen Wasser und Schadstoffe von mehreren Seiten, schlimmstenfalls sogar von allen vier Seiten in den Beton-Bauteil ein. Ausgesprochen kritisch wird es, wenn die Bauglieder sehr dünn sind und wenig Alkalireserve zur Verfügung steht. Dann wird der Beton von allen Seiten her schnell carbonatisiert und auch durch die aggressiven, sauren Abgase aus den Feuerungen abgebaut.

Einige Beispiele aus der Praxis mögen diesen Vorgang anschaulich darstellen. Die Bilder 134, 135 und 136 zeigen schlanke Stützen oder Pfeiler, die in Zeiträumen von 11 bis 14 Jahren vollständig zerstört wurden. Die Zerstörung ging vom eingebetteten Betonstahl aus, der durch sein Rosten den Beton sprengte. In allen Fällen drangen die Schadstoffe — Stoffe, die die Alkalität des Betons abbauen — von allen vier Seiten ein. Sie beanspruchen damit die Alkalireserve des Betons viermal so stark wie bei einer normalen Außenwandplatte. Nach Verzehr der Alkalität des den Stahl umhüllenden und im alkalischen Zustand vor der Rostung schützenden Betons rostet der Stahl und zerstört damit auch den Betonkörper.

Nach den vorliegenden Erfahrungen wie auch den Beispielen, die uns die Bilder 134 bis 136 zeigen, wird der Beton bei ca.

12 cm schlanken Stützen oder Pfeilern, die allseitig der Witterung ausgesetzt sind und in Gebieten mit Schadstoffbelastung (Städten und Industriegebieten) stehen, im Verlauf von 11 bis 20 Jahren zerstört. Dafür haben wir zahlreiche Beispiele, wobei es gar keine Rolle spielt, ob es sich um anspruchslose Bauteile oder um sehr schlanke Spannbetonteile handelt.

Vor derartigen Schäden schützt übrigens auch die Beachtung der DIN 1045 nicht, denn hier wird stets vom Normalzustand ausgegangen. Die Untersuchung an sehr vielen solcher schadhaft gewordener, dünner Betonteile ergab, daß Beton in seiner ganzen Tiefe einen pH-Wert von 9 nicht mehr erreichte, die Alkalität damit sehr stark abgebaut war und der Stahl ungeschützt im Beton lag.

Dichte in kg/dm^3	in W/m.K. nach DIN 4108 5 % Feuchte	Druckfestigkeit in N/mm^2
0,5	0,30	$\geq$ 2,5
0,6	0,33	$\geq$ 2,5
0,7	0,36	$\geq$ 2,5
0,8	0,40	$\geq$ 2,5
0,9	0,45	$\geq$ 5,0
1,0	0,52	$\geq$ 7,5

2.9 Bimsbaustoffe

Bims ist ein natürlich vorkommender mineralischer Baustoff vulkanischen Ursprungs; er lagert in Deutschland und in vielen anderen Ländern in mächtigen Schichten. In der Antike wurden vulkanische Gesteine — wie Bims — im Zusammenbau mit anderen Steinarten und Ziegeln verwendet.

Das Bimskorn enthält eine große Zahl von Luftporen. Seine Struktur ist nicht kristallin sondern amorph. Naturbims ist damit ein hochporöses, glasähnliches Material, dessen Struktur viele bautechnisch günstige Eigenschaften bedingt, die das Material seit langer Zeit zu einem viel genutzten Baustoff machen.

Anwendungsgebiete, Verhaltensweisen und Vorzüge von Bims als Außenwand-Baustoff sind seit langem bekannt. Bimsbaustoffe werden in unseren Breiten in erster Linie ihrer überdurchschnittlich guten wärmedämmenden Funktion wegen eingesetzt.

Die Bindung der Bimsbaustoffe ist in den allermeisten Fällen hydraulisch. Granulierter Bims wird mit Zement gebunden und zu verhältnismäßig leichten und dennoch festen Bimssteinen geformt.

Grundsätzlich sind alle Steinformate herstellbar. Vorzugsweise setzt man höhere Formate ein, weil diese bautechnisch vorteilhaft und auch kostensparend sind. Von der Bimsbaustein-Industrie werden große Serien solcher Formate hergestellt. Je nach Zusatzmenge von Zement und Sand variieren die Dichten der Steine.

Steinformate, Dichten und Qualität werden durch eine strenge Selbstkontrolle konstant gehalten. Die meisten Hersteller achten exakt auf Qualität und Typengenauigkeit. Unterschiedliche Dichten und Festigkeiten korrespondieren miteinander. Damit wird eine breite Palette der Formate, Dichten, Festigkeiten und der Wärmedämmwerte erreicht. Die Variationsbreite ist damit wesentlich größer als beispielsweise die von Ziegeln, Kalksandsteinen oder etwa von Normalbetonen.

Die nachstehende Tabelle gibt einen Überblick über den Zusammenhang von Dichten, Wärmeleitzahlen und Festigkeiten zementgebundener Bimsbaustoffe. Es muß jedoch dazu bemerkt werden, daß Bimsbaustoffe in der Praxis nur einen Feuchtigkeitsgehalt von maximal 4 Gewichtsprozenten erreichen.

Bims wird, auch über die Herstellung von Bimsbaustoffen hinaus, als Schüttung zwischen tragender Wand und vorgesetzter Schale und auch für die Wärmedämmung von Decken verwendet. Man erhält damit eine hochwirksame und sehr kostengünstige, beständige Wärmedämmung. Da die Bimsschüttung keinem chemischen Verfall unterliegt, nicht schrumpft, wenig Wasser festzuhalten vermag und auch sonst keine Risiken aufweist, eignet sich das Material ausgezeichnet für solche Wärmedämmschüttungen. Bei hohen Anforderungen an Dämmfunktion und Wasserundurchlässigkeit kann die Schüttung noch zusätzlich durch eine Tränkung mit 2 bis 3 %iger Alkalisiliconatlösung kapillar inaktiviert werden, so daß sie keinerlei Wasser aufzunehmen oder weiterzuleiten vermag bzw. ständig trocken bleibt. Weil die Taupunktfront in der kalten Jahreszeit regelmäßig in der Dämmschicht liegt, kann diese hydrophobe Ausrüstung sehr wichtig sein.

Auch im Hinblick auf die notwendige Brandsicherheit verhalten sich Bimsbaustoffe sehr günstig; diese Aussage gilt übrigens für alle Dichten dieses Baustoffes. Bimsbaustoffe sind in bezug auf die Klassifizierung nach DIN 4102 der Baustoffklasse A1 zuzuordnen. Mit anderen Worten: Sie sind nicht entflammbar und brennen nicht. Wärmespannungen, die zur Zerstörung des Korns während des Brandes führen könnten, treten nicht auf, weil das Wärmeleitvermögen gering ist und die zellige Struktur des Bimsgranulats die auftretenden Spannungen bereits im Mikrobereich abbaut.

Bild 137 zeigt die Struktur eines zementgebundenen Bimsbaustoffes mit der Trockenrohdichte 0,6. Wir erkennen die zellige Struktur des Bimskorns und sehen, daß hier keine Röhrchen- und Blattkapillare vorhanden sind, die Wasser aufsaugen könnten. Das einzige wasserleitende Medium ist die dünne Struktur der Zementsteinmatrix. Dieser leichte Baustoff enthält dazu noch viele größere Hohlräume, was die Struktur von Bimsbaustoffen für das Verhalten gegenüber Wasserdampf günstig beeinflußt: Wasser und Wasserdampf durchdringen die Zellwände nicht, Wasser wird nur in geringem Umfange aufgenommen und ins Innere der Wand weitergeleitet. Die Weiterleitungsfunktion übernimmt allein der

137 Schnitt durch einen Bimsbeton der Trockenrohdichte 0,6

138 Struktur eines zementgebundenen Bimsbausteines des Typus „Isobims" (Archivbild der Rheinischen Bimsbaustoff Union)

Zementstein. Das eingedrungene Wasser kann jedoch durch die offene Struktur zwischen Korn und Bindemittel und die größeren Hohlräume gut abdampfen. Durch diese materialbedingte Funktion wird eine Reihe von Risiken vermieden, die zum vorzeitigen Verfall und zur Verkürzung der Lebenswartung führen könnten.

Der Wechsel von Eindringen und Abdampfen von Wasser ist gewährleistet, was für die Austrocknung des Wandbaustoffes sehr nützlich ist. In diesem Zusammenhang muß selbstverständlich auch das Fugenmaterial zwischen den Steinen berücksichtigt werden. Hier handelt es sich entweder um normale Mauermörtel oder um Klebemörtel, die für die Wasseraufsaugung ein weniger günstiges Verhalten haben als der Bimsbaustoff und damit das feuchte Verhalten der Gesamtwand beeinflussen.

Bild 138 zeigt ergänzend das Detail eines Formsteines aus Bims. Die zusätzlichen großen Hohlräume verbessern das Abdampfvermögen von Feuchtigkeit ebenso wie die Wärmedämmung.

Der Elastizitätsmodul von zementgebundenen Bimsbaustoffen ist relativ niedrig. Das ist für das Verhalten des Baustoffes von Bedeutung. Niedrige Elastizitätsmoduln eines Baustoffes bedingen eine verminderte Rißempfindlichkeit, die in vielen Fällen bis zur Rissefreiheit geht. Das ist in der Regel auch bei Bimsbaustoffen der Fall. Durch das Abfangen von Spannungen in den Mikrobereichen des Baustoffes werden Dehnungs- und Kontraktionskräfte (so aus thermischen Bewegungen) merklich weniger wirksam, so daß man in der Wand mit einer geringeren Anzahl von Fugen und kleineren Fugenbreiten auskommen kann.

Auch die reversible Längenänderung durch Quellen und Schwinden des Baustoffes liegt bei Bimsbaustoffen in niedrigen Bereichen. Dieses Quellen und Schwinden liegt bei den zementgebundenen Baustoffen zwischen 0,12 bis 0,22 mm/m, bei zementgebundenen Bimsbaustoffen dagegen im Bereich von 0,10 bis 0,13 mm/m. Aus diesem günstigen Verhalten ergeben sich bei Bimsbaustoffen keine zusätzlichen Spannungen und Belastungen im Durchfeuchtungs-/Austrockungs-Prozeß, was Risiken abbaut und ebenfalls zur Erhöhung der Lebenserwartung beiträgt.

Wir erkennen, daß es bei Bimsbaustoffen nicht auf die Lebenserwartung des Bimskornes ankommt, sondern auf die des Verbundbaustoffes (Bild 138). Die Lebenserwartung des Bimskornes selbst ist, sofern es nicht mechanisch zerstört wird, nahezu unbegrenzt, doch interessiert uns die Lebenserwartung des Kornes bautechnisch nicht.

Auch der thermische, lineare Ausdehnungskoeffizient ist bei Bims wie bei allen Arten von Bimsbaustoffen relativ niedrig. Er liegt im Bereich der Ausdehnungskoeffizienten für Gläser. Zuschläge und Zementbindung verändern diese Werte. Je nach Bindung und Zuschlagmenge liegt der lineare thermische Ausdehnungskoeffizient von Bims und Bimsbaustoffen im Bereich von $5-7{,}2 \text{ m/m} \cdot 10^{-6}$ pro °C. Auch aus dieser Materialeigenschaft ergibt sich ein günstiges Verhalten, das für Bimsbaustoffkörper und Bauteile aus Bimsbaustoffen nur geringe thermische Bewegungen zuläßt.

Das Feuchtigkeitsverhalten von Bimsbaustoffen hat stets erheblichen Einfluß auf deren Lebenserwartung. Bei der Benetzung des Bimskornes wird das Wasser zunächst nur von den angeschnittenen Zellen angenommen. Sobald diese Zellen gefüllt sind, bleibt das Wasser auf der Schnittfläche des Kornes stehen. Die Untersuchung muß am angeschnittenen Korn ausgeführt werden; denn vom nicht angeschnittenen Korn, wie es normalerweise im Baustoff vorliegt, wird sehr viel weniger Wasser aufgenommen.

Die Zementsteinanteile dagegen nehmen Wasser kapillar saugend auf. Der Mengenanteil des Zements und damit des Zementsteines wird jedoch nach Möglichkeit gering gehalten. Die überwiegende Menge silicatischen Materials bestimmt die Oberflächenspannung des Wassers auf dem Bimsbaustoff. Sie liegt im Bereich von $75 \, mN \cdot m^{-1}$. Zum Wasser ist damit keine merkliche Grenzflächenspannung gegeben, Wasser wird deshalb nicht abgewiesen. Das Wasser kriecht an den Flächen des Materials entlang und kann als Oberflächenwasser festgehalten werden. Damit wird auch eine Anfüllung angeschnittener Hohlräume mit Wasser ermöglicht. Hier kann es bei vollständiger Anfüllung der Zellen zu Frostsprengungen kommen.

Das Abtropfverhalten von Bimsbaustoffen ist gut. Nach vollständiger Durchfeuchtung eines zementgebundenen Bimsbaustoffes der Dichte 0,6 kann Wasser innerhalb von 10 Minuten vollständig heraustropfen. Nur Oberflächenwasser und Kapilarwasser im Zementstein werden festgehalten. Dabei wirkt sich auch der sehr günstige, niedrige Wasserdampfdiffusionswiderstandsfaktor sehr vorteilhaft aus. Bimsbaustoffe trocknen daher schnell aus.

Aus den vorhergegangenen Ausführungen kann gefolgert werden, daß bei Bimsbaustoffen Risiken, die zur Zerstörung führen, nur selten und dann gering sind. Das wird durch die Praxis bestätigt. Verwitterungserscheinungen, die wir bei Bimsbaustoffen kennen, sind ausschließlich Oberflächenerosionen. Zerstörungen, die auf Spannungen und Rißbildungen zurückzuführen sind, konnten nicht beobachtet werden. Diese Aussage darf erweitert werden, sie gilt sowohl für die Bimskornschüttung, für gebundene Bimsbaustoffe als auch für geschnittene, vulkanische Gesteine mit Bimscharakter.

Diese natürlichen Bimsbaustoffe haben, in eine Wand eingebaut, nachweislich Lebenserwartungen zwischen 1500 und 3000 Jahren. Diese Aussage gilt für die Mittelmeerländer; in Mittel- und Nordeuropa können wir diese Feststellungen nicht treffen, weil hier Außenwände dieser Art nicht errichtet werden.

Bei zementgebundenen Bimsbaustoffen verändert der Zementstein den Charakter des Baustoffs. Wir müssen diese zementgebundenen Bimsbaustoffe als Leichtbetone auffassen, die durch Zuschlagkorn gegenüber Witterungseinflüssen sehr beständig sind. Bimsbeton ist damit mit Blähschiefer- oder Blähton-, auch mit Normalbeton vergleichbar. Wir müssen bei diesen Vergleichen selbstverständlich von einer Stahlbewehrung absehen. Im Gegensatz zu Normalbeton sind jedoch die oben diskutierten Risiken durch das Feuchtigkeitsverhalten, die Quell- und Schwindspannungen sowie durch thermische Bewegungen merklich reduziert. Auch das Durchcarbonatisieren des Zementsteines, das hier sehr viel schneller erfolgt, weil die Kohlensäure viel besseren Zutritt hat, beeinflußt weder Form noch Festigkeit des Bimsbaustoffes merklich. Die Lebenserwartung in der Wand ist für Bimsbaustoffe damit mindestens die der Betone. Dabei muß allerdings bemerkt werden, daß bei Bimsbaustoffen die Bewegungs- und damit die Spannungsrisiken geringer sind.

2.10 Kalksandsteine

Kalksandsteine haben zunehmend Eingang in die Bautechnik gefunden. Während man vor 20 Jahren noch von Hintermauersteinen sprach, werden Kalksandsteine heute als Vormauersteine für helle und anspruchsvolle Fassaden eingesetzt. Wie bei jedem neuen Baustoff ergeben sich materialbedingte Besonderheiten, Risiken und Vorteile, die wir erst im Laufe der Jahre vollständig erkennen können. Kalksandsteine sind als Baustoff relativ jung; um so größer ist unser Interesse an Aussagen über ihre Langzeitbeständigkeit.

Die ältesten, dem Autor bekannten Bauten, bei denen Kalksandsteine für die Fassade verwendet worden sind, stehen heute 21 bis 22 Jahre, in gutem Zustand.

Neben den Vorteilen der hellen, ansehnlichen Fassade und der einfachen Verarbeitung kennen wir eine Reihe von Risiken, die zu Schäden an der Kalksandsteinfassade führen. Diese Mängel und Schäden sind nicht vom Baustoff abhängig, sie sind fast immer auf falsche Disposition, Nachlässigkeit und Unwissen zurückzuführen. Sie sind auch nicht spezifisch für eine Kalksandsteinwand, teilweise könnte man sie auch mit anderen Baustoffen erzeugen. Diese Risiken seien nachstehend aufgeführt. Gegenstand der Betrachtung sind dichte, witterungsbeständige Steine (Vormauersteine).

Verarbeitungsfehler als Ursachen für Schäden an Kalksandsteinfassaden

1. Vermauerung zu frischer und nasser Steine. Diese Steine schwinden noch nach, der Fugenmörtel zwischen den Steinen reißt auf, es entstehen Mörtelfugenabrisse von 0,1 bis 0,4 mm Breite.
2. Der Mauermörtel zwischen den Steinen, insbesondere an den seitlichen Steinflanken ist nicht vollständig eingebracht, so daß sich Hohlräume ergeben. Diese Hohlräume können sich mit Wasser füllen, das zu sogenannten Eislinsen gefrieren kann. Bei Frost werden dann Steinscherben abgesprengt.
3. Die Wand ist von oben nicht abgedeckt und so nicht gegen Wasser geschützt (Terrassenwände, Umfassungswände etc.). Eine solche Wand wird ständig durchfeuchtet; die Folgen: ständiges Quellen und Schwinden mit Abrissen der Mörtelfugen, möglicherweise auch Eissprengungen im Winter.
4. Aufbringen sperrender Anstrichschichten auf die Steinoberfläche. Solche sperrenden Schichten verhindern eine

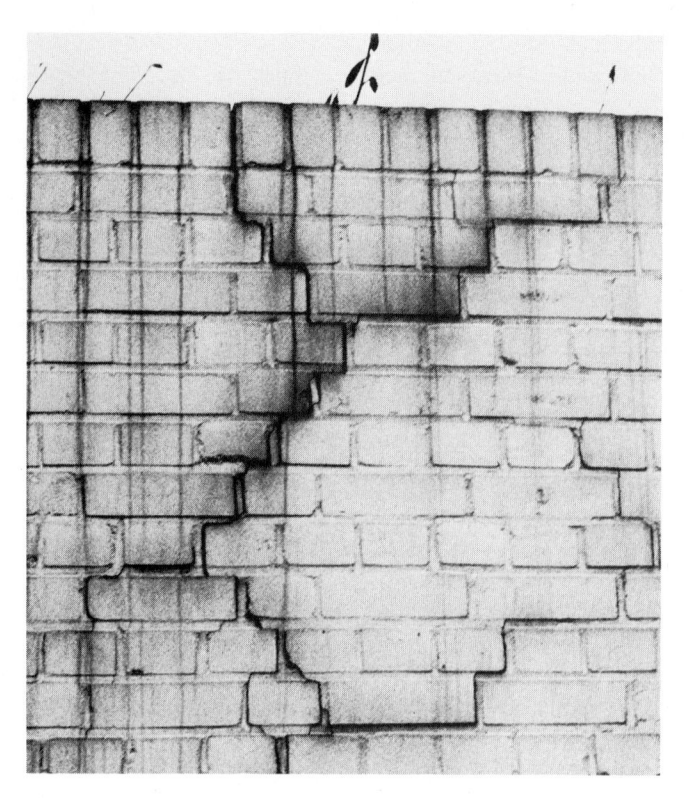

139 Kalksandsteinfassade, die infolge ständiger Durchfeuchtung gerissen und stark verschmutzt ist

141 2 Jahre alte Kalksandsteinfassade, die durch Eindringen von Wasser als Folge fehlender Abdeckung und Eisbildung zwischen den Steinen gesprengt wird

schnelle Austrocknung der Wand, so daß es infolge der unnötigen und lang andauernden Wasserbelastung zu einer Reihe von Schäden kommen kann.
5. Verwendung ungeeigneten Fugenmörtels für die Fugenverfüllung zwischen den Steinen. Hauptfehler: zu wenig Feinstkorn (0-0,2 mm) im Sand.
6. Verwendung zu dünner Steinverblendungen, etwa 1/4 Steine als Verblendschale.

Die Bilder 139 bis 144 zeigen einige der Folgen dieser Verarbeitungsmängel sowie Verschmutzungen von Kalksandsteinoberflächen. Kalksandsteine verschmutzen, wenn sie nicht gegen die Aufnahme von Schmutzwasser geschützt werden. Der Verschmutzungsvorgang ist der gleiche wie bei jedem Wasser aufsaugenden Baustoff. Das Regenwasser nimmt den auf der Oberfläche liegenden Staub mit und schwemmt ihn in die Poren des Baustoffes ein; der Schmutz wird in den Poren fixiert. Gerade bei hellen Steinen wird eine solche Verschmutzung schnell erkennbar.
Eine solche Verschmutzung kann verhindert werden, indem man die Steinoberfläche (die ganze Fassade) wasserabweisend ausrüstet. Die Bilder 145 und 146 zeigen den Erfolg einer solchen Hydrophobierung. Bild 145 zeigt, wie ein vom Regen gegen die Fassade gepeitschter Wassertropfen verformt wird, jedoch nicht in den Stein eindringt. Er wird abgewiesen, weil die Steinoberfläche einen wasserabweisenden Anstrich trägt.

140 Kalksandsteinfassade, die infolge des Nachschwindens der Steine bereits nach wenigen Monaten gerissen ist

142 Hier fehlt die Abdeckung der Wand. Wasser dringt ein und wirft den Anstrichfilm ab.

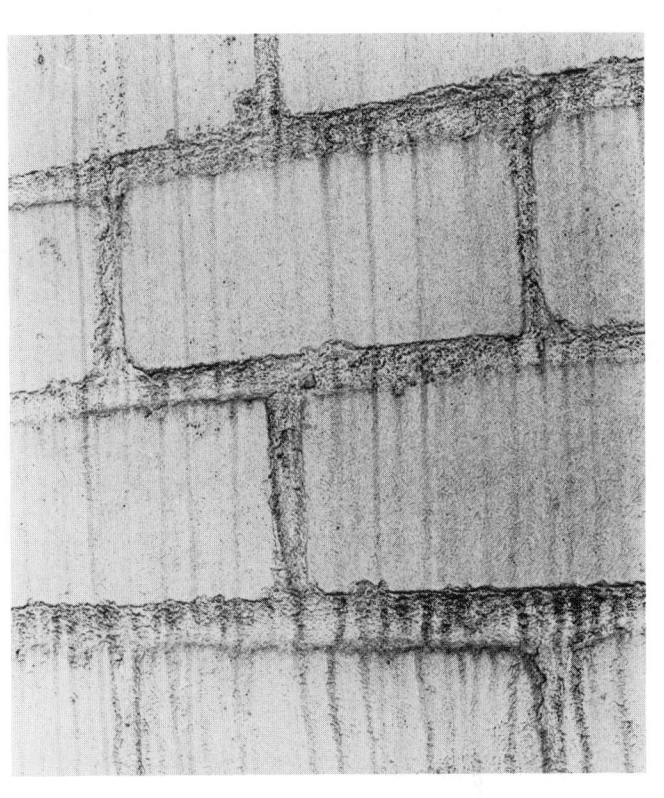

144 Verschmutzung einer Kalksandsteinfassade, die mit einer Silicatfarbe angestrichen worden war, nach 8 Monaten. Standort: Vorort von Hamburg

143 Natürliche Verschmutzung einer ein Jahr alten Kalksandsteinfassade in einer Großstadt

145 3 Jahre alte Kalksandsteinfassade, die mit Siloxanfarbe gestrichen wurde. Der Wind jagt den Regentropfen über die Wand. Diese bleibt aber trocken und sauber.

146 Einfamilienhaus bei Bremen, 1961 mit Siloxan imprägniert und gestrichen. Die Wand im Vordergrund ist später angebaut und mehrfach mit Dispersionsfarbe gestrichen worden.

148 Zustand eines Kunstharzdispersionsanstrichs auf einer Kalksandsteinverblendschale nach etwa 3 Jahren

147 Dieser dichte Acrylanstrich ohne ausreichende Vorhydrophobierung des Untergrundes sperrt die Dampfdiffusion des Kalksandsteines und zerstört damit den Stein.

149 Ein Anstrichfilm (Fassadenlack) wird abgeworfen, weil das Grundiersystem nicht ausreicht und es dem Wasser erlaubt, hinter dem Anstrichfilm zu laufen und Kalk zu eluieren.

Keineswegs alle Anstriche schützen die Kalksandsteinfassade oder vermögen sie sauber zu halten. In manchen Fällen verfallen solche Anstriche relativ schnell, doch wäre es nicht richtig, diesen Verfall der Anstriche mit einem Verfall der Kalksandsteinfassade gleichzusetzen. Nach Abbeizen und Reinigen der Fassade von den verfallenen Anstrichen sind die Steine wieder sauber und meist ohne Schäden.
Die Bilder 147 und 148 zeigen Beispiele für verfallene Anstriche auf Kalksandsteinen. Das Bild 147 zeigt einen Acryldispersionsanstrich im Zustand nach 2 Jahren und Bild 148 einen stark verschmutzten Kunstharzdispersionsanstrich, der etwas älter als 3 Jahre ist.
Bild 149 zeigt einen auch etwa drei Jahre alten Fassadenlack auf der Basis gelöster Harze (Vinyltoluolcopolymere) im Stadium des Verfalls. Der Verfall tritt hier deswegen ein, weil der Anstrichfilm in hohem Maße dampfdicht ist und versäumt wurde, den Untergrund wasserabweisend anzurüsten, so daß Wasser den Anstrichfilm unterlaufen konnte. Diese Beispiele mögen ausreichen, um zu erläutern, daß Beschichtung und Schutzfunktion in bezug auf Kalksandsteinoberflächen nicht gleichbedeutend sind.
In Risse einer Kalksandsteinverblendschale kann Wasser eindringen. Diese Risse sind zwar grundsätzlich vermeidbar, wenn ausgelagerte Steine verwendet werden und wenn die frische Verblendschale nicht sommerlicher Hitze ausgesetzt wird, jedoch muß man stets mit dem Auftreten feiner Abrisse in den Mörtelfugen rechnen, auch wenn noch so sorgfältig gearbeitet wird. Diese feinen Risse, die kaum breiter sind als 0,2 mm, können nicht überdeckt, doch vollständig durch eine Siloxanharzimprägnierung inaktiviert werden, so daß Wasser nicht eindringen kann. Voraussetzung ist, daß die Fassade nach dem Auftreten der Risse imprägniert wird.
Kalksandsteinfassaden sind so beständig wie ihre Baustoffe Kalksandsteine und Mörtel. Diese haben eine lange Lebenserwartung, wobei die voraussichtliche Lebenserwartung von einigen Jahrzehnten bei den Kalksandsteinen noch in der Praxis verifiziert werden wird. Bei richtigem Vermauern und ausreichendem Schutz ist eine Lebenserwartung von mehr als 20 Jahren nachgewiesen. Vor allem müssen Planungs- und Verarbeitungsfehler ebenso vermieden werden wie kurzlebige und nicht wasserabweisende Oberflächenbehandlungsmethoden.

2.11 Asbestzement

Asbestzementplatten gehören zu den jüngeren synthetischen Baustoffen, die in großem Umfang Eingang in die Bautechnik gefunden hatten. Über ihre Langzeitbeständigkeit ist nichts Negatives bekannt, wenn man von Randbedingungen, wie z.B. der Befestigung von Asbestzementplatten und der Beständigkeit von deren Beschichtungsmaterialien absieht.
Asbestzementplatten werden entweder als unbehandelte oder als beschichtete Platten für Dachdeckung und Fassadenbekleidung eingesetzt. Wie alle zementgebundenen Baustoffe unterliegen die unbehandelten Platten der Ausblutung von

150 Zustand einer Asbestzementoberfläche, die zur Hälfte mit Siloxan imprägniert und wasserabweisend ausgerüstet worden ist

Kalkhydrat und der Oberflächenverschmutzung. Beides hält sich jedoch in erträglichen Grenzen. Verschmutzung wie Ausblutungen lassen sich durch eine Siloxanimprägnierung verhindern. Bild 150 zeigt die Wasseraufnahme einer unbehandelten Asbestzementplatte, zugleich die Wasserabweisung einer imprägnierten Platte. In Gebieten relativ reiner Luft verschmutzen Asbestzementplatten kaum und behalten lange Zeit ihre ursprüngliche oder vergütete Oberfläche, wie es Bild 151 gut erkennen läßt. (Hier sind die Asbestzementplatten mit einer Silicatanstrichfarbe behandelt worden.)
Die nachfolgenden Bilder veranschaulichen, wie gut eine Oberflächenbehandlung Asbestzementplatten zu schützen vermag: Bild 152 zeigt den Effekt bei einer Beschichtung mit einem harten, nicht verschmutzenden Methacrylat, mit einem modernen Siloxanimprägniermittel (Bild 153), das gut in Asbestzement einzudringen vermag und mit einem Siloxananstrich in weiß über einer Siloxanimprägnierung (Bild 154).
Alle anderen Oberflächenbeschichtungen sind weniger effektiv und langlebig, es sei denn, man beschichtet mit fluorierten Kohlenwasserstoffen. Diese wären sehr beständig und geeignet, wenn es gelänge, mit ihnen etwas in den Untergrund einzudringen, um sie dort zu verankern.
Das Risiko des Baustoffs liegt zunächst im Bruch, bei Beschichtungen in deren Beständigkeit. Risikoreich ist auch das Befestigungsmaterial: Die Platten werden in der Regel an ei-

151 Asbestzementplatten des Krafthauses Lünersee, Vorarlberg, 1958 mit Keim-Silicatfarbe gestrichen. Das Bild zeigt den heutigen Zustand. (Archivbild: Industriewerke Lohwald)

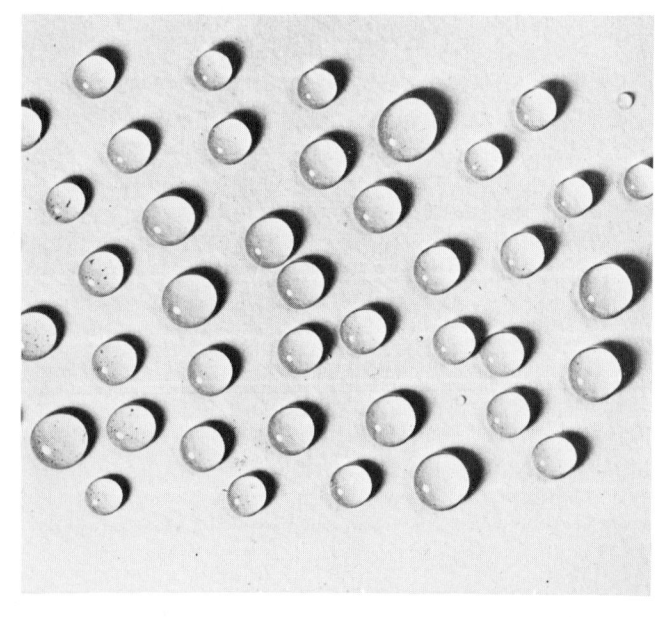

152 Wasserabweisung einer Asbestzementoberfläche nach einem Methacrylatanstrich

153 Wasserabweisung einer Asbestzementoberfläche nach einer Siloxanimprägnierung

154 Wasserabweisung einer Asbestzementfläche nach einem Siloxanfarbanstrich

nem Lattengerüst aus Holz oder an Leichtmetallschienen befestigt. Unter Befestigungsmaterial versteht man in erster Linie Schrauben. Diese bestehen aus verzinktem Stahl, aus rostfreiem Edelstahl oder aus Kupferlegierungen. Vereinzelt wurden auch Kunststoffschrauben verwendet. Wenn wir das Abscheren oder Abreißen der Schrauben bei zu schwacher Dimensionierung ausklammern, besteht das wesentliche Risiko in der Spannungsrißkorrosion des Metalls.

Auf die Schrauben wirken so z.B. eluiertes Kalkhydrat aus den Asbestzementplatten sowie aggressive Bestandteile aus der Imprägnierung des Holzes – den Holzschutzmitteln – ein. Diese führen, z.B. bei verzinkten Schrauben, zur Abzehrung der Verzinkung, bei Messing zu Entzinkung und zu Spannungsrißkorrosion; im Einzelfall werden auch Schrauben aus rostfreiem Edelstahl davon betroffen.

Diese Zusammenhänge sind inzwischen genau untersucht worden; am sichersten ist man vor solchen Korrosionsvorgängen, wenn Befestigungsschrauben aus korrosionssicheren Metallen verwendet werden. Sofern rostfreier Edelstahl, der diese Anforderung gegenüber den meisten Imprägniersalzen für Holz erfüllt, nicht in Betracht kommt, kann Bronze (Cu Sn5) Verwendung finden; sie ist sehr fest und vollständig korrosionssicher.

Der Oberflächenabtrag des Baustoffs ist unter normalen Witterungsverhältnissen nur gering. Die atmosphärischen Schadstoffe greifen jedoch die Oberfläche an, so daß es in 8-10 Jahren zu einer Zerstörung der obersten Schichten kommen kann. Das würde die Lebenserwartung und Funktionsfähigkeit der Asbestzementplatten selber nicht sehr beeinflussen, doch wird damit Asbestfaser freigesetzt und vom Wind fortgetragen. Das bedeutet ein erhebliches Gesundheitsrisiko für die Bewohner in der Umgebung solcher Schadensstellen. Heute erst erkennen wir das Gesundheitsrisiko der Asbestfasern in vollem Umfang. Aus diesem Grunde ist es notwendig und vernünftig, die Faser durch Beschichtung oder Imprägnierung mit langzeitbeständigen organischen Kunststoffen zu fixieren und damit zugleich die Platten selber zu schützen.

Außer durch atmosphärische Schadstoffangriffe wird die Beständigkeit von Asbestzementplatten kaum beeinträchtigt. Ihre Lebenserwartung liegt – sofern keine mechanischen Zerstörungen auftreten – nur wenig unter der von Beton. Eine schützende Imprägnierung oder auch Beschichtung ist aber aus den oben erwähnten Gründen immer anzustreben.

2.12 Glas

Glas ist ein sehr alter Werkstoff. In der Bautechnik hat er große Bedeutung erreicht.

Glasschmelzen ist von den Anfängen der menschlichen Kultur her bekannt. So kennen wir eine grüne Lasur aus der Periode 12 000 Jahre vor unserer Zeitrechnung, ein blaues Glas in Ägypten aus der Zeit 7 000 Jahre vor unserer Zeitrechnung.

Glas ist im 3. und 2. Jahrtausend vor unserer Zeitrechnung in China, Ägypten, Assyrien und Bagdad verwendet worden. Im Jahre 250 vor unserer Zeitrechnung existierte in Alexandria eine Glashütte. In der römischen Kulturepoche war Glas schon ein gebräuchlicher, bereits als Fensterglas eingesetzter Werkstoff.* Im Mittelalter gab es kleine, oft bunt gefärbte Glasscheiben für Fenster. Diese Gläser sind teilweise heute noch erhalten.

Glas ist sehr beständig und chemisch kaum zu zerstören. Über seine Lebenserwartung ist nicht viel mehr zu berichten, als daß es im Laufe der Jahrhunderte rekristallisiert und unter Eintrübung eine kristalline Struktur erhält; wir kennen solche Gläser aus Museen. Glas verfärbt sich und wird unter dem Einfluß ionisierender Strahlen trübe, was jedoch in der Baupraxis ohne Bedeutung ist.

Bauteile aus Glas

Von größerem Interesse als die Lebenserwartung des Baustoffes Glas selber ist die von Bauteilen aus Glas, wobei deren Lebenszeit wiederum weniger durch den Baustoff selbst als durch die mit ihm zusammengebauten Werkstoffe bestimmt wird. Dies gilt vor allem für die wichtigsten Glasbauelemente, die Isolier- oder Mehrscheibengläser. Isoliergläser bestehen in der Regel aus zwei Scheiben mit einem Zwischenraum von 12 bis 16 mm. Hinzu kommen die Mehrscheibengläser, die noch wesentlich besser die Wärme dämmen, doch nur in geringem Maße Eingang in die Fensterbautechnik gefunden haben. Die Scheiben werden miteinander luftdicht verbunden, damit Wasserdampf nicht in den Innenraum gelangen kann bzw. um

---

* Vgl. Klindt/Klein, Glas als Baustoff, Köln 1977

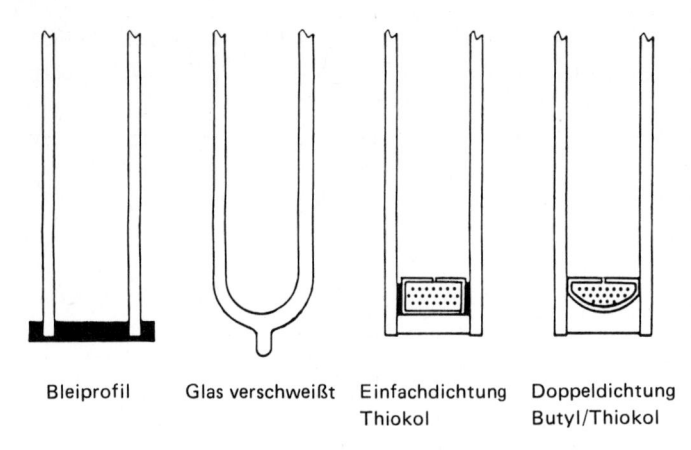

Bleiprofil Glas verschweißt Einfachdichtung Thiokol Doppeldichtung Butyl/Thiokol

155 Modelle der Isolierglasabdichtung in schematischer Darstellung

zu vermeiden, daß sich bei sehr niedrigen Temperaturen Kondenswasser innen an der äußeren Scheibe niederschlägt. Die Abdichtung bestimmt die Funktionsfähigkeit und damit die Lebenszeit der Mehrscheibengläser („Isolierglasscheiben").
Bild 155 zeigt die vier wichtigsten Isolierglassysteme in schematischer Darstellung. Beim Typus I wird die Funktionsfähigkeit, d.h. die Dichtheit, von der Bleiabdichtung bestimmt. Blei (vgl. Abschnitt 3.5) ist ein sehr beständiger Werkstoff; doch kommt es hier mehr auf die Abdichtungsfunktion als auf die Beständigkeit dieses Werkstoffs an.
Beim Typus II werden zwei Scheiben am umlaufenden Rand miteinander verschmolzen. Der Rand sorgt für den dichten Abschluß. Es ist ein einheitliches Werkstoffsystem; die Lebenserwartung hängt von der Güte der Verschmelzung und der Spannungsfreiheit der so hergestellten Glassysteme ab. Solche Scheiben sind für eine Evakuierung prädestiniert. Die Herstellung geschieht zwar in Serienfertigung, doch kann man von handwerklicher Fertigung sprechen. Bei guter Herstellung darf mit einer hohen Lebenserwartung gerechnet werden.
Den Systemen vom Typus III und IV ist die Elastomerabdichtung gemeinsam (Lebenserwartung von Dichtstoffen, vgl. Abschnitt 4.3.3). Hier übernimmt das Polysulfid (Thiokol) die Abdichtungsfunktion, wobei im Typus IV noch zusätzlich Butylkautschuk eine erhöhte Glasdichte bewirkt. Diese beiden zuletzt genannten Systeme setzen eine gute handwerkliche Verarbeitung voraus; unter dieser Voraussetzung haben sie sich bereits seit 25 Jahren bewährt. Die Erfahrungswerte korrespondieren hier mit Erfahrungswerten über die Lebenserwartung von Polysulfiddichtstoffen.*
Bei einem starren Isolierglassystem sind die Scheiben mittels eines Abstandshalters — einer Leiste oder eines Stegs aus Blei — über einer aufgedampften Kupferfolie randverlötet.

---

* Vgl. Bergmann, 25 Jahre Thiokol im Isolierglas, GLAS + RAHMEN, Heft 3/1979 sowie Grunau, Lebenserwartung von Dichtstoffen im Hochbau, DAS BAUGEWERBE, Heft 5/76.

Solche Isoliergläser können insbesondere bei großen Abmessungen durch mangelnde Elastizität schnell undicht werden. Die starre oder fast starre Randdichtung (Verlötung) ist nicht in der Lage, Bewegungen abzufangen.
Insbesondere bei Leichtmetallfensterprofilen kann es — durch die Einbettung im unteren Teil des Profils — durch Eindringen von Wasser zur Funktionsunfähigkeit solcher Gläser kommen. Diese liegt dann vor, wenn sie trübe werden — dann ist Wasserdampf in den Zwischenraum oder die Zwischenräume zwischen den beiden Glasplatten eingedrungen. Es zeigen sich die typischen Bleicarbonatschleier an den Gläsern, wie sie Bild 156 erkennen läßt. Hier ist auch zu sehen, daß die Glasversiegelung nicht intakt ist. Steht die Isolierglasscheibe „im Wasser", etwa in einem nassen Kittbett, dann kommt es leicht zur Korrosion am Rande der Verlötung: Die Scheiben werden durch eingedrungenen Wasserdampf blind.
Aus diesem Grunde sollte man das untere Fensterprofil entweder stets entwässern oder entlüften oder den Fuß der Scheibe in Thiokol-(Polysulfid-)Dichtstoff satt einbetten, so daß keine Hohlräume mehr vorhanden sind. Wenn auf diese Weise sorgfältig gearbeitet wird, ist auch die Lebenserwartung dieser starr verbundenen Scheiben hoch. Ohne diese Maßnahme kann nach Erfahrungen der Praxis mit einer Eintrübung nach 5 bis 8 Jahren gerechnet werden.
Das ist auch der Grund dafür, warum immer mehr elastische Verbindungssysteme eingesetzt werden. Hier wird der Verbund durch Verklebung mit hochwertigen, sogenannten „elastischen" Dichtstoffen hergestellt. Dabei handelt es sich um Polysulfide, d.h. um Dichtstoffe auf der Basis von Thiokolen. Bei den zweifach geklebten Systemen liegt vor der Dichtungs- und Verbundmasse aus Polysulfid noch eine Dampfsperre aus Butylkautschuk, die sehr dicht ist. Diese Dampfsperre ist eine zusätzliche Sicherheit. Die Risiken bei den zweifach gedichteten Systemen sind erheblich geringer, so daß wir hier mit einer längeren Lebenserwartung als bei den starren Systemen rechnen dürfen. Theoretisch ist die Lebenserwartung der so hergestellten modernen Isoliergläser die der Dichtungs- und Klebmassen. Damit liegt sie in dem nachgewiesenen Bereich von etwa 25 Jahren. Das bedeutet jedoch nicht, daß mit 25 Jahren die Funktionsfähigkeit solcher Isoliergläser erlischt. Über längere Erfahrungszeiten verfügen wir aber leider nicht.
Zusätzlich sind bei diesen Systemen die Abstandshalter (meistens aus Leichtmetall) noch mit feuchtigkeitsregulierenden Molekularsieben aufgefüllt, die ein Beschlagen zwischen den Scheiben in praktisch allen Temperaturbereichen verhindern. Zu empfehlen ist ein zusätzlicher Kantenschutz um die Scheibe, der hauptsächlich beim Verglasen vor Beschädigungen schützt und beim Aufkleben noch zusätzlich Dampfdichtheit erzielt.
Isoliergläser werden auch durch Spannungen infolge thermischer Bewegungen zerstört, sofern die Gläser zu hart eingespannt sind oder die Holzklötzchen im Profil verrutschen, nach unten fallen und somit bei Bewegungen neue Spannungszustände erzeugt werden. Spannungsrisse erkennt man

daran, daß sie 10 bis 15 cm neben den Fensterecken entstehen und quer in die Scheibe hineinlaufen.

Nicht unerwähnt bleiben darf die unachtsame Zerstörung (Verätzung) des Fensterglases durch Reinigungsmittel. Bild 157 zeigt ein wertvolles Glasfenster, das im Zuge einer Fassadenreinigung unbrauchbar gemacht wurde. Hier wurde ganz offensichtlich mit einer verdünnten Lösung aus Flußsäure oder mit verdünnten Salzen der Kieselfluorwasserstoffsäure gearbeitet, ohne das Glas vorher abzudecken oder anderweitig zu schützen. Ähnliche, wenn auch weniger intensive Zerstörungen (Mattierungen) können mit konzentrierten, alkalischen Lösungen bewirkt werden. Harmlos sind im Gegensatz zu diesen Verätzungen die Verschmutzungen mit Siliconharzen. Diese lassen sich mit Hilfe von Benzin oder anderen Lösungsmitteln gut von der Scheibe entfernen, ohne daß Mattierungen oder andere Mängel zurückbleiben.

2.13 Anorganische Anstrichmittel

Anstrichmittel haben die Funktion, auf Fassaden und Fassadenelementen die Baustoffoberfläche farblich abzudecken, auszugleichen oder zu verschönen. Diese Funktion hatten alle Anstrichmittel bis vor etwa 20 Jahren. Erst in neuester Zeit werden Anstrichmittel hergestellt, die zugleich in der Lage sind, den Baustoff auch zu schützen. Der Schutz erstreckt sich auf auftreffendes Regenwasser, Verschmutzung sowie auf die zerstörende Wirkung zivilisationsbedingter Schadstoffe in der Luft.

Eine solche Schutzfunktion ist nicht selbstverständlich und nur schwer zu erreichen. Obwohl viele Hersteller ihren Anstrichmitteln seit Jahren solche Schutzfunktionen zuschreiben, besitzen ihre Produkte oft keine schützende Wirkung; sie überdecken nur den Baustoff.

Für schützende Anstrichmittel mußten sogar neue Stoffgruppen entwickelt werden, wie z.B. die Copolymere der Methacrylate und des Vinyltoluols und die Siloxanharze. Siloxanharze — seit 1953 in der Praxis verwendet — spielen dabei für den Schutz von Baustoffen und die Schutzfunktion von Anstrichmitteln eine überragende Rolle.

Da Anstrichmittel wegen der verschiedenen Stoffgruppen nicht gemeinsam behandelt werden können, unterscheiden wir:

1. anorganische Anstrichmittel,
2. siliciumorganische (halbmineralische) Anstrichmittel und
3. organisch gebundene Anstrichmittel (Anstrichmittel mit Harzbindung).

Alle diese Gruppen werden gesondert behandelt, damit die Systematik des vorliegenden Buches gewahrt bleibt. Bei den anorganischen Anstrichmitteln unterscheiden wir:

a) kalkhydratgebundene Anstrichmittel mit anorganischen Pigmenten, meist Metalloxiden;
b) durchgeriebene, verschiedenfarbige Putzschichten, wobei die verwendeten Putze kalkgebunden sind;

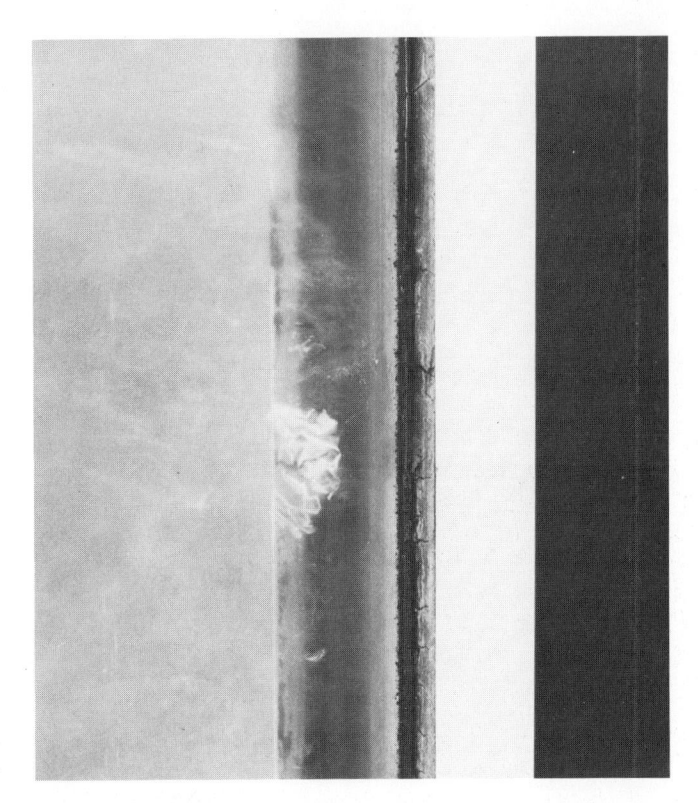

156 Bildung von Bleicarbonatschleiern in einem starr gedichteten Isolierglas und Eintrübung

157 Diese Scheiben sind im Verlauf einer Reinigung der Fassade mit flußsäuresalzhaltiger Lösung verätzt worden.

158 Römische Mineralfarbenmalerei auf Feinputz. Das Bild zeigt den Zustand nach etwa 1900 Jahren.

159 Mineralfarbanstriche auf einem Kalkputz in Oberitalien. Dieser Anstrich verfällt mit dem Putz und changiert in vielen lebhaften Farben — eine echte „Patina".

c) zementgebundene mit anorganischen Pigmenten, sogenannte Zementfarbanstriche, die aber heute kaum noch eine Rolle spielen;

d) Silicatanstrichmittel, die auf der Basis von Natrium- oder Kaliumsilicaten (Natron- oder Kaliwasserglas) aufgebaut sind. Die brauchbaren Silicatfarben enthalten als Bindemittel Kaliumsilicat, doch gibt es auf dem Markt auch mit Natriumsilicat gebundene Silicatanstrichmittel, nach DIN 18 363 Abschnitt 2.4.5 als Silicatfarben definiert;

d1) Silicat-Siliconatanstrichmittel. Dabei handelt es sich ebenfalls um silicatgebundene Anstrichfarben, denen aber etwas Alkalisiliconat zugesetzt ist, um in den ersten drei Jahren eine begrenzt wasserabweisende Wirkung zu erzielen;

d2) Organosilicatfarbanstriche. Diese Anstrichmittel sind eine Mischung aus Alkalisilicaten (wie nach DIN 18 363, Abschnitt 2.4.5) und Kunstharzdispersionen. Wir finden in der Praxis alle möglichen Mischungsverhältnisse vor. In DIN 18 363 ist unter Abschnitt 2.4.6 ausgeführt, daß eine sogenannte „Dispersion-Silicatfarbe" Kaliwasserglas, kaliwasserglasbeständige Pigmente und Kunststoffdispersionen bis zu 5 Gewichtsprozent bezogen auf die Gesamtmenge des Anstrichstoffes enthält.

Die kalkgebundenen Anstrichsysteme sind die klassischen *Mineralfarben*, wie wir sie seit Jahrtausenden kennen. Diese Gruppe verdient gesonderte Darstellung. Die Silicatanstriche, trivial genannt *Silicatfarben*, sind ein relativ neues Anstrichmittel; da diese Gruppe eine nicht geringe Bedeutung erlangt hat, sollen auch sie gesondert behandelt werden.

Mineralfarbanstriche

Kalkhydratgebundene Mineralfarben haben eine lange Geschichte. Solche Anstrichmittel wurden bereits im klassischen Altertum verwendet; wir können ihre Entstehung jedoch nicht exakt bis zu einem bestimmten Zeitpunkt zurückverfolgen. Wahrscheinlich sind sie so alt wie gebrannter Kalk. Die für diese Anstriche verwendeten Pigmente sind ausschließlich Erdfarben, in den meisten Fällen Oxide der verschiedensten Metalle.

Uns liegt eine Fülle antiker Malereien mit Mineralfarben vor, an denen wir das Langzeitverhalten dieses Anstrichsystems studieren können. Wir finden sie fast ausschließlich im Mittelmeerraum. Aus diesem Grunde lassen sich die Verhältnisse nicht unmittelbar auf unsere Verhältnisse, d.h. auf die Verwitterungsbedingungen in Mittel- und Nordeuropa, übertragen.

Je älter ein kalkgebundener Baustoff ist, umso besser verdichtet sich dieser durch Rekristallisation des Calciumcarbonats. Man erhält auf diese Weise kalkgebundene Baustoffe hoher Festigkeiten. Dies trifft sowohl für den Untergrund antiker Malereien als auch für die Bindung der Farbanstriche zu. Bild 158 zeigt dafür ein Beispiel aus klassischer Zeit. Dagegen zeigt Bild 159 einen neueren Mineralfarbenanstrich aus dem Mittelmeerraum, wie er in üblicher Weise wenig kunstvoll auf

160 Römische Mineralfarbenmalerei, die heute rund 2000 Jahre alt ist

161 Mineralfarbenanstrich aus dem Mittelalter, 12. Jahrhundert, der zusammen mit dem Untergrund verfällt

einen nicht sorgfältig aufgebauten Putzuntergrund aufgebracht wurde.

Zum Vergleich die Bilder 160 und 161. Wir können diesen Beispielen sehr gut entnehmen, daß Mineralfarbanstriche selbst sehr beständig sind, ihre Lebenserwartung jedoch durch die Beständigkeit des Putzuntergrundes begrenzt wird. So demonstriert Bild 160, daß Risse im Untergrund den Anstrich und die Malerei nicht zerstören konnten, aber eine starke Wasserbelastung des Putzes vor allem auch im Bereich der Risse den Anstrich selber zu schädigen vermag. Bild 158 gibt dafür ein gutes Beispiel. Mineralische Anstrichmittel und Putzuntergrund sind deshalb als Einheit zu betrachten.

Je sorgfältiger der Putzuntergrund aufgebaut ist, je mehr Schichten Feinputz man kunstvoll aufbrachte, umso haltbarer blieben Putz und Anstrich. Dafür gibt es aus der römischen Kulturepoche sehr viele Beispiele. Wir begnügen uns mit den Beispielen, die uns die Bilder 158 und 160 zeigen. Handelt es sich um einen wenig kunstvoll aufgebrachten Putz, der zudem noch viel Grobkorn enthält, und unterliegt ein solcher Putz starker Wasserbelastung, so sind Putz und Anstrich weniger langlebig. Dafür geben die Bilder 159 und 161 anschauliche Beispiele.

Materialmäßig durchaus vergleichbar sind die Putzmalereien aufgebaut. Darunter verstehen wir das Aufbringen mehrerer eingefärbter Putzlagen, auf denen dann mit Durchkratzen Malereien erzeugt werden. Solche „Sgraffiti" genannten Bilder finden wir z. B. im böhmischen Raum, so auch in Prag und Pilsen. Die Technik kommt aus Italien. Bild 162 zeigt ein Beispiel.

Mineralfarben mit hydraulischer Bindung verhalten sich ähnlich. In diesem Falle ist es wichtig, daß das Anstrichmittel

162 Malerei in Pilsen, erzeugt durch Durchkratzen verschieden gefärbter Putzschichten

noch auf einen relativ frischen Untergrund gebracht wird, damit eine Verfilzung bei der Kristallisation mit dem Untergrund stattfinden kann. Bringt man das Anstrichmittel auf einen vollständig ausgehärteten Beton oder Putz, so ist die Verankerung mit dem Untergrund nicht mehr gut.

Die gleiche Bedingung gilt für die den Untergrund bildenden Putze. Arbeitet man im Extremfall mit Kalkfarben auf einem frischen Putz, so entstehen „Fresken", eine Form der Malerei, die zu hoher Vollendung gebracht wurde. Deren Lebensdauer hing ebenfalls von der Qualität des Untergrundes ab.

Die Langzeitbeständigkeit des Untergrundes ist gleichzeitig die Lebenserwartung der Malerei mit Mineralfarben. Einige wenige Faktoren spielen hier eine Rolle. Einmal ist es der mehrschichtige Aufbau, der alle Spannungen der Wand (thermische Spannungen sowie Quell- und Schwindspannungen) schadensfrei abfängt; eine solche verputzte Wand sollte gegen Eindringen von Wasser weitgehend geschützt sein. Vor allem darf das Wasser nicht von oben in die Wand eindringen, diese vollständig durchfeuchten und damit den Putz von unten her belasten. Die Erfahrung lehrt, daß Außenputz sowie alle Arten von Anstrichen erheblich belastet werden, während das von außen auftreffende Wasser erheblich weniger Schäden anrichtet. Gut erhaltene Mineralfarbenanstriche und Fresken finden wir darum überwiegend in Innenräumen.

Erfahrungsgemäß ist insbesondere für alle Anstriche mit organischer Bindung, die eine deutlich höhere Dampfsperre als anorganische Anstriche bilden, die Lebenserwartung viel kürzer. Das ist auch eine der Hauptursachen dafür, warum die klassischen Mineralfarben eine so hohe Lebenserwartung haben — gegenüber den organischen Anstrichen in der Regel mehr als zwanzigmal höher. Diese Aussage sei auf Mineralfarben beschränkt. Sie ist nicht auf Silicatfarbenanstriche übertragbar; bei diesen liegen andere chemische und physikalische Gegebenheiten vor.

Wasser und atmosphärische Schadstoffe dringen fast ungehindert durch alle anorganischen Anstrichfilme, so auch durch Mineralfarbanstriche hindurch. Diese Anstrichmittel sind ja auch niemals als Schutzanstriche gedacht gewesen. Erst wenn sie über längere Zeit der Witterung ausgesetzt werden, verdichten sie sich durch Umkristallisation, so daß sie in gewissem Maße die Diffusion der atmosphärischen Schadstoffe und das Eindringen von Wasser bremsen können.

Silicatanstriche

Silicatfarben auf der Basis von Kaliwasserglas ohne jede Zusätze können auf eine lange Erfahrungszeit zurückblicken, in der sie sich auch technisch bewährt haben. Andere Bezeichnungen für diesen Anstrichtypus — wie z.B. Organo-, Dispersions-, Eintopf-, Zweikomponenten- oder vergütete Silicatfarben bzw. Anstriche sowie die Produktbezeichnungen, die keinen Aufschluß über die Zusammensetzung geben und nicht näher benannte Silicatfarben mit wasserabweisenden Alkalisiliconatzusätzen — sind eher verwirrend. Oft werden Silicatanstriche auch fälschlich als Mineralfarbenanstriche bezeichnet.

DIN 18363, Abschnitt 2.4.5 weist *Silicatfarben* als Farbanstrichmittel aus Kaliwasserglas und kaliwasserglasbeständigen Pigmenten aus. Abschnitt 2.4.6 dieser Norm definiert *Dispersionssilicatfarben* wie folgt: Kaliwasserglas, kaliwasserglasbeständige Pigmente, Kunststoffdispersionen bis zu 5 Gewichtsprozent der Gesamtmenge des Anstrichstoffes. Richtig müßte diese Gruppe als Gruppe der Kunstharzdispersions-Silicatfarbanstriche bezeichnet werden. Die Bezeichnungen Farbe und Anstrich werden im Sprachgebrauch durcheinandergeworfen. Farben sind Farbtöne-Spektralbereiche, Anstriche sind Stoffe, die man auf die Wand aufbringt. Man kann auch beide Begriffe vereinen und spricht dann von Farbanstrichen. Farben sind diese Anstriche auf keinen Fall, auch wenn im Sprachgebrauch des Malers und der Techniker zuweilen von Farben gesprochen wird.

Die Bezeichnung „Wasserglasanstriche" ist zwar technisch richtig, doch sollte sie nicht gewählt werden, weil sie etwas abwertend klingt; schließlich besteht der abgebundene Anstrichfilm bzw. die abgebundene Anstrichmasse nicht mehr aus Wasserglas, sondern aus Silicaten und Kieselsäure.

Manche Silicatanstriche enthalten in der Hauptsache Kunstharzdispersionen, denen aus technisch nicht ersichtlichen Gründen Kali- oder Natronwasserglas zugesetzt wurde.

Silicatanstriche sollen theoretisch nicht filmbildend sein; nur bei sehr dicken und wenig pigmentierten Anstrichen können sich harte, spröde Krusten bilden. Filme bilden sich regelmäßig dann, wenn diese Anstrichmittel größere Mengen an Kunstharzdispersionen enthalten. Oft ist die Filmbildung dann sehr ausgeprägt. Der Wasserdampfdiffusionswiderstand, den solche Schichten aufweisen, liegt je nach Menge der Kunstharzdispersion zwischen 5 und etwa 200 (diese Zahl ist dimensionslos). Dabei sind sowohl der Grad der Verdichtung als auch Art und Menge der zugesetzten Kunstharzdispersion von entscheidender Bedeutung. Echte Silicatfarben haben einen Wasserdampfdiffusionswiderstandsfaktor um 5, sie sind gut dampfdurchlässig, lassen aber auch Wasser gut hindurch.

Die Oberflächenspannung abgebundener, neutraler Silicatfarbenanstriche liegt im Bereich von 75 bis 76 $mN \cdot m^{-1}$. Der Unterschied zur praktischen Oberflächenspannung des Wassers von etwa 72 $mN \cdot m^{-1}$ ist damit nur gering. Weil die Grenzflächenspannung (vereinfacht ausgedrückt: die Differenz der Oberflächenspannungen) so gering ist, wird Wasser von den Oberflächen nicht abgewiesen; die Oberflächen sind wasserfreundlich: Wasser dringt in diese Anstriche ein.

Das ist der Grund dafür, warum heute sehr viele der Hersteller von Silicatanstrichmitteln ihren Produkten Alkalisiliconate in der Konzentration von 2–3 Gewichtsprozent auf die Gesamtmenge des Anstrichmittels zusetzen. Dadurch wird die Grenzflächenspannung, die sonst um 3 liegen würde, auf ca. 16 $mN \cdot m^{-1}$ erhöht, was eine bescheidene Wasserabweisung ausmacht. Bild 163 zeigt das relativ gute Verhalten eines solchen Anstrichs nach 3 Jahren.

Silicatanstriche sind ausgezeichnet für eine hydrophobe Ausrüstung geeignet, sofern sie keine Kunststoffanteile enthalten. Diese sollte aber erst dann erfolgen, wenn die Anstriche durchreagiert haben und ihre Alkalität abgeklungen ist. Für die Hydrophobierung werden höher- und niedermolekulare Siloxane eingesetzt. Diese Harze sind in Testbenzin gelöst und durchdringen den saugfähigen Silicatanstrich. Sie dringen sogar durch ihn hindurch, bis in den Untergrund. Je nach Baustoff des Untergrundes wird dieses Anstrichsystem bei sattem Angebot der Imprägnierlösung 1 bis 5 mm tief kapillar inak-

163 Silicatanstrich in weiß, der durch Siliconatzusatz hydrophob eingestellt worden ist. Das Bild zeigt den Zustand nach 3 Jahren.

165 Beginnende Verschmutzung eines nicht wasserabweisend ausgerüsteten Silicatanstrichs nach 11 Monaten

164 Silicatanstrich, der nachträglich durch eine Siloxanimprägnierung geschützt worden ist. Das Bild zeigt den Zustand nach 29 Monaten.

tiviert. Das Wasser wird strikt abgewiesen, weil die mit Siloxan ausgerüstete Oberfläche des Silicatanstrichs eine Oberflächenspannung von etwa $22\ mN \cdot m^{-1}$ aufweist. Daraus ergibt sich eine Grenzflächenspannung von $50\ mN \cdot m^{-1}$ zum Wasser. Bild 164 zeigt in dreifacher Vergrößerung die Oberfläche eines so ausgerüsteten Silicatanstrichs.

Silane und Kieselsäureester sind für eine solche hydrophobe Ausrüstung weniger geeignet. Hier muß zwischen katalysierten und nicht katalysierten Silanen unterschieden werden. Nicht katalysierte Silane neigen zum Abdampfen in nicht vernetztem Zustand; ihre Wirkung erlischt mit ihrem Verdampfen. Gerade bei in abgebundenem Zustand neutralen Silicatanstrichen muß daher unbedingt mit katalysierten Silanen gearbeitet werden, damit deren Umsetzung zu Siloxanen gewährleistet ist. Die wasserabweisende Ausrüstung verhindert zuverlässig die Verschmutzung von Silicatanstrichen. Die Dauer der Wirkung hängt von der Art des Imprägniermittels ab; diese liegt bei den heute verfügbaren Siloxanharzen im Bereich von 20 Jahren. Wir können damit sagen, daß eine so ausgerüstete Silicatanstrichfläche ihre wasserabweisende Funktion auch mindestens 20 Jahre behält; diese Aussage ist gesichert.

Ist die Oberfläche des Silicatanstrichs nicht hydrophob ausgerüstet, so dringt mit dem Wasser Schmutz in die Poren ein; bei weißen Anstrichen tritt so eine Vergrauung ein. Insbesondere werden die feinen und mittleren Risse durch Schmutzbe-

166 Verschmutzung eines nicht wasserabweisend ausgerüsteten Silicatanstrichs nach 23 Monaten. Hier wird die Verschmutzung durch Wasser, das in die Risse eindringt, begünstigt.

ladung deutlich erkennbar. Wo Durchfeuchtungen vorkommen und wo Wasser eindringt, werden grundsätzlich alle Wandbaustoffe einschließlich ihrer Beschichtungen verschmutzt. Für die Verschmutzung von Silicatanstrichen zeigen die Bilder 165 und 166 Beispiele; hier handelt es sich allerdings um nicht hydrophobierte Flächen.

Unter normalen Umweltbedingungen oder bei einzuhaltenden Wartungsperioden (nur Waschen mit Wasser, dem wenig Netzmittel zugesetzt ist) bleiben reine Silicatanstriche lange Zeit sauber und intakt, auch wenn man sie nicht hydrophob ausrüstet. Die Bilder 167, 168 und 169 zeigen Beispiele für Außenwandflächen, die teilweise schon vor 25 Jahren mit Silicatfarben gestrichen worden waren. Diese Aussage bezieht sich allerdings nur auf reine Silicatanstriche mit der Bindung von Kaliwasserglas, keineswegs auf Silicatanstriche mit Kunstharzzusätzen.

Echte Silicatanstriche werden mit Oxidfarben, feinem Quarzkorn und anderen Mineralstoffen gefüllt. Der Untergrund wird mit verdünntem Kaliwasserglas vorbehandelt. Es bleibt offen, ob diese „Grundierung" wirklich einen Sinn hat oder aus der Tradition des Malerhandwerks übernommen wurde. Unter Einfluß der Kohlensäure aus der Luft wird Kaliumsilicat schließlich zu Siliziumdioxid und Kaliumcarbonat umgesetzt. Es wird zwischen Ein- und Zweikomponenten-Anstrichen unterschieden; doch liegen allen diesen Systemen der gleiche Grundstoff, die gleichen Füllstoffe und die gleichen chemischen Reaktionen zugrunde. Die ablaufenden Reaktionen mit

167 Rathaus in Bamberg, 1958 mit Silicatfarben (Keim-Decorfarben) behandelt. Das Bild zeigt den heutigen Zustand.
(Archivbild: Industriewerke Lohwald)

168 Residenz in München, Westseite und Brunnenhof. Anstrich 1956 mit Keim-Silicatfarben. Das Bild zeigt den heutigen Zustand.
(Archivbild: Industriewerke Lohwald)

169 Nahaufnahme eines Details vom Markteingangsgebäude in Augsburg. Anstrich 1953 mit Keim-Farben
(Archivbild: Industriewerke Lohwald)

der Kohlensäure der Luft und den in der Luft zu Schwefelsäure aufoxidierten Schwefeldioxiden laufen dann etwa nach folgendem Schema ab:

$$K_2O \cdot (SiO_2)_4 \cdot nH_2O + CO_2 \rightarrow SiO_2 + H_2O + K_2CO_3$$
$$K_2CO_3 + H_2SO_4 \rightarrow K_2SO_4 + CO_2 + H_2O$$

Dieses Reaktionsschema gibt nur einen Anhalt, denn zugleich entstehen noch andere Verbindungen wie auch Erdalkalisilicate. Es entstehen auch Produkte, die vom Wasser herausgewaschen werden können: lösliche Salze. SiO_2 bleibt als Matrix des Anstrichs erhalten. Für eine nachfolgende Hydrophobierung mit Siloxanharzen ist dieser Untergrund dann ideal geeignet. Allerdings muß ergänzt werden, daß die Wirkung der siliconathaltigen Systeme sehr viel geringer und auch zeitlich kürzer ist (ca. 3 Jahre) als die von mit Siloxanharzen imprägnierten Silicatanstrichen.

Durch die guten Wasserdampfdiffusionseigenschaften echter Silicatanstriche und ihrer Fähigkeit, schützende Imprägnierlösungen aufzunehmen, sind solche Systeme sehr gut geeignet, Baustoffe der Fassaden farblich zu überdecken und zugleich zu schützen. Damit findet die Ansicht von Denkmalschützern, die diese Systeme für historische Bauwerke empfehlen, durchaus ihre Bestätigung.

Verglichen mit überdeckenden und filmbildenden Anstrichsystemen sind Silicatanstriche für den Untergrund völlig ungefährlich.

Fassen wir zusammen: Die Lebenserwartung dieser Anstrichgruppe ist mit oder ohne Hydrophobierung mit 25 Jahren gesichert nachgewiesen, sofern der Untergrund richtig ausgewählt worden ist und handwerklich korrekt gearbeitet wurde. So unterschiedlich die Bezeichnungen, die technischen Vorstellungen und die Abmischungen der hier genannten Produkte sind, so unterschiedlich ist auch ihre Funktion auf der Fassade, ihre Schutzwirkung, vor allem aber ihre Lebenserwartung. Einige der mit Kunstharzdispersionen versetzten Silicatanstriche halten kaum zwei Jahre, anderen – auf den richtigen Baustoff aufgebracht – kann man eine Lebenserwartung zusprechen, die ähnlich der der klassischen Mineralfarben ist; diese sind dann die echten Silicatanstriche ohne alle Zusätze.

Es gibt auch Risiken, die solche Anstrichsysteme zerstören können – Risiken allerdings, die nicht im Anstrichmittel selbst angelegt sind: Durchfeuchtungen des Untergrundes, Auswanderung von Salzen aus dem Untergrund. Eine Zerstörung kann immer dann eintreten, wenn Wasser vom Untergrund her an einen Anstrich (-Film) herantritt, der dann abgeworfen werden kann. Bild 170 zeigt als Untergrund einen stark sandenden und ständig nassen Putz, der in keinem Fall ein geeigneter Untergrund für einen Fassadenanstrich gleich welcher Art wäre, Bild 171 zeigt das flächige Abblättern eines Silicatanstriches, wobei hier eine gewisse Filmbildung nicht zu verkennen ist. Es besteht der begründete Verdacht, daß in diesem Falle kleine Mengen an Kunstharzdispersionen zugesetzt wurden.

170 Silicatanstrich, der infolge Untergrunddurchfeuchtung abgeworfen wird. Zustand nach etwa 2 Jahren

171 Silicatanstrich, der vom Untergrund infolge von Feuchtigkeitsdurchtritt vom Untergrund her abgeworfen wird. Das Bild zeigt den Zustand nach 6 Jahren.

Organosilicatanstrichmittel (Dispersionssilicatfarben)

Nach den Vorstellungen der Hersteller dieser Produkte sollen Organosilicatanstriche die gleiche Funktion erfüllen wie Silicatanstriche. Sie sollen danach langlebig sein, eine gute Wasserdampfdiffusion besitzen und keinen Film bilden. Zusätzlich soll vermutet werden, daß sie durch ihre Kunstharzzusätze den reinen Silicatanstrichen überlegen sein müßten. Physikalisch und chemisch steht allerdings der Zusatz von Kunstharzdispersionen den vorgenannten Forderungen entgegen. Aber auch hier muß eine Unterscheidung hinsichtlich der Menge dieser Zusätze getroffen werden.

Organosilicatanstriche, die nur wenige Prozente Kunstharzdispersion enthalten, könnten eigentlich noch als nahezu reine Silicatanstriche gewertet werden. Der geringe Zusatz von 3 bis 5 % Kunstharzdispersion, auf die Gesamtmenge bezogen, vermag die Dampfdiffusion noch nicht merklich zu behindern und ermöglicht auch noch keine Filmbildung. Zudem wird jede Kunstharzdispersion bei dem hohen pH-Wert im Alkaliwasserglas anverseift oder sogar verseift. Es gibt keine Ester, die einer alkalischen Hydrolyse beim ph-Wert von 14 auf die Dauer widerstehen könnten. Diese Verseifung ist bei den geringen Zusätzen an Kunstharz auch belanglos. Der geringe Kunstharzzusatz soll lediglich die Kristallisation der Kieselsäure, die an der Luft entsteht, dahingehend beeinflussen, daß diese feinkristallin anfällt und keine größeren Kristalle entstehen. Das ist auf kalk- und hydraulisch abbindenden Baustoffen insofern von besonderer Bedeutung, als damit eine gewisse Porenverstopfung und eine Bremse gegenüber dem Wasser und den Schadstoffen der Atmosphäre, wie etwa den Schwefeloxiden, erzeugt wird.

Auch gegenüber dem Eindringen von Kohlendioxid aus der Luft werden Betonflächen dadurch in begrenztem Umfang geschützt. Diese Kristallisationsbeeinflussung erfolgt sehr viel besser durch hydrolisierte Kunstharze als durch Kunstharzdispersionen selber, die hier ziemlich wirkungslos wären.

Diese Organosilicatanstriche (in DIN 18363 definiert) haben eine ähnliche Lebenserwartung wie reine Silicatanstriche; sie lassen sich auch nachträglich durch eine Siloxanimprägnierung gut hydrophob ausrüsten.

Reine Silicatanstriche und Silicatanstriche mit nur geringen Zusätzen an Kunststoffen gehören in die Gruppe der technisch sinnvollen Silicatanstrichmittel. In eine ganz andere Gruppe gehören Silicatanstriche mit höheren Kunstharzzusätzen.

In der Praxis ist es so, daß sehr viele Hersteller viel mehr an Kunstharzdispersion zusetzen, als notwendig und sinnvoll wäre. Nicht selten findet man in Organosilicatanstrichen Zusätze an Kunstharzdispersionen in der Größenordnung bis zu 20 % zur Gesamtmenge des Anstrichmittels. Solche Anstrichmittel sind eher Kunstharzdispersionsanstriche; sie sind filmbildend, stellen eine wirksame Dampfbremse her, sie sind auch wasserfreundlich; ihre Lebenserwartung ist relativ gering. Man kann ihre Eigenschaften auch so definieren: Wasserglas und die später ausfallende Kieselsäure sind lediglich Füllstoffe, die im

172 Organosilicatfarbanstrich auf Kalksandstein. Zustand nach ca. 2 Jahren

Kunstharzfilm eingebettet liegen. Die hohe Alkalität von Wasserglas bewirkt die alkalische Hydrolyse, die Verseifung der Kunstharze, deren Bindeeigenschaften damit stark gemindert werden. Solche Anstrichfilme sind in keiner Weise so langlebig und wetterbeständig wie normale Kunstharzdispersionsanstriche oder gar Silicatanstriche.

Der Sinn der höheren Beimischungen an Kunstharzdispersionen zu Silicatanstrichmitteln bleibt dem Fachmann verborgen. Es kann nur vermutet werden, daß man damit versucht, dem Maler eine bessere Verarbeitbarkeit des Anstrichmittels zu bieten. Die Hersteller vermögen auch keine Begründung über den Sinn dieser Zusätze und die Funktion solcher Produkte zu geben.

In der Praxis versagen Organosilicatanstriche mit hohem Kunstharzanteil regelmäßig. Die Bilder 172, 173 und 174 zeigen dafür Beispiele auf verschiedenen Untergründen; sie mögen stellvertretend für das Verhalten dieser Anstrichgruppe stehen. Die Ursachen kennen wir. Zunächst kann sich ein solcher Film nicht auf dem Untergrund verankern, weil hier keine Grundiermöglichkeiten vorhanden sind. Aufgrund der Stoffkombination des Anstrichmittels darf man weder mit verdünntem Wasserglas noch mit Kunstharzlösungen grundieren und schon gar nicht den Untergrund durch eine Siloxanharzimprägnierung wasserabweisend ausrüsten.

Nach Erfahrungen aus der Praxis ist die Lebenserwartung dieses Systems auch nur gering. Aufgrund praktischer Beobachtungen liegt sie bei etwa zwei Jahren und überschreitet eine Lebens- und Funktionszeit von drei Jahren nur in ganz seltenen Fällen. Der einzige Vorteil dieses Systems besteht darin, daß der entstandene Film stets nur lose auf dem Baustoff der Fassade liegt und deswegen leicht entfernt werden kann.

173 Organosilicatfarbanstrich auf Kalksandstein. Das Bild zeigt den Zustand nach knapp 2 Jahren.

174 Organosilicatfarbanstrich auf Ziegel. Das Bild zeigt den Zustand nach 17 Monaten.

2.14 Gips und Gipsbauteile

Gips ist chemisch $CaSO_4$ (Calziumsulfat) mit wechselnden Anteilen von Wasser. Stark dehydrierter Gips wird als Anhydrit bezeichnet; auch der uns zur Verfügung stehende verarbeitbare Baugips ist dehydriert. Gips als Baustoff ist seit langer Zeit bekannt.

Gips wird als mit Wasser plastifizierte Masse sowie in Form fertiger Bauteile verarbeitet. Die Anwendungsgebiete sind vielfältig.

Als Beispiele seien genannt:

— Deckenplatten
— Deckenputze
— Estriche
— Gipsbausteine und Dielen
— Innenwandputze
— Perlgipsplatten
— Trennwände
— vorgeformte Teile für Kassettendecken.

Gips wird als trockenes Pulver gehandelt; darüber hinaus werden Konfektionierungen als Trockenmörtel, wie Maschinenputze, Trockenestriche etc. hergestellt. In manchen Fällen ist es zweckmäßig, dem Baustoff etwas Kalk und Sand zuzusetzen; so entstehen Kalk/Gips/Sand-Maschinenputze.
Auf die bautechnischen Besonderheiten und Vorzüge von Gips soll hier nicht eingegangen werden. Wichtig sind für unsere Betrachtung das Langzeitverhalten von Gipsbauteilen und die möglichen Risiken, die die Lebenserwartung dieser Bauteile verkürzen können.
Gips in allen seinen Konfektionierungsformen ist — sofern er nicht der Witterung ausgesetzt ist — sehr beständig. Schwierigkeiten kann es allenfalls bei ständiger Durchfeuchtung geben, wenn andere Baustoffe (Beton, zementgebundene Mörtel und auch keramische Platten) mit Gips verbunden werden. Gefürchtet ist die Ettringitbildung, die immer erwähnt wird, wenn Gips und Beton im Verbund sind. Gipsputz auf Beton ist heute keineswegs unüblich; bei vernünftiger Anwendung sind auch keine Schäden bekannt. Nur wenn eine derart verputzte Wand ständig feucht wird, kann es zu der Ettringitbildung ($3\,CaO \cdot Al_2O_3 \cdot CaSO_4 \cdot 31\,H_2O$) kommen. Diese viel Wasser enthaltende, voluminöse Substanz vermag weiche und dünne Putzschichten vom Untergrund zu lösen; derartige Schäden sind selten.
Viel wichtiger sind *Schäden an Deckenputzen*. Die Bilder 175 und 176 zeigen solche typischen Schäden.
Schäden an Gipsputzen über Betonflächen sind in der Literatur beschrieben.[*]
In diesen Unterlagen werden die Voraussetzungen für einen gut haftenden Gipsputz auf Beton diskutiert. Andere Publikationen beschreiben Schadensbilder und äußern mehr oder weniger Vermutungen über Schadensursachen.

---

[*] Putzhaftungsschwierigkeiten an Betondecken, Das Baugewerbe 23/1976; Gipsputz auf Beton, hrsg. v. Bundesverband der Gips- und Gipsbauplattenindustrie e. V.; Tabelle 5 der DIN 18550

Beim Baufortschritt einzuhaltende Bedingungen, die von einem Gipsdeckenputz erfüllt werden müssen

1. Kurze Bauzeit und damit zwangsläufig Verputzen von relativ frischen Betonflächen, die durchaus 2-4 Monate alt sein können. Das Abwarten des Austrocknens und des Nachschwindens der Betonplatte bedeutet eine Verzögerung und Verteuerung des Bauens
Ist eine solche Verzögerung tragbar?
2. Der Deckenputz muß, wenn er einige Jahre alt geworden ist und vielleicht schmutzig ist, einen Untergrund für normale Innenanstriche bilden.
3. Welche Nebenbedingungen können noch eine Rolle spielen, die einzuhalten sind, damit der Putz nicht abfällt?
4. Es könnten Sonderputze verwendet werden, die den Bedingungen an einen schadensfreien Deckenputz besser gerecht werden, doch dürfen die Kosten nicht viel höher liegen als bei der handelsüblichen Massenware.
5. Spätschäden, wie z.B. Verseifung von Kunststoffzusätzen und dergleichen, dürfen nicht auftreten.

Vorgefertigte Gipsplatten sind sehr beständig. Man muß sie schon mechanisch beschädigen, um sie zu zerstören. Das gelingt wegen der geringen Festigkeit des Baustoffs allerdings leicht.
Die Haftfestigkeit keramischer Platten auf einem Gipsputz ist begrenzt, weil der Fliesenkleber auf Gipsputz nur bedingt haftet. Insbesondere dann, wenn Feuchtigkeit hinzukommt, kann sich der Verbund lösen. Aus diesem Grunde werden spezielle molekular gelöste Harze als Grundierung verwendet, die sowohl den Verbund verbessern als auch die Grenzfläche von Kleber zu Gips gegen Feuchtigkeit unempfindlich machen. Auch eine Grundierung mit Hydrosolen erwies sich als sehr gut brauchbar. Völlig unbrauchbar dagegen sind Scheingrundierungen mit Kunstharzdispersionen, weil die Kunstharzteilchen bereits an der Gipsoberfläche abgefiltert werden und überhaupt nicht in den Gipsputz eindringen.

Physikalische Vorgänge im Gipsputz und an seiner Grenzfläche zum Beton

An die Stelle von Rohrmatten und Holzwolleleichtbauplatten als Deckenputzträger trat als Grenzfläche zum Putz die Betonoberfläche. Da Gipsputz bei der Trocknung nicht schwindet, glaubte man in ihm zunächst ein geeignetes Material mit einer sicheren Haftung auf den Beton gefunden zu haben.
Es wäre nicht richtig zu sagen, daß man kein sicheres Material in die Hand bekommen hätte, doch traten mit der Zeit einige Risiken auf. So betrugen die Putzstärken anfänglich oft nur 1 oder 2 mm; verständlich, daß ein so dünner Putz bei einem Anstrich von Wasser durchdrungen und die Putzhaftung auf Beton gemindert wird.
Ein weiteres Risiko ist das Nachschwinden des Betons. Das stärkste Nachschwinden erfolgt in den ersten 4 Monaten. Augenscheinlich oberflächentrockener Beton kann noch eine

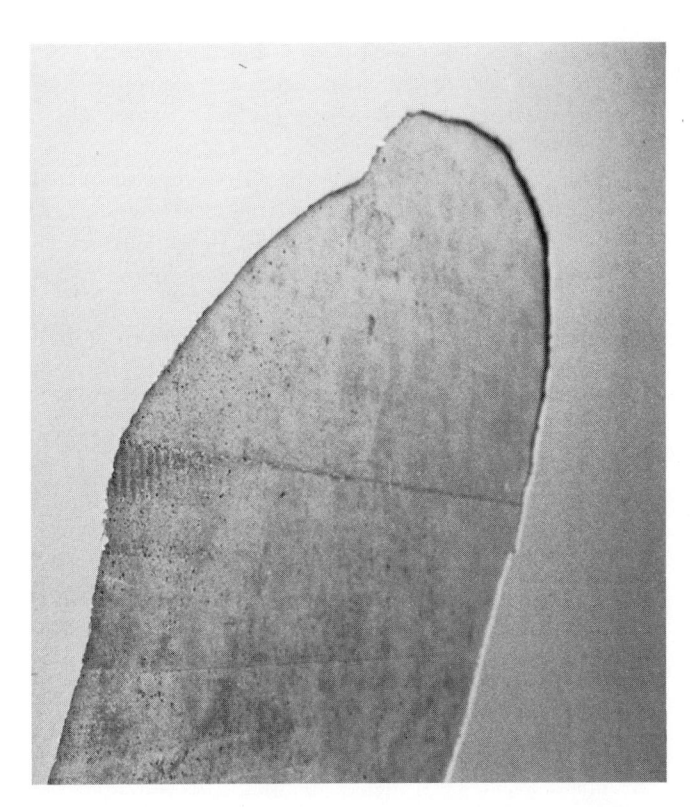

175 Gipshaftputz, der zu naß verarbeitet wurde und von der Decke abfällt

176 Gipshaftputz, der von der Decke abfällt. Der Betonuntergrund ist frei von Schalöl und rauh.

relativ hohe Kernfeuchte besitzen, wenn die Jahreszeit ein schnelles Austrocknen verhindert, der Wasser/Zement-Faktor zu hoch ist oder mit Verflüssigern gearbeitet wurde, die in hohem Maße wasserfreundlich sind.

Die dünne Gipsplatte steht unter dem Beton, sie schwindet nicht nach. Dadurch kommt es oft zu Scherspannungen, welche nicht gleich zum Abplatzen des Deckenputzes führen. Wenn sich dann später zusätzliche Spannungen addieren, fällt das gelöste Putzstück ab.

Auch hier ist der Deckenputz relativ unempfindlich. Sofern aber die Feuchtigkeit aus dem Beton durch Erwärmen schnell verdampft (wenn z.B. auf die Decke Heißasphalt aufgebracht wird oder der Raum stark aufgeheizt wird), kommt es zur Feuchtigkeitsanreicherung in der Grenzfläche. Dies hat Konsequenzen. Kalkanteile aus dem Beton können sich an der Grenzfläche als Trennschicht absetzen, bei länger andauernder Feuchtigkeitseinwirkung kann es an der Grenzfläche zur Ettringitbildung kommen (wird selten beobachtet). Der Gips kann ferner an der Grenzfläche hydrolisieren. Diese Effekte tragen dazu bei, die Grenzflächenhaftung des Deckenputzes zu vermindern.

Vielfach werden auch Schäden im Anschluß von nicht tragenden Zwischenwänden zu Decken beobachtet. Solche Deckenputzabplatzungen treten dann auf, wenn das Wandmaterial die Feuchtigkeit lange festhält und das Wandmaterial kapillar wenig Wasser leitet, die Trockenschwindung spät einsetzt. Dann wird der Putz an der Ecke zur Wand abgerissen. Dadurch kann auch die Deckenputzfläche stellenweise gelockert werden.

Aus diesen Beobachtungen geht hervor, daß in fast allen Fällen eine zu hohe Feuchtigkeit in Decke oder Wand die Ursache von abfallenden Gipsputzen ist. Dem wird heute unbewußt begegnet, als die Haftputze immer mehr an Marktanteilen verlieren und durch Maschinengipsputze ersetzt werden. Die Ursache mag sein, daß Maschinenputze durchweg dicker aufgetragen werden. Die Beobachtung, daß heute aufgebrachte Handputze seltener abfallen, steht dieser Tatsache nicht entgegen.

Gipsmaschinenputze müssen in solche auf reiner Gipsbasis und solche aus Mischungen von Gips/Kalk/Sand unterteilt werden. Diese sind den reinen Gipsputzen ebenbürtig, sofern der Kalkanteil nicht zu hoch ist.

Trennmittel kommt als Ursache von Schäden durchaus in Frage, jedoch vergleichsweise selten. Vielmehr muß die Kunststoffbeschichtung der Schaltafeln Beachtung finden. Mit derartigen Schaltafeln hergestellter Beton trägt auf seiner Oberfläche eine Zementleimhaut, die so glatt ist, daß dieser Beton wie mit einer Glasur versehen erscheint. Eine solche Oberfläche ist eine denkbar schlechte Basis für eine Putzhaftung.

Häufigkeit der Schadensursachen

Rund 90 % aller Schäden beruhen auf zu hoher Feuchtigkeit des Betons. Das bedeutet: Der Deckenhaftputz ist zu früh aufgebracht worden. In diese Gruppe der Schadensursachen spielen hinein: die schlechte Durchlüftung und das plötzliche Verdampfen der Feuchtigkeit durch lokales Erwärmen der Decke oder des Raumes. Die zweite Schadensursache sind zu glatte Betondecken. Ihren Anteil an den restlichen 10 % festzustellen ist schwierig, eine Schätzung ist spekulativ. Es mögen etwa 7–8 % sein.

Der verbleibende Rest entfällt auf Anschlüsse zu Wänden, die noch naß geblieben sind, vielleicht auch auf verbleibende Trennmittel auf der Betonoberfläche.

Daraus geht — wie es auch die Schadensberichte in der Literatur zumeist betonen — hervor, daß in erster Linie darauf geachtet werden muß, den Putz nicht zu früh auf den Beton aufzubringen. In den *Ursachenkomplex: nasser Beton und zu frühes Aufbringen des Putzes* spielen sinngemäß die Schwindvorgänge des Betons und die Folgen der Wasserbelastung (Kalkhydratausblutungen, Bildung von Kalktrennschichten an der Grenzfläche, vielleicht Ettringitbildung) hinein. Alle diese Vorgänge sind beim zu frühen Aufbringen des Putzes miteinander verbunden.

Konsequenzen

Die erste Konsequenz aller dieser Beobachtungen und Überlegungen wäre, *den Deckenputz zu einem möglichst späten Zeitpunkt aufzubringen*, die zweite, *die Oberfläche der Betondecke nicht extrem glatt zu gestalten*.

Die zweite Konsequenz braucht nicht weiter diskutiert zu werden. Um alle diese sekundären Schadensursachen zu erfassen und auszuschalten, wird empfohlen, bereits nach ein bis zwei Monaten die Betonoberfläche sandzustrahlen, damit diese angerauht und von Trennmitteln und anderen Sinterschichten gereinigt wird und Dampfdiffusionsfähigkeit sowie Carbonatisierungsgeschwindigkeit des Betons erhöht werden. Dieser technische Rat ist unbedingt richtig und nützlich. Die Frage ist nur, ob damit nicht zu viel Aufwand und Kosten verbunden sind.

Die erste Konsequenz war es, den Putz nicht so früh aufzubringen. Die Empfehlungen der Fachleute gehen dahin, die Betonplatten nach frühestens sechs Monaten zu verputzen. Diese Aussagen sind technisch unbedingt richtig, stehen jedoch oft den Verkaufsargumenten der Hersteller und den Interessen des Bauunternehmers entgegen.

Folgt man beiden Empfehlungen, so darf man ziemlich sicher sein, daß die Schadensquote so gering wird, daß sie vernachlässigt werden darf. Aus diesen Empfehlungen können alle betrieblichen Konsequenzen und Anordnungen unmittelbar abgeleitet werden. Kommt man ihnen nach, so ist sicherlich sowohl mit Umdisponierungen im Bauablauf als auch mit geringen Mehrkosten für das Herrichten der Betonoberfläche zu rechnen.

Das Herrichten der Betonoberfläche umfaßt auch das Abstoßen von Graten und das Spachteln von Vertiefungen und Löchern. Während des Abstoßens von Graten ohne Konsequenzen bleibt, muß darauf geachtet werden, daß die Spachtelung mit kunststoffvergüteten, hydraulisch abbindenden Mörteln erfolgt. Die Dauerhaftung dieser Spachtelmassen muß gewährleistet sein. Sie dürfen erst dann überputzt werden, wenn sie abgebunden haben und ausgetrocknet sind, d.h. wenn nach dem Überputzen keine Spannungen mehr in diesem Bereich auftreten.

Die Weiterentwicklung technisch noch sicherer Gipsdeckenputze ist grundsätzlich immer zu begrüßen, doch ergibt sich nur die Notwendigkeit, aus technischer Sicht den Mangel zu nasser Betondecken zu mindern. Dabei muß man auch berücksichtigen, daß alle anderen Möglichkeiten, mit neuen Materialien zu arbeiten, möglicherweise neue Risiken nach sich ziehen, die wir heute noch nicht kennen.

Bei ausreichenden Putzdicken, wobei die Putzdicke mindestens 10 mm betragen sollte, entsteht auch kein Risiko bei dem Überstreichen älterer Deckenputze.

Werden alle diese Zusammenhänge ausreichend berücksichtigt, so haben auch Decken- und Wandputze aus Gips eine hohe Lebenserwartung.

3 Metalle

Metallische Baustoffe werden im Bauwesen vielfach eingesetzt. Für Wasser- und Gasleitungen verwenden wir Stahlrohre, verzinkte Stahlrohre, Kupfer- und Bleirohre. Daneben wird Zink für Abdeckungen, Regenfallrohre und Dachrinnen eingesetzt. Bronze und Messing verwenden wir für Befestigungselemente, Schrauben, Halterungen, Stahl-Nickel-Chrom-Molybden-Legierungen (Edelstahl rostfrei) für Halterungen, zuweilen auch für Rohre und andere Elemente.

Für Fensterprofile verwenden wir Aluminium, vorzugsweise in der Legierung AlMgSiO 0,5, Stahl als Armierung für Kunststoffprofile der Fenster und die Bewehrung des Betons. Fassadenelemente aus Aluminium gehören heute zum Stand der Technik und haben eine hohe Perfektion erreicht. Für gleiche Zwecke werden, in geringem Umfang, auch Kupferbleche verwendet. Hinzu kommen bewegliche Elemente aus den verschiedensten Metallen, etwa für Scharniere für Fenster und Türen. Im übrigen begegnen uns Metalle in allen anorganischen Baustoffen. Sie liegen hier als Oxide, Silicate und in noch anderen Verbindungen vor. Diese chemischen Verbindungen mit Metallkationen verstehen wir nicht als Metalle, sondern als anorganische Baustoffe.

Die wichtigsten metallischen Baustoffe sind

> Zink und Titanzink,
> Kupfer und Kupferlegierungen,
> Eisen und Stahl,
> Edelstahl rostfrei,
> Aluminium und Aluminiumlegierungen,
> Blei.

Der Zusammenbau von metallischen Baustoffen untereinander und auch mit mineralischen Baustoffen kann in vielen Fällen zum Elektronenaustausch führen, was Korrosion bedeuten kann. Die nachstehenden Tabellen geben einige Normalpotentiale wieder. Auch eine Anzahl bekannter praktischer Potentiale in Leitungswasser wird genannt. Es sei aber darauf hingewiesen, daß andere Potentiale vorliegen, wenn das Medium mit atmosphärischen Stoffen angereicherter Regen ist. Die Risiken, welche die Lebenserwartung von metallischen Bauteilen mindern können, sind überwiegend in der Korrosion dieser Werkstoffgruppe zu suchen. Die Erosion spielt eine geringe Rolle; sie tritt lediglich in Bögen und Knicken metallischer Rohrleitungen auf. Korrosion ist stets eine chemische Umwandlung und in fast allen Fällen mit Oxidation identisch. Sie führt zur Zerstörung von Metalloberflächen, zur Rißbildung und zum Lochfraß. Wir werden im folgenden einige dieser Korrosionsformen kennenlernen. Hier werden keineswegs Korrosionsabläufe vorgestellt; diese interessieren nur insofern, als sie die Lebenserwartung der Baustoffe mindern.

Tabelle 7 Normalpotentiale[*]

Werkstoff	Volt
Li/Li^+	2,96–3,02
Rb/Rb^+	2,98
K/K^+	2,92
Ba/Ba^{++}	2,92
Sr/Sr^{++}	2,89
Ca/Ca^{++}	2,76–2,84
Na/Na^+	2,71–2,75
Mg/Mg^{++}	2,34–2,38
Al/Al^{+++}	1,67
Mn/Mn^{++}	1,03–1,05
$Cu/OH^-/SH^- (Cu_2S)$	0,89
Zn/Zn^{++}	0,76
$Cu/S^{--} (CuS)$	0,76
Cr/Cr^{+++}	0,71
Cr/Cr^{++}	0,56
S^{--}/S	0,51
Fe/Fe^{++}	0,44
$2Cu/S^{--} (Cu_2S)$	0,43
Cd/Cd^{++}	0,40
Ti/Ti^+	0,335
Co/Co^{++}	0,27–0,29
Ni/Ni^{++}	0,236–0,25
Cu^+/Cu^{++}	0,167
Sn/Sn^{++}	0,126–0,14
Pb/Pb^{++}	0,12–0,125
Fe/Fe^{+++}	0,036
$H_2/2H^+$	0,0000
Sn/Sn^{++++}	+ 0,05
Cu^{++}/Cu^+	+ 0,153
Sb/Sb^{+++}	+ 0,20
Bi/Bi^{+++}	+ 0,23
As/As^{+++}	+ 0,30
Cu^{++}/Cu^+	+ 0,337
Cu/Cu^{++}	+ 0,345
O_2/OH^-	+ 0,41
Cu/Cu^+	+ 0,522
J/J^-	+ 0,536–0,58
Hg/Hg^{++}	+ 0,798
Ag/Ag^+	+ 0,799–0,80
Pd/Pd^{++}	+ 0,83
Pb/S^{--}	+ 0,98
$Br_2/2Br^-$	+ 1,066
Pt/Pt^{++}	+ 1,2
$Cl_2/2Cl^-$	+ 1,358
Au/Au^{+++}	+ 1,42
Au/Au^+	+ 1,68
Pt/Pt^{+++}	+ 1,6
$F_2/2F^-$	+ 2,85

[*] Zusammenstellung aus: Beständigkeitstabellen des DKI und des GDM 1970

Tabelle 8 Praktische Potentiale in Leitungswasser*

Werkstoff	in Volt absolut
Mg	− 1,4
MgAl3Zn, MgAl6Zn, MgAl8Zn	− 1,38
MgAl10Zn	− 1,34
Zn 99,995	− 0,83
Zn 99,5	− 0,82
Stahl verzinkt	− 0,79
Cd	− 0,57
Stahl C 85	− 0,41
Stahl C 130	− 0,38
Unberuhigter SM-Stahl (0,2–0,45 % Mn)	− 0,36
Unberuhigter SM-Stahl (1 % Mn)	− 0,35
Pb	− 0,28
Sn 98 %	− 0,28
Sn rein	− 0,18
Al 99,5	− 0,17
X 12 CrNi18 8	− 0,08
CuZn40	+ 0,11
CuZn37	+ 0,12
Cu	+ 0,14
CuZn30	+ 0,15
CuZn15	+ 0,16
CuSn8	+ 0,16
CuSn6	+ 0,16
CuNi10Fe	+ 0,16
CuNi30Fe	+ 0,16
CuNi30	+ 0,16
CuAl10Fe	+ 0,16
CuAl9–11Ni	+ 0,16
CuAl8Mn	+ 0,16
CuPb25	+ 0,16
CuPb5–20Sn	+ 0,16
CuZn16Si4	+ 0,16
X 12 CrNi18 8 passiviert	+ 0,16
NiCu30Fe (Monel)	+ 0,17
NiCu30Al (Monel)	+ 0,17
Ni rein	+ 0,18
Ni technisch rein	+ 0,18
Titan	+ 0,18
Ag 99,99	+ 0,19
Ag 90,0	+ 0,19
Hg	+ 0,19
Cu_2O	+ 0,2
Fe_2O_3	ca. + 0,26
Au 90,0	+ 0,30
Au 99,99	+ 0,31
Pt	+ 0,55

In diesen Tabellen steht vor der Potentialdifferenz ein +-Zeichen. Dieses +-Zeichen ist an dieser Stelle zwar theoretisch nicht begründet, soll den Lesern aber zeigen, daß bei dieser Metallpaarung der in den Spalten aufgeführte Werkstoff dann Anode, d.h. unedler ist.

Angegebene wie gemessene Potentiale unterliegen immer einer gewissen Meßbreite, denn die Potentiale sind mehr oder weniger stark abhängig von lokalen Schwankungen des sie umgebenden Mediums (Konzentrationsgefälle), vom Oberflächenzustand der Metallelektrode und von manchen anderen Faktoren. Es genügt jedoch, wenn die nachfolgenden Tabellen einen Überblick gestatten, damit der Benutzer — allerdings immer unter Beachtung der Flächenregel — weiß, welche Potentiale beim Zusammenbau verschiedener Werkstoffe auftreten können.

Tabelle 9 Korrosionspotentiale verschiedener metallischer Werkstoffe

Werkstoff		Potential in Millivolt in gepufferten Lösungen von pH 6,0	in Seewasser
Carbonyleisen		− 390−475	
Werkzeugstahl (1,26 % C)		− 380−450	ca. − 350
unberuhigter SM-Stahl		− 350	− 330
MU St 4 (Tiefziehgüte)			
X 22 CrNi17		− 150−430	− 150
X 12 CrNi18 8 aktiv		− 344	− 150
GG 22 mit Gußhaut		− 350−470	− 350
GG 18 mit Gußhaut		− 390−520	− 310−450
Cu		+ 130	+ 010
CuZn37	(Ms63)	+ 150	+ 020
CuZn36Pb1	(Ms63Pb)	+ 117	
CuZn28Sn	(SoMs71)	+ 158	+ 028
GK-Cu60Zn	(SoMs60)	+ 126	
GD-Cu60Zn	(SoMs60)	+ 126	
CuNi18Zn20	(Neusilber 6218)	+ 068−161	0
CuNi12Zn24	(Neusilber 6512)	+ 090−140	
CuSn8	(SnBz8)	+ 156	
CuCr	(Kupferchrom)	+ 144	− 010
CuBe2		+ 135−140	0
Ag	(Feinsilber)	+ 194−639	+ 044−093
Silberlot L-Ag 44		+ 049−443	− 015−+044
Silberlot L-Ag 25		+ 104−440	
Silberlot L-Ag 45Cd		+ 145−240	
Zinn rein		− 164−467	
Zinn 98 %		− 275−532	− 800
Zinn-Blei-Weichlote		− 260−530	
Zink 99,995		− 827−895	
Zink 99,975		− 807−872	
Zink 99,5		− 815−974	
Zink 98,5		− 823−880	− 284
Zink auf Stahl		− 794−895	− 794−806
GK-ZnAl6Cu1		− 773−884	− 987
GD-ZnAl4		− 853−860	− 935
Cd		− 570	− 520
Pb 99,9		− 282−382	− 259
Au 99,9		+ 310−ca.1000	+ 243−800
Al rein aktiv		− 661	− 667
Al rein passiv		− 169	
AlMg3Si, AlMgSil (DIN 1725)		− 124−642	− 785
AlCuMg2, AlCuMg1 (DIN 1725)		+ 021−457	− 339
G-AlSi12 mit Gußhaut passiv		+ 155	
G-AlSi12 aktiv		− 274	
G-AlSi9 mit Gußhaut passiv		ca. + 150	
G-AlSi9 aktiv		ca. − 280	
CuAl10Fe	(AlBz10Fe)	+ 139−376	0
Cr auf Stahl aktiv		− 249−453	− 291
Cr auf Stahl passiv		ca. + 350	
Titan aktiv		− 203	− 111
Titan passiv		+ 181	
Nickel 99,6 aktiv		− 274	+ 046
Nickel 99,6 passiv		+ 118	+ 096
NiBe hart passiv		+ 064−074	− 016−025
NiBe hart aktiv		− 250−293	
NiBe weich passiv		+ 186	
NiBe weich aktiv		− 040	
NiCu30Fe aktiv		− 224	
NiCu30Fe passiv		+ 293−353	
NiCu30Al aktiv			+ 012
NiCu30Al passiv		+ 131−158	+ 125

Die Korrosion hängt von verschiedenen Faktoren ab. Zunächst ist das Korrosionsverhalten vom elektrochemischen Potential der Werkstoffe abhängig. In Fällen hoher Korrosionsgefährdung wird man die Werkstoffoberfläche mit schützenden Anstrichen versehen. Manche Korrosionsformen sind durch die Legierungsbestandteile und die kristalline Struktur bedingt.

Ein bedeutendes Korrosionsrisiko entsteht beim Zusammenbau metallischer Werkstoffe. Liegen die Normalpotentiale oder die praktischen Potentiale weit auseinander, so kommt es zur Elementbildung und zur Korrosion. Diese geht dann besonders schnell vor sich, wenn eine kleine Anode einer großen Kathode gegenübersteht. Typisch wäre Lochfraß in Kupferrohren, wenn ein kleiner Durchbruch durch die schützende Kupferoxidschicht vorliegt und sich in dessen Umgegung großflächig Reste von Lötmitteln befinden.

3.1 Zink und Titanzink

Beständigkeit an der Atmosphäre, Lebensdauer

Die für Zink typische Eigenschaft der Schutzschichtbildung an der Atmosphäre bewirkt Pflegelosigkeit sowie überdurchschnittlich hohe Lebensdauer und ist damit ein Hauptgrund für die Verwendung von Titanzink im Bauwesen. Auf der zunächst walzblanken Oberfläche bilden sich an der Atmosphäre festhaftende Deckschichten aus Zinkoxid und basischem Zinkkarbonat. Diese sehr dichten und bei Verletzung „selbstheilenden" Schichten ergeben einen Langzeitschutz gegen Witterungseinflüsse und halten die natürliche Abtragung sehr gering. Untersuchungen haben ergeben, daß die Abtragung der Zinkoberfläche in der Stadtluft zwischen nur 2 bis 7 μm/Jahr liegt, dagegen in feuchter Industrieatmosphäre bis zu ca. 20 μm jährlich erreichen kann. Aber auch der letztgenannte Wert entspricht immer noch einer etwa zwanzigjährigen Lebensdauer. Bekannt sind Zinkdacheindeckungen, die fast ein Jahrhundert allen Beanspruchungen standgehalten haben, wie z.B. die der St.-Bartholomäus-Kirche in Lüttich und der Petri-Kirche in Berlin. Voraussetzung für diese lange Lebensdauer ist u.a. auch selbstverständlich eine fachgerechte Verarbeitung.

Aussehen, Oberflächenbehandlung

Durch die Schutzschichtbildung ändert sich das zunächst silbrig-blanke Äußere des Titanzinks in eine matte, graublaue Patina. Nur in Fällen besonderer Belastung — z.B. bei aggressiver Industrieatmosphäre oder in unmittelbarer Nähe von Ölfeuerungsabgasen mit hohem SO_2-Gehalt bei gleichzeitig hoher Luftfeuchtigkeit — können Beschichtungen (Anstriche) zur Erhöhung der Lebensdauer notwendig werden. Dies gilt auch bei Titanzink-Bauteilen, die mit Niederschlagswasser von (UV-) ungeschützten Bitumendächern direkten Kontakt bekommen. Hier ist eine partielle Beschichtung im unmittelbar gefährdeten Bereich der Wasserlaufebene oder eine vollflächige Beschichtung zweckmäßig.

Gründlich und ungefährlich kann mit Netzmittellösungen von 5–10 % Netzmittel entfettet werden. Salmiakgeist und Spezialreiniger, wie Lithoform oder P3, sind ebenfalls sicher in der Handhabung. Die Rückstände müssen mit klarem Wasser abgewaschen werden; anschließend müssen die gereinigten Flächen trocknen können. Ein Beizen mit verdünnter Salzsäure ist nicht zu empfehlen, da aggressiv wirkende Säurereste zurückbleiben können. Für die Beschichtung eignen sich nahezu alle Lacke auf Bitumen- oder Kunstharzbasis sowie Zinkstaubfarben.

Da Titanzink mit Kupfer die Aktivanode eines galvanischen Elements bildet und deshalb angegriffen wird, ist eine Verkupferung abzulehnen. Auch die Verbindung mit Kupfer-, Bronze- oder Messingteilen kann eine Elementbildung hervorrufen.

Haltbarkeit

Eindeckungen und andere Elemente aus Zink sind sehr lange haltbar und erreichen ohne besondere Pflege eine Lebensdauer von 50 und mehr Jahren. An Turmdeckungen und Außenwänden haben sie noch erheblich längere Zeiträume gehalten. Nach Erfahrungen, die sich über einen Zeitraum von mehr als 100 Jahren erstrecken, und zahlreichen Versuchsergebnissen des In- und Auslandes kann bei einer Materialdicke von 0,7 mm bei voller Erhaltung der Funktionsfähigkeit mit folgender Lebensdauer gerechnet werden (nach Prof. Dr. G. Schikorr):

Landluft	ca. 100 Jahre
Meeresluft	ca. 50 Jahre
feuchte Stadtluft	ca. 60 Jahre
feuchte Industrieluft	ca. 20 Jahre

Wie in allen Fällen spielen auch hier die Nebenbedingungen eine erhebliche Rolle, so z.B., ob das Wasser in einer Rinne aus Zink steht oder von einer Zinkfläche abläuft. Die Verunreinigungen in einer Zinkrinne können Kathoden werden, die dann die Zinkoberfläche als Anode angreifen können, insbesondere dann, wenn nur wenig Wasser in der Rinne steht. Die Haltbarkeit hängt dann wesentlich vom Neigungswinkel der Rinne ab. Das Gefälle bestimmt die Spülwirkung des Regenwassers und damit den Reinigungseffekt von allen möglichen Ablagerungen.

Weiter wird die Lebensdauer stets von den aggressiven Abgasen beeinflußt, vom H_2SO_4-Nebel oder den als Säuren herabregnenden anderen Abgasen der Feuerungen. In der Nähe von Schornsteinen und Verbrennungsanlagen können daher örtlich begrenzte Zonen höheren Korrosionsgrades auftreten. In solchen Fällen sind vorsorglich Schutzanstriche zweckmäßig, wobei man aber auch wissen muß, daß Schutzanstriche nicht auf frische Zinkoberflächen gebracht werden sollten, weil sie dort schlecht haften. Besser ist es, 6 Monate abzuwarten — bis das Blech eine Oxidschicht aufweist — und dann erst einen Anstrich aufzubringen.

Verzinkungen

Stahlteile werden zum Schutz vor Oxidation verzinkt. Die Verzinkung erfolgt in einem Zinkschmelzbad, die Stahloberfläche wird mit einer dünnen Schicht Zink überzogen (Feuerverzinkung). Diese Zinkschicht ist nicht als Opferanode aufzufassen. Zink überzieht sich an der Oberfläche mit einer oxidisch-karbonatischen Schicht, die weiteren Angriffen des Wassers und des Sauerstoffs recht gut widersteht.
Die Dauer dieses Schutzes hängt von der Dicke der Schicht, von der Konzentration atmosphärischer Schadstoffe und von der Reinheit der Zinkschicht ab. Wichtig ist, daß die Eisenkristallite nicht aus der Zinkschicht herausragen, was an diesen Stellen zur Rostbildung unter der Schicht führen würde. Die Verzinkung bietet einen temporären Schutz; sie kann je nach ihrer Güte und nach dem Grad der atmosphärischen Belastung nach den bisherigen Erfahrungen 5—20 Jahre intakt bleiben.

3.2 Kupfer und Kupferlegierungen

Kupfer gehört zu den ältesten und beständigsten Baustoffen, neben Gold und Silber zu den ältesten der Menschheit bekannten Metallen; im Altertum wurde es unlegiert und auch mit Zinn legiert als *Bronze* verwendet. Durch Zufügung von Zinn wird das weiche Kupfer zu einem sehr harten und festen Material. Wenige Prozente an Zinn machen diese Legierung auch sehr widerstandsfähig gegen Korrosion. So verwendete man schon im Altertum die Legierung CuSn5, so wie sie heute noch hergestellt wird. Nach dem Ausklingen der jüngeren Steinzeit wurde eine ganze Entwicklungsepoche der Menschheit nach dieser Legierung benannt: die „Bronzezeit".
Zunächst einige Beispiele aus alter Zeit. Die Bilder 177 und 178 zeigen eine rund 4700 Jahre alte Wasserleitung aus Kupfer in Ägypten und eine griechische Säulenhalterung aus Bronze. Diese Halterung ist mit Kalkmörtel in einen Naturstein eingesetzt worden; sie ist heute 2450 Jahre alt und zeigt außer der braunen Patina keine Anzeichen von Korrosion.
Die Bilder 179 und 180 zeigen eine Fortentwicklung. Es handelt sich um Säulenhalterungen (Klammern zwischen Steinblöcken) aus Bronze, wie sie in Pompeji verwendet wurden. Auch hier wurde Zinnbronze der Legierung CuSn5 verwendet. Diese Halterungen sind jedoch mit Blei in Naturstein vergossen worden. Es zeigen sich hier weder an der Bronze noch am Bleiverguß Korrosionserscheinungen.
Über die Lebenserwartung von Bronzebauteilen brauchen wir nicht zu diskutieren. Es wäre müßig, sie bei Freibewitterung, im Erdreich und unter Wasser auszuloten; es genügt zu wissen, daß Bronze unter fast allen Umweltbedingungen nachgewiesen Jahrtausende ohne Schaden übersteht.
Heute verwenden wir das Material allenfalls zu „Dekorations"-Zwecken (Portale und Türen), sofern man nicht das billigere und sehr viel weniger korrosionsbeständige Messing (eine Kupfer-Zink-Legierung) einsetzt. Auch Schrauben werden aus Bronze hergestellt, etwa für die langfristig sichere Befestigung aller schweren Platten. So verwendet man Bronzeschrau-

177 Teilstück einer ägyptischen Wasserleitung aus Kupfer, etwa 4700 Jahre alt. Fundort: Abussir. Es handelt sich um ein gewickeltes Kupferblechrohr. (Foto: Staatl. Museen Berlin)

178 Griechische Säulenhalterungen aus Bronze (CuSn6). Poseidonia, ca. 2450 Jahre alt

179 Bronzeanker für Säulen, die in Blei vergossen sind. Fundort: Pompeji

180 Verbindung zwischen Natursteinblöcken eines Brunnentroges mit Bronzeankern, die in Blei vergossen sind. Fundort: Pompeji

ben der Zusammensetzung CuSn4 und CuSn5 für die Befestigung von schweren, großformatigen Asbestzementplatten. Hier ist Bronze im Hinblick auf Beständigkeit und mechanische Festigkeit über lange Zeiträume allen anderen Metallen überlegen; nur noch mit Nickel und Chrom legierte Eisenverbindungen erreichen annähernd diese Beständigkeit.

Kupfer hat einen großen Anwendungsbereich. Kupferrohrleitungen für Kalt- und besonders für Warmwaserleitungen gehören zum Stand der Technik. Dach- und Fassadenverkleidungen aus Kupfer werden ausgeführt. Bild 181 zeigt eine solche recht alte Kupferblechverkleidung. Hier ist die ursprünglich grüne, carbonatische Patina durch die aggressive Atmosphäre in der Großstadt weitgehend abgebaut; sie wird bald ganz verschwinden und dafür in die braunschwarze Patina übergehen, wie sie heute in Städten, vor allem in Industriegebieten üblich ist. Das Kupferblech ist dennoch unversehrt geblieben. Bild 182 zeigt dagegen eine noch relativ neue Kupferoberfläche.

Kupferbleche für die Verkleidung von Fassaden und Dächern bereiten uns bis auf das Verschwinden der grünen carbonatischen Patina und deren Umwandlung in eine oxidisch, sulfatische Patina mit Schwarzfärbung keine Sorgen. Auch Kupferriffelbleche, wie man sie als Dampf- und Wassersperre verwendet, sind trotz ihrer Schichtdicke von nur 0,1 mm sehr korrosionsbeständig und stets länger funktionsfähig als alle anderen Baustoffe, die man bei Flachdachdeckungen einsetzt.

Probleme gibt es bei der Verwendung von Kupferrohren in der Sanitärtechnik. An diesen ist aber nicht der Baustoff Kupfer schuld, sie treten meistens durch Fehler beim Verlegen der Rohre auf.

Zunächst soll der Lochfraß bei Rohrleitungen erwähnt werden. Bild 183 zeigt einen solchen Lochfraß im Inneren einer Warmwasserleitung aus Kupferrohr.

Ursachen für den Lochfraß:

— Absetzen von Verunreinigungen, die als Kathode wirken können (organischer Schmutz und Eisenspäne, die in Rost übergehen), auf der Rohrinnenfläche. Es ist deshalb unbedingt notwendig, die Rohre nach der Druckprobe zu spülen und bis zur Inbetriebnahme zu entleeren.
— Kohlenstoffilme auf der Rohrinnenfläche, die in der Herstellung entstanden. Hier ist dieser Kohlenstoffilm eine großflächige Kathode, die gegenüber einer freiliegenden oder freigelegten Kupferoberfläche als Kathode wirken kann.
— Lötmittelläufer in der Nähe von Kapillarlötstellen, die als Kathoden wirken; an den Rändern der Lötstellen ist die Bildung einer regulären Kupferoxidschutzschicht gestört, so daß es hier zur Korrosion kommt.
— Riefen und Unebenheiten in der Rohrinnenfläche. Sie wirken als Schmutzfänger und stören die reguläre Ausbildung der Schutzschicht. Auch sie können zum Lochfraß führen.
— Hinzu kommt noch eine Reihe ähnlich wirkender Einflüsse.

181 Patinabildung auf einem geneigten Kupferdach in Hamburg-Altona, welche im Verlauf von 43 Jahren entstanden ist. Die ständig aggressiver werdende Luft baut die grüne Patina ab und wandelt sie in schwarz-braune Patina um. Kupfersalze werden über die Kante geschwemmt und verfärben den darunter liegenden Putz braun.

182 Kupferblechverkleidung einer Kirchenfassade im Zustand nach 19 Monaten (beginnende Patinabildung)

Alle diese Korrosionsvorgänge laufen nur dann ab, wenn das durchströmende Medium selber aggressiv ist oder aggressive Ionen enthält. Saures, sehr weiches Wasser ist aggressiv; aggressive Ionen sind Chloridionen, sofern sie in Konzentrationen von mehr als 70 mg/l vorhanden sind.
Das Kupferrohr wird aber auch mit einzelnen dieser Belastungen fertig, ohne Schaden zu erleiden. Lochfraß tritt nur dann auf, wenn mindestens zwei, meist aber drei oder vier solcher Risikofaktoren zusammentreffen. Nutzlos wäre es, eine Phosphatdosieranlage (Impfung des Wassers) vorzuschalten, denn bei Kupferrohr würde dieser Zusatz lediglich die Ausbildung der regulären Kupferoxidschutzschicht stören oder verhindern.
Ein Druchbruch durch ein Kupferrohr kann auch durch äußere Einwirkung erfolgen. Das klassische Beispiel ist das Durchstoßen mit einem Nagel. Auch die Einwirkung von frischem Mörtel kann zur Korrosion und zur Zerstörung des Rohres führen.
Bild 184 zeigt die Außenkorrosion eines Kuperrohres. Bei der Verwendung von kunststoffummantelten Rohren ist das nicht möglich.
Auch Erosionsprozesse zerstören Kupferrohre, wie wir es von Stahlrohren her kennen. Trifft der Wasserstrahl auf eine Verengung des Rohres — zudem noch in einer Krümmung —, so

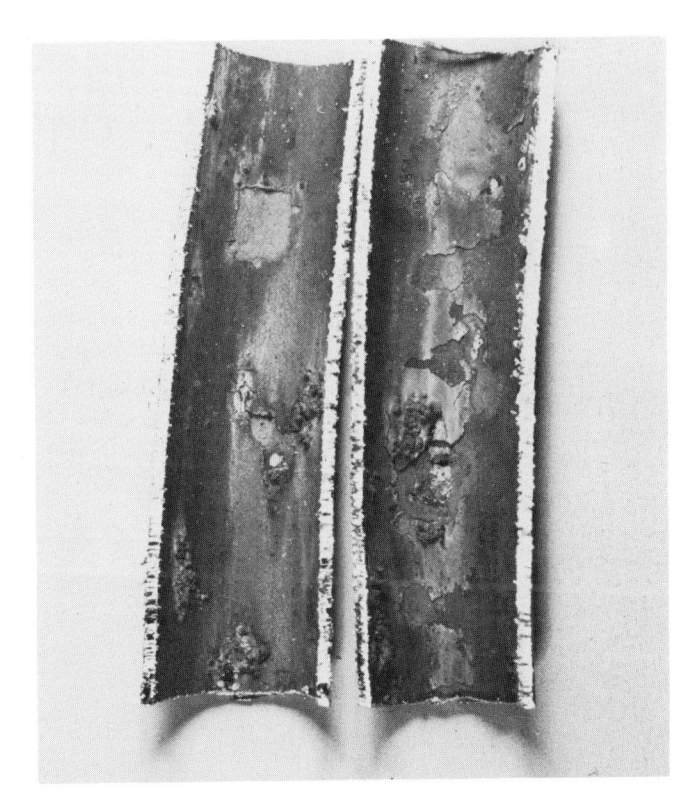

183 Lochfraß in einem Kupferrohr, gut erkennbare Oxidschichtbildung

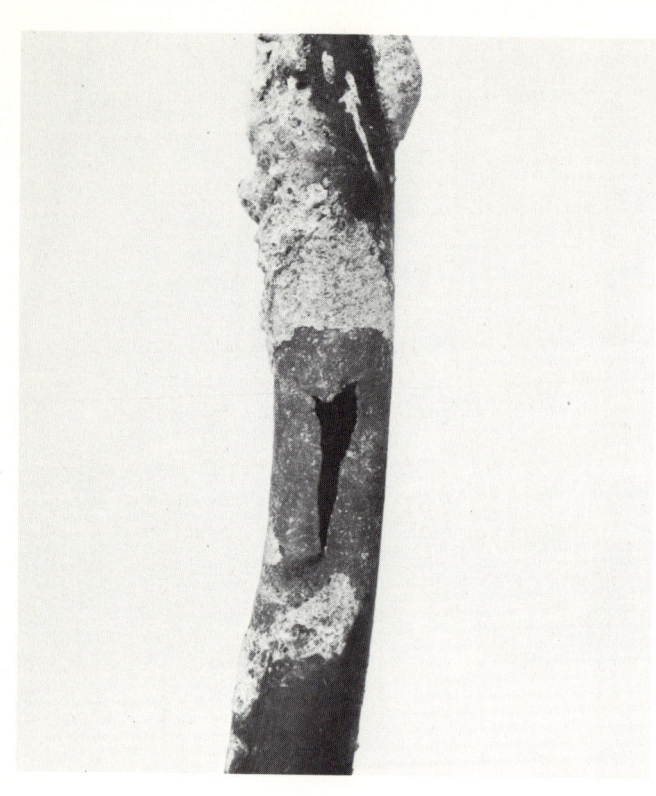

184 Außenkorrosion eines Kupferrohrs durch die Einwirkung von Mörtel

185 Warmbruchzone in SF-Kupfer durch Überhitzung beim Lötvorgang (50-fache Vergrößerung)

wird das Metall in einem bestimmten, eng begrenzten Bereich auf die Dauer weggewaschen, so daß schließlich ein Loch entsteht. Kavitationsprozesse finden wir in Kupferrohrleitungen nur äußerst selten. Treten sie auf, dann sind die Rohrdimensionen falsch berechnet.

Bild 185 zeigt eine handwerkliche Fehlleistung; hier war die Korrosionsursache eine starke Überhitzung des Kupferrohres beim Hartlöten. Bild 186 zeigt die Oberfläche im Innern eines Kupferrohres; durch störende Einflüsse ist hier die Schutzschichtbildung unvollkommen. Es sind Abplatzungen vorzufinden, und auf dem Grunde dieser Abplatzungen liegt die primäre Schutzschicht aus Cu_2O, welche kristallin ist und purpurn glänzt. Ein Lochfraß zeichnet sich nicht ab, kann jedoch eintreten, sofern noch weitere Schadensfaktoren hinzukommen.

Wir können zusammenfassen: Kupfer ist ein beständiger Werkstoff und wird aufgrund seiner Beständigkeit sowohl für Fassaden- und Dachbekleidungen als auch für die Wasserinstallation verwendet. Bei Installationsrohren kann es zu einer Vielzahl von Schadensbildern kommen, sofern man das Material handwerklich falsch einsetzt. Die hohe Lebenserwartung von Kupferrohren bei Kalt- und Warmwasserleitungen kann zeitlich nicht begrenzt werden, sofern diese richtig eingebaut werden. Treten aber mehrere, meist durch Unkenntnis oder Leichtsinn bedingte Schadensrisiken zusammen auf, dann kann es zu den erwähnten Schäden kommen. Ein solcher Schaden betrifft dann meistens nicht die gesamte Installation, sondern nur einzelne Stellen.

Messing ist eine Kupfer-Zink-Legierung. Wie zu erwarten, macht der Zusatz des unedlen Metalls Zink diese Legierung sehr viel weniger korrosionsbeständig. Korrosion tritt insbesondere dann auf, wenn die Zinkzusätze bei über 20 % liegen. Die Schadensbilder sehen hier entsprechend anders aus als beim reinen Kupfer.

Bild 187 zeigt einen typischen Entzinkungsvorgang. Das Zink löst sich aus der Legierung, und lockerer Kupferschwamm bleibt übrig. Bild 188 zeigt diesen Vorgang noch einmal in stärkerer Vergrößerung. Der Angriff aggressiver Medien ist stets für diese Erscheinung verantwortlich, aber auch mechanische Einwirkungen, verbunden mit korrosiver Einwirkung, bewirken diesen Prozeß. So kann es zu der bei Messingen nicht seltenen Spannungsrißkorrosion kommen. Spannungsrißkorrosion tritt bei Bronze nicht auf, bei Kupfer sehr selten. Bild 189 zeigt das Erscheinungsbild einer solchen Spannungsrißkorrosion bei Messing CuZn 37. Der Riß geht hier längs der Kristallgrenzen; er kann aber auch durch die Kristalle verlaufen.

Armaturen werden meist aus hochzinkhaltigen Messingen hergestellt. Die Beständigkeit dieser Teile ist nur sehr begrenzt, zumal wenn sie mit korrosiven Medien in Berührung kommen. Hochbeständige Messinge — Sondermessinge — werden für technische Apparaturen verwendet, für Kondensatorrohre, für Wärmetauscher und alle Bauteile, die mit Meerwasser oder Brackwasser in Berührung kommen.

186 Schlechte Schutzschichtbildung mit Durchbrüchen durch die Schutzschicht auf der Innenseite eines Kupferrohres (Kaltwasserleitung) (5-fache Vergrößerung)

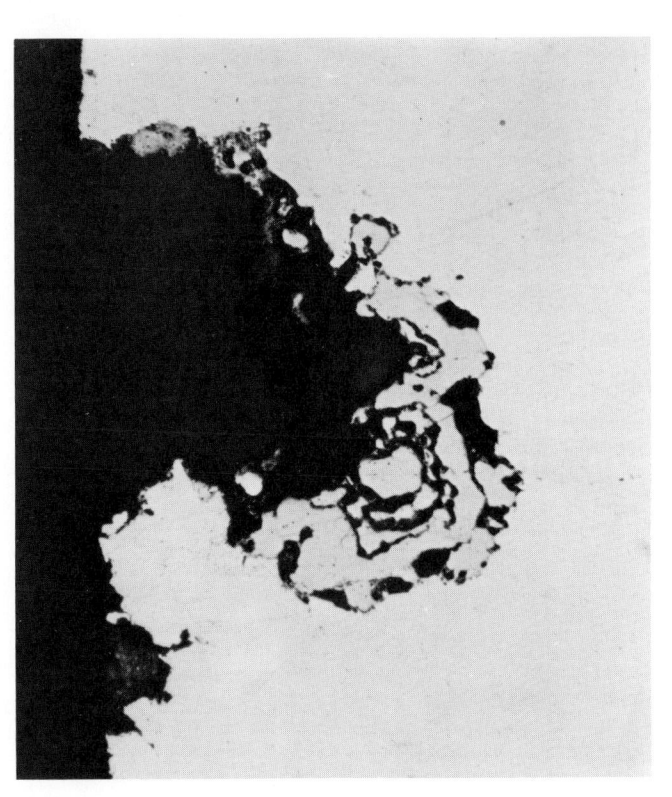

188 Lochfraß mit Entzinkung bei einer Messingrohrwand von CuZn37 (200-fache Vergrößerung)

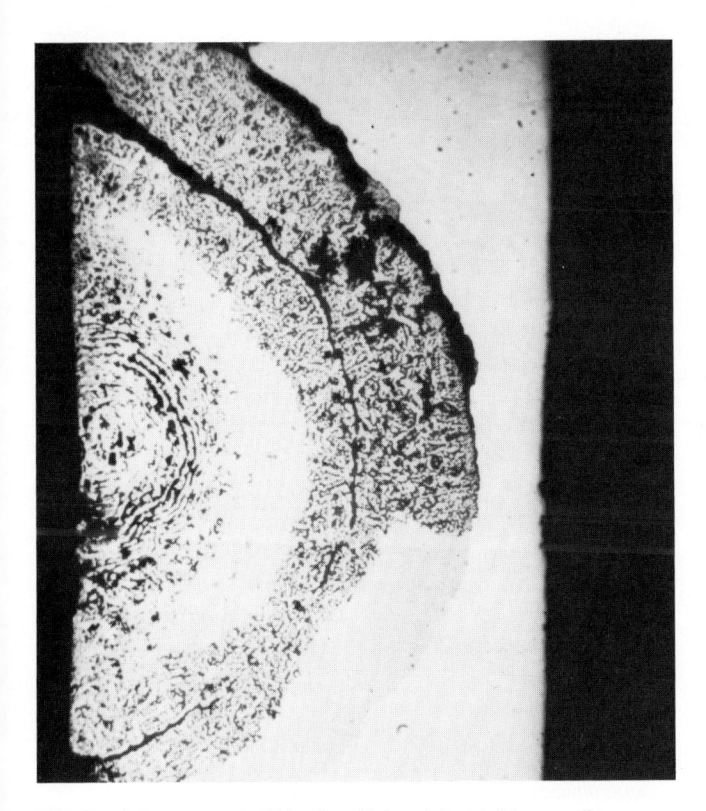

187 Entzinkungszone bei Messing. Es handelt sich hier um die Legierung CuZn37. (100-fache Vergrößerung)

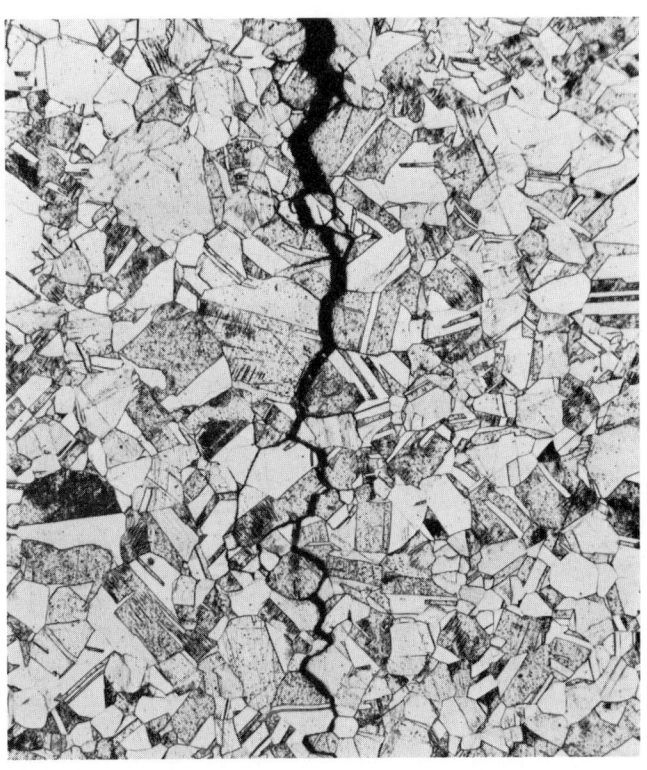

189 Spannungskorrosionsriß in einer Messingarmatur (CuZn37) entlang der Korngrenzen (100-fache Vergrößerung)

Tabelle 10 Praktische Potentiale von Kupferlegierungen zu anderen Metallen

Praktische Potentiale in Seewasser

Element	Spannung in Volt	
Cu/Pt	0,57	
Cu/Kohlenstoff	0,5	bis 0,6
Cu/Gold	0,44	
Cu/Fe$_2$O$_3$	0,3	bis 0,4
Cu/X12CrNi18 8 passiv	0,32	
Cu/Cu$_2$O	0,3	
Cu/Silber	0,22	
Cu/Quecksilber	0,22	
Cu/Nickel passiv	0,14	bis 0,24
Cu/Monel (Ni30Fe bzw. Ni30Al)	ca. 0,11	
Cu/CuAl10Ni	0,02	
Cu/CuAl8 (AlBz8)	0,024	bis 0,048
Cu/CuNi30, CuNi30Fe	0,02	bis 0,032
Cu/Cu	—	
Cu/CuSi3Mn	0,03	
Cu/CuZn15 (Ms85)	0,03	
Cu/CuZn36Pb1 (Ms63Pb)	0,03	
Cu/CuZn16Si4	0,03	bis 0,034
Cu/CuZn30 (Ms70)	0,03	bis 0,05
Cu/CuZn40 (Ms60)	0,065	bis 0,08
Cu/CuSn6 (G-SnBz8)	0,07	bis 0,17
Cu/CuSn10 (G-SnBz10)	0,07	bis 0,2
Cu/CuSn12 (G-SnBz12)	0,1	bis 0,2
Cu/Silizium	0,04	bis 0,09
Cu/Nickel aktiv	0,11	
Cu/Zinn rein	0,23	bis 0,41
Cu/Wismut	0,17	bis 0,24
Cu/Blei	0,27	bis 0,4
Cu/AlCuMg2	0,36	
Cu/AlMg1, AlMg2, AlMg5	0,36	bis 0,4
Cu/unberuhigter SM-Stahl mit 0,2–0,45 % Mangan	0,43	
Cu/Aluminium	0,52	bis 0,62
Cu/Stahl mit 0,86 % C	0,53	
Cu/Eisen hoher Reinheit	0,53	bis 0,54
Cu/Cadmium	0,53	
Cu/Chrom	0,63	bis 0,7
Cu/Al-Zinklegierung n. DIN 1725	0,65	bis 0,7
Cu/Zink 99,99	0,84	bis 0,96
Cu/Mangan	0,9	bis 1,1
Cu/Magnesium	1,38	bis 1,5

Kupferwerkstoffe haben eine sehr unterschiedliche Lebenserwartung. Bronze ist am beständigsten, und auch Kupfer ist sehr beständig; weniger beständig sind die Messinge, sofern sie mit Zink hochlegiert sind.

In einigen Gebieten haben sich Kupferwerkstoffe ausgezeichnet und über lange Zeiträume bewährt. So sind die Dachdeckungen an den alten Bauten in Hamburg um die Binnenalster alle aus Kupfer und völlig intakt. Die heute üblich gewordenen Messingteile haben dagegen eine weit geringere Lebenserwartung. Von einer echt reduzierten Lebenserwartung hochzinklegierten Messings kann man aber erst bei Armaturen sprechen, die ständig korrosiven Medien ausgesetzt sind. Je nach Beanspruchung kann dann die Lebenserwartung zwischen 5 und 50 Jahren liegen.

Die Tabellen 10 und 11 zeigen ergänzend praktische Potentiale in verschiedenen Medien zwischen Kupferwerkstoffen und anderen Metallen.[*]

3.3 Eisen und Stahl, Edelstahl rostfrei

Eisen ist ein wichtiger Konstruktionsbaustoff im Baugeschehen. Es begegnet uns meistens als Stahl; Stahl unterscheidet sich korrosionschemisch nicht von Eisen. Nur Gußeisen ist infolge seiner Gußhaut oft korrosionsbeständiger. Anwendungsgebiete von Eisen und Stahl sind u.a.:

Konstruktionen aller Art,
Bewehrung des Betons,
Anker im Beton,
Heizkörper, Heizkessel und Leitungen,
Rohrleitungen für den Transport von Wasser und Gasen,
Bewehrung von Kunststoffenstern,
Beschläge,
Balkon- und Terrassengeländer usw.

Stahl muß gegen Korrosion geschützt werden. Dieser Schutz erfolgt entweder durch Anstriche oder durch Einbettung in Beton, durch Verzinkung oder durch Umhüllung, u.a. mit Kunststoffen. Der Schutz des Stahls hat eine ganze Industrie ins Leben gerufen. Es werden spezielle Rostschutzanstriche hergestellt, die heute einen hohen Grad von Zuverlässigkeit haben; dennoch kommt es ständig zu Korrosionen am Baukörper. Die Ursachen liegen entweder in handwerklichen Fehlern, in der Verwendung von ungeeignetem Schutzmaterial oder in der Nichteinhaltung der Instandhaltungsperioden (der Neuanstriche). Die Lebenserwartung von Bauteilen aus Eisen und Stahl hängt damit in hohem Maße von der handwerklichen Verarbeitung, der Qualität des Schutzmaterials sowie der Einhaltung der Instandhaltungs-(Wartungs-)Perioden ab.

Es gibt jedoch auch Korrosionsvorgänge, die nicht aufzuhalten sind. So wird der Stahl im Beton stets dann korrodieren, wenn dieser nicht dicht ist und den Stahl zu schwach überdeckt bzw. wenn Stahl in einen Werkstoff eingebettet ist, der keinen Schutz bietet. Die entsprechenden Einflüsse (Risiken) sollen an Hand von ausgewählten Beispielen veranschaulicht werden.

Bild 190 zeigt einen freigelegten Stahl in einem Beton, der 1933 hergestellt wurde (das Foto stammt aus dem Jahre 1978). Wir sehen, daß hier bei ausreichender und guter Betondeckung und -qualität der Stahl nach 45 Jahren noch frei von jeder Korrosion ist. Es ist auch kein Anzeichen dafür zu erkennen, daß Rostung eingesetzt hätte.

---

[*] Der Autor hat diese Tabellen 1970 für den GDM und das DKI zusammengestellt.

Den Wieland-Werken in Ulm und besonders Herrn Dr. Sick sei für die Überlassung von Bildmaterial zu diesem Kapitel gedankt.

Tabelle 11 Praktische Potentiale von Kupferlegierungen in Seewasser in Volt zu den nachstehend aufgeführten Werkstoffen

Werkstoffe	CuNi30 CuNi30Fe	CuAl10Ni	CuAl8	CuSn6	CuSi3Mn	CuZn30	CuZn40
Platin	+ 0,53	+ 0,51	+ 0,6	+ 0,6	+ 0,6	+ 0,6	+ 0,64
Gold 99,99	+ 0,4	+ 0,38	+ 0,47	+ 0,48	+ 0,48	+ 0,47	+ 0,5
X12CrNi18 8 passiv	+ 0,3	+ 0,31	+ 0,35	+ 0,35	+ 0,35	+ 0,36	+ 0,4
Silber 99,5	+ 0,2	+ 0,2	+ 0,22	+ 0,24	+ 0,25	+ 0,25	+ 0,29
Quecksilber rein	+ 0,2	+ 0,21	+ 0,22	+ 0,25	+ 0,24	+ 0,24	+ 0,3
Nickel passiv	+ 0,1	+ 0,1	+ 0,12	+ 0,17	+ 0,19	+ 0,2	+ 0,24
Silizium	+ 0,05	+ 0,05	+ 0,07	+ 0,1	+ 0,11	+ 0,05	+ 0,09
NiCo30Fe, NiCo30Al	+ 0,03	+ 0,05	+ 0,1	+ 0,12	+ 0,13	+ 0,14	+ 0,18
CuNi30 (Fe)	–	+ 0,02	+ 0,07	+ 0,12	+ 0,14	+ 0,14	+ 0,18
CuAl10Ni	–	–	+ 0,07	+ 0,12	+ 0,05	+ 0,07	+ 0,14
CuAl8	0,07	0,02	–	+ 0,1	+ 0,05	+ 0,01	+ 0,05
Cu	0,03	0,02	0,03	+ 0,07	+ 0,03	+ 0,03	+ 0,08
CuSn6 (SnBz6)	0,1	0,08	0,01	–	+ 0,04	+ 0,04	+ 0,08
CuSi3Mn	0,11	0,1	0,05	0,04	–	+ 0,08	+ 0,12
CuSn10 (SnBz10)	0,17	0,14	0,1	0,1	0,05	+ 0,1	+ 0,14
CuZn15 (Ms85)	0,03	0,03	0,01	0,08	0,1	+ 0,02	+ 0,06
CuZn30 (Ms70)	0,07	0,07	0,01	0,06	0,06	–	+ 0,04
CuZn40 (Ms60)	0,11	0,1	0,04	0,05	0,08	0,04	–
Nickel aktiv	0,2	0,2	0,14	0,13	0,13	0,14	0,1
Kohlenstoffarmer Stahl	0,36	0,36	0,34	0,3	0,3	0,3	0,27
Blei 99,8	0,38	0,38	0,31	0,33	0,32	0,31	0,24
Gußeisen (Grauguß)	0,38	0,38	0,35	0,3	0,3	0,35	0,3
AlCuMg2	0,39	0,39	0,35	0,32	0,3	0,4	0,35
AlMg1, AlMg2, AlMg5	0,4	0,4	0,35	0,3	0,3	0,4	0,35
Unberuhigter SM-Stahl mit 0,2–0,45 Mn)	0,46	0,45	0,4	0,4	0,4	0,4	0,35
Eisen hoher Reinheit	0,55	0,52	0,5	0,5	0,5	0,5	0,45
Cadmium rein	0,56	0,54	0,52	0,5	0,5	0,5	0,45
Chrom rein	0,67	0,65	0,59	0,58	0,6	0,6	0,54
Aluminium-Zink-Legierung n. DIN 1725	0,7	0,7	0,6	0,6	0,6	0,6	0,6
Zink 99,99	0,88	0,88	0,85	0,82	0,81	0,82	0,8
Mangan rein	0,9	0,9	0,88	0,87	0,87	0,87	0,83
Magnesium rein	1,36	1,34	1,3	1,3	1,3	1,3	1,3

In dieser Tabelle steht vor der Potentialdifferenz ein +-Zeichen. Dieses +-Zeichen ist an dieser Stelle zwar theoretisch nicht begründet, soll den Lesern aber zeigen, daß bei dieser Metallpaarung der in den Spalten aufgeführte Werkstoff dann Anode, also unedler ist.

Bild 191 zeigt eine Stahlbewehrung und Verankerung in einem Bau, der 1958 errichtet wurde. Hier kann man gut erkennen, wie nach rund 20 Jahren der Querschnitt der Bewehrungsstähle um die Hälfte abgetragen wurde. Der Bewehrungsstahl hatte die Funktion, die Vorsatzschale an der tragenden Wand zu halten. Durch einen Dispositionsfehler wurde der Stahl jedoch durch eine Dämmschicht aus Holzwolleleichtbauplatten geführt. Holzwolleleichtbauplatten werden mit $CaCl_2$ mineralisiert; in ihnen fällt Kondenswasser an, so daß die Korrosion des Stahls damit begünstigt wurde; ein Schutz war nicht vorhanden. Aus diesem Beispiel kann man lernen, daß Fehler bei der Planung sich sehr schwerwiegend auswirken können. Man hätte hier eine Verankerung aus rostfreiem Stahl vorschreiben müssen.

Einen seltenen Fall von Erosionskorrosion zeigt Bild 192. Hier ist ein Wasserleitungsrohr aus verzinktem Stahl durch Turbulenzen im strömenden Medium ausgewaschen worden, bis es zum Durchbruch im Stahlrohr kam. Wir kennen diese Erscheinung auch bei anderen Rohrwerkstoffen, so z.B. bei Kupfer.

Besonders schwerwiegend ist die Korrosion des Stahls im Beton. Solche Korrosionen sind dann gefährlich, wenn die Standsicherheit des tragenden Konstruktionsteils beeinträchtigt wird. Aber auch wenn es sich nur um Absprengungen der Betonoberfläche durch korrodierte Drähte aus einer Stahlmatte handelt, wird die Sanierung derartiger Stahlkorrosionen im Beton sehr schwierig und aufwendig.

190 Bei Abbrucharbeiten freigelegter Bewehrungsstahl unter einer Betondeckung von 30 mm aus dem Jahre 1933

192 Erosionskorrosion einer stählernen Wasserleitung. Die Durchbruchstelle im Rohr liegt in der Stromrichtung 4 cm vom Krümmer im Bereich der dort auftretenden Turbulenz.

191 Stahlbewehrung, die durch eine Holzwolleleichtbauplatte hinter der Vorsatzschale führte. Hier ist die Dicke des Stahldrahtes nach 20 Jahren um 50 % gemindert.

Die Korrosion des Stahls im Beton* ist ein zentrales Risiko im Baugeschehen. Stahl ist im Beton bis etwa zu einem pH-Wert von 10 passiviert. Sinkt der pH-Wert durch Carbonatisierung des Betons oder Verzehr der Alkalireserve durch Einfluß saurer Schadstoffe in der Atmosphäre, dann rostet der Stahl.

Der Praktiker findet zu geringe Betondeckungen des Stahls sehr einfach mit Hilfe verschieden starker Magnete. Diese zeigen den Stahl in Tiefen bis zu 30 mm an. Bild 193 zeigt eine solche Stahlortung über einem horizontal liegenden Draht, der viel zu schwach überdeckt ist. Die Bilder 194 und 195 zeigen Beispiele an anderen Betonflächen.

Bild 196 zeigt einen bereits völlig zerstörten Stahldraht in einem Betonkörper. (Der Bau steht in einem Industriegebiet, das mit einer — nicht sehr starken — Emission von sauren Abgasen rechnen muß.) Hier ist der Stahl durchgerostet; man erkennt nur noch den Rost.

Sehr oft rostet Stahl noch vor der Abnahme des Bauwerks und sprengt Überdeckungen von 1—3 mm ab. Um die Abnahme des Bauvorhabens nicht zu gefährden, werden die entstandenen Löcher oft mit einem Mörtel zugedeckt. Nach wenigen Monaten platzen diese Flickmörtel ab, weil die Unterrostung weiter abläuft. Bild 197 zeigt Abplatzungen von

---

* Vgl. auch die entsprechenden Ausführungen im Abschnitt 2.8 des vorliegenden Buches

193 Zu schwach überdeckter Stahldraht im Beton wird mit Hilfe eines Magneten geortet.

195 Ortung von zu schwach überdecktem Stahl in einer Waschbetonvorsatzschale mit Hilfe eines Magneten. Hier ist der Stahl nur 3–4 mm überdeckt.

194 Ortung von zu schwach überdecktem Stahl im Beton mit Hilfe eines Magneten. Hier ist der Stahl nur 5 mm überdeckt.

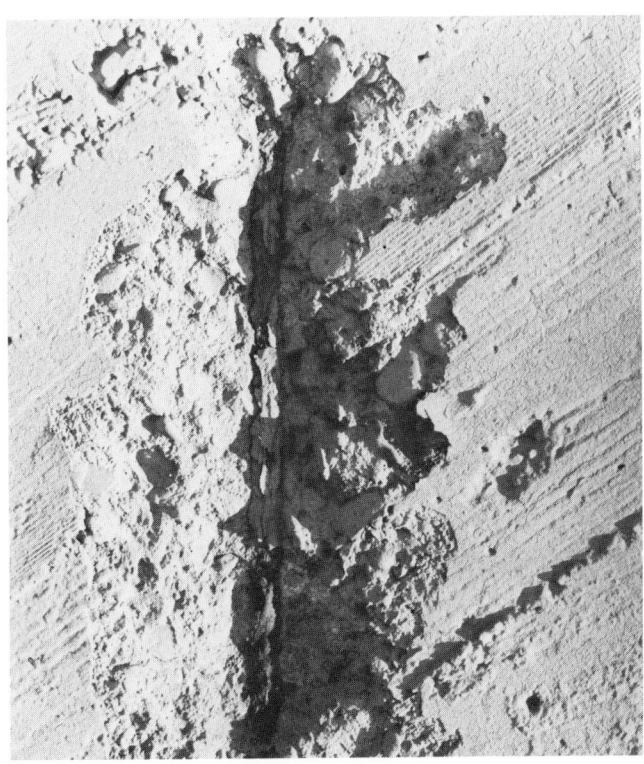

196 Vollständige Zerstörung der Stahlbewehrung in einem Beton, der durch Industrieabgase belastet ist.

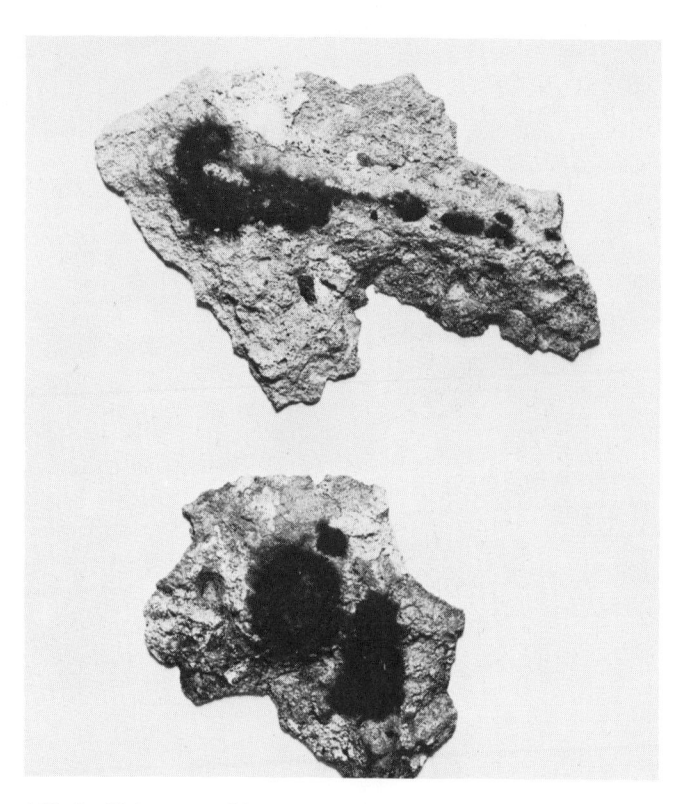

197 Ausflickungen auf Rostsprengungen im Beton werden in kürzester Zeit wieder abgeworfen.

199 Zerstörungszustand der Stahlarmierung in einem Ziegelsplitbeton nach etwa 20 Jahren

198 Zerstörungsgrad einer Streckmetallarmierung von Putz nach 3 Jahren

Ausbesserungen über rostendem Stahl im Beton. Es legt zugleich ein hohes Maß an handwerklicher Unredlichkeit frei, lehrt aber auch, daß die Ausbesserung derartiger Schäden und der Schutz des Stahls vor dem Rosten keineswegs mit so einfachen Mitteln vorgenommen werden können.

Die Lebenserwartung dieser Ausbesserungen bewegt sich je nach Tiefe des inkorporierten Stahls zwischen 3 und 18 Monaten — zu wenig, um davon einen Nutzen zu haben. Aber auch stärker verdeckte Fehler (nicht Mängel!) in der Überdeckung des Stahls zögern nur den Verfall hinaus und sind in gleicher Weise ein beträchtliches Risiko. Dafür zeigen die Bilder 198 und 199 anschauliche Beispiele. Bild 198 stellt eine Streckmetallarmierung dar, die rostet und den darauf liegenden Putz bereits flächenweise abgesprengt hat. Bild 199 zeigt die Zerstörung einer Betonplatte; die Stahldrähte liegen offen und können unter Einwirkung von Wasser und Sauerstoff sowie der aggressiven Schadstoffe der Luft schnell zerstört werden. Solche Absprengungen treten dann meistens überraschend nach mehreren Jahren auf, wenn die Alkalireserve vor dem Stahl aufgebraucht ist und der pH-Wert um den Stahl unter den Wert 10 absinkt.

Halten wir fest: Im Beton muß der Stahl sorgfältig gegen Korrosion geschützt werden, sonst werden Stahl und Beton zerstört. Ist der Schutz korrekt und liegen keine extremen Umwelteinflüsse vor, dann ist mit einer sehr hohen Lebenserwartung des Stahls im Beton zu rechnen. Sie ist heute über 50 Jahre nachgewiesen.

Andere Bauteile aus Eisen und Stahl, die in den Beton eingelassen oder in ihn eingebettet sind, unterliegen dem gleichen Korrosionsrisiko. Bild 200 zeigt als Beispiel rostende Stahlanker, die in den Beton eingebracht wurden und schon nach wenigen Jahren rosten. Stahlanker im Beton, die eine statische Funktion haben, dürfen nicht aus rostendem Stahl bestehen. Hierfür sind rostfreie Stähle vorgeschrieben. Diese rostfreien Edelstähle enthalten als Legierungsbestandteil neben Eisen noch Chrom, Nickel, Mangan und Molybdän. Der bekannteste und korrosionssicherste Edelstahl ist der Stahl FeCr 18 Ni 8 (Werkstoff-Nr. 1.4301, vgl. Tabelle!).

Edelstahl rostfrei ist ein Sammelbegriff für alle nichtrostenden Stähle. Die wichtigsten nichtrostenden Stähle sind in DIN 17 440 genormt. Tabelle 12 gibt die chemische Zusammensetzung der 5 wichtigsten rostfreien Stähle wieder. Rostfreie Stähle werden für sehr viele Anwendungsbereiche eingesetzt, einige davon sind:

— Abdeckungen,
— Abläufe,
— Ankersysteme,
— Beschläge,
— Dachbekleidungen,
— Dachrandeinfassungen,
— Dachrinnen,
— Fassadenbekleidungen,
— Geländer,
— Küchenausbau,
— Rohre und Profile,
— Roste,
— Sanitär- und Heizungsinstallation,
— Schaufensterrahmen,
— Schornsteine,
— Schrauben und Verbindungen,
— Überdachungen.

Edelstahl rostfrei braucht keinen Oberflächenschutz, weil der Werkstoff aufgrund seiner chemischen Zusammensetzung nicht rostet. Auf seiner Oberfläche bildet sich eine Passivschicht, die sich ständig erneuern kann und das Rosten verhindert.

— Bei Industrieatmosphäre und Meeresklima ist Werkstoff Nr. 1.4401 einzusetzen.
— Bei normaler Atmosphäre reicht Werkstoff Nr. 1.4301 aus.
— Bei Innenausbau — außer Laboratorien — genügt Werkstoff Nr. 1.4016 (Chromstahl).

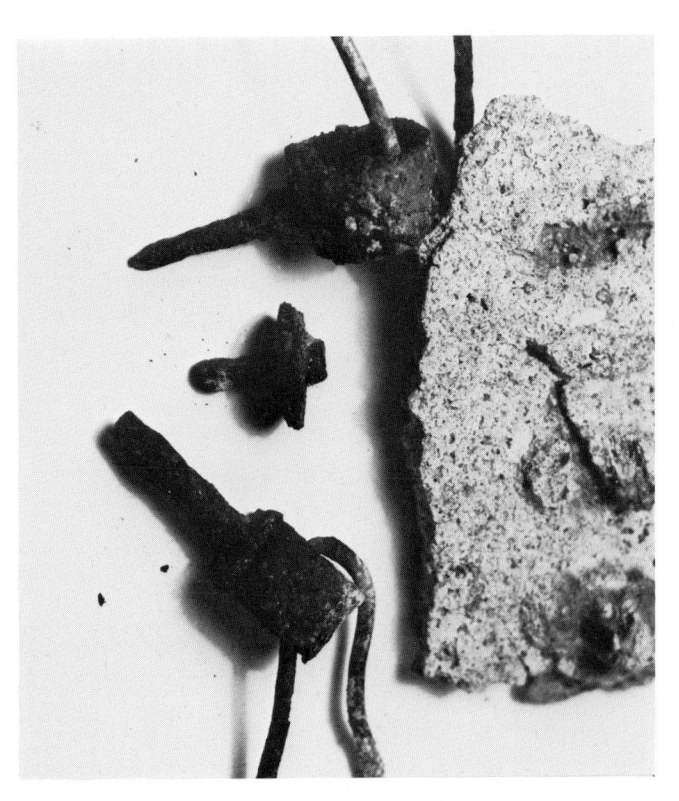

200 Stahlanker (nicht rostfrei) im Beton korrodieren bereits in wenigen Jahren.

Je mehr Nickel der Stahl enthält, um so korrosionsbeständiger und zugleich umso wertvoller und teurer wird er. Wenn es daher um Wartungsfreiheit und lange Beständigkeit von Ankern und anderen Bauteilen aus Stahl geht, ist es auf die Dauer billiger, rostfreie Stähle einzusetzen. Deren Lebenserwartung ist nach bisheriger Erkenntnis nicht begrenzt; sie läßt sich zumindest mit der von Beton vergleichen.

Beim Zusammenbau mit anderen Metallen muß allerdings beachtet werden, daß Gedankenfehler vermieden werden. Große Flächen aus rostfreiem Stahl sind für kleine Flächen weniger edler Metalle eine große Kathode; die Stromdichte auf der kleinen Anode würde dann sehr groß, so daß diese schnell korrodiert. Man sollte daher mit rostfreien Stählen Metalle nicht zusammenbauen, die große Differenzen in den Potentialen haben.

So wäre es auch besser gewesen, die Geländerhalterungen im Beton, die uns als Beispiel die Bilder 201 und 202 zeigen, aus

Tabelle 12
Chemische Zusammensetzung in Gewichtsprozenten

Werkstoff Nr.	Kohlenstoff max.	Silicium max.	Mangan max.	Chrom	Molybdän	Nickel	andere Metalle
1.4301	0,07	1,0	2,0	17 –20	—	8,5–10	—
1.4541	0,10	1,0	2,0	17 –19	—	9,0–11,5	Ti ≥ (5 × %C)
1.4401	0,07	1,0	2,0	16,5–18,5	2,0–2,5	10,5–13,5	—
1.4571	0,10	1,0	2,0	16,5–18,5	2,0–2,5	10,5–13,5	Ti ≥ (5 × %C)
1.4016	0,10	1,0	1,0	15,5–17,5	—	—	—

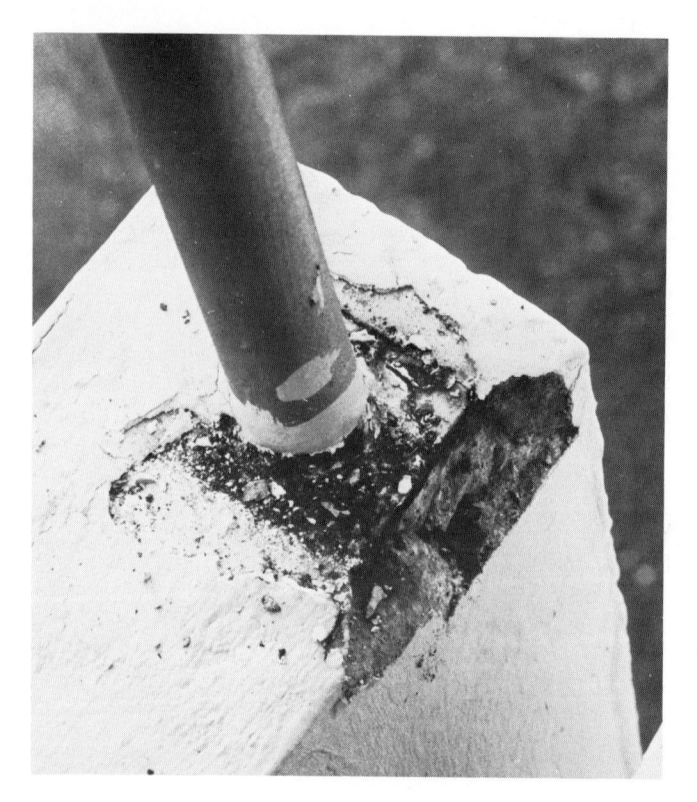

rostfreiem Stahl herzustellen. Hier wurde normaler Baustahl verwendet, der nur oberflächlich malertechnisch geschützt wurde. Wir sehen auch, daß die Bodenplatte aus Stahl scharfe Kanten hat. Solche Kanten sind schwer in gleicher Schichtdicke mit den waagerechten Flächen durch Anstrich zu schützen; auf den Kanten hat der Anstrichfilm meist nur ein Drittel der Dicke. Das ist ein handwerklicher Fehler.

Ein solcher Schutz reicht nie aus, um die Rostung normalen Stahls zu verhindern. Die beiden Bilder zeigen deutlich erkennbar die Zerstörung der Balkonbrüstung durch Unterrostung. Aus diesem Schaden lernen wir, daß bei falscher Materialauswahl der Schaden in ca. 6 Jahren beginnt und dann nach 8 bis 10 Jahren vollendet ist.

Als Besonderheit sind kupferlegierte Stähle zu erwähnen, denen man eine gute Korrosionsrestistenz zuspricht. Diese Stähle sollen nach Aussage der Hersteller einen Edelrost produzieren, der dann rotbraun aussieht, auf den Stahloberflächen aufliegt und diese vor weiterem Rosten schützt. Bauten mit Fassaden aus solchen Stählen sind rostrot; der Rost wird vom Regen abgeschwemmt und verschmutzt in beträchtlichem Umfang alle waagerechten Flächen unter den Fassaden. Die Lebenserwartung dieses Materials anzugeben ist problematisch, weil der Rostungsprozeß anhält, und zwar so lange, bis die Stähle zerstört sind.

Der Rostungsprozeß geht aber langsamer vor sich als bei nicht mit Kupfer legierten Stählen (vgl. die Grafik, Bild 203). Fassen wir zusammen: Unlegierte Stähle bedürfen eines Schutzes gegen Wasser, Sauerstoff und aggressive Abgase der Feuerungen. Die Wirksamkeit dieses Schutzes über die Zeit bestimmt die Lebenserwartung der Stahloberfläche und der Stahlbauteile. Bei malertechnischem Schutz ist die Einhal-

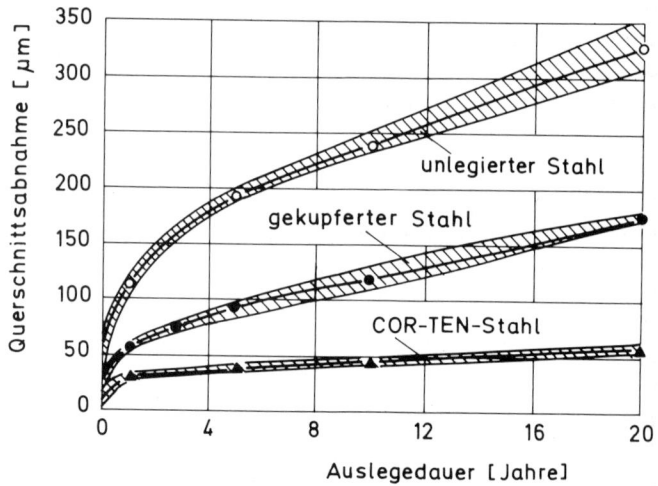

201/202 Die Stahlplatte dieser Geländerhalterung wurde ohne jeden Korrosionsschutz in den Beton eingelassen. Die seitliche Betondeckung entsprach DIN 1045, die obere Abdeckung gegen die Witterungseinflüsse war malertechnisch nur mangelhaft ausgeführt. Aufgrund der dreiseitigen Belastung des Betons und der fehlenden Alkalireserve mußte die Bodenplatte rosten und den umgebenden Beton absprengen.

203 Vergleichende Untersuchung über die Querschnittsabnahme unlegierter und kupferlegierter Stähle.
Nach Larrabee, C. P. und Coburn, S. K. Proceedings of the First International Congress on Metallic Corrosion. Buttworth. London. (1962) S. 276 f.

tung der Instandhaltungsperioden ein unabdingbarer Bestandteil des Schutzes. Hier hängt die Lebenserwartung vom eingesetzten Material und von der Güte der handwerklichen Verarbeitung ab. Man hat es damit in der Hand, die Lebenserwartung von Stahlbauteilen selbst zu bestimmen.

Allein der richtig im Beton eingebettete Stahl und die rostfreien Stähle sind wartungsfrei. Deren Lebenserwartung liegt recht hoch, sicher über 50 Jahre.

3.4 Aluminium und Aluminiumlegierungen

Die im Bauwesen Verwendung findenden Leichtmetalle sind Aluminium und Magnesium. Magnesium tritt dabei lediglich als verhältnismäßig kleiner Zusatz zu Aluminium auf. Wir erfassen praktisch alle Werkstoffe der Leichtmetallgruppe, wenn wir von einem nur wenig mit Magnesium legierten Aluminium ausgehen. Aluminiumlegierungen haben im Bauwesen seit gut 30 Jahren ihren festen Platz gefunden. Wir finden sie im Baukörper an vielen Stellen, so als

— Ankerschienen,
— Beschläge von Türen und Fenstern,
— Bleche für Fassadenverkleidungen,
— dampfsperrende Folien auf dem Flachdach,
— Fensterbänke,
— Fensterprofile,
— Lichtschutzblenden,
— Türen und Tore,
— Überdachungen usw.

Unter normaler Bewitterung unterliegen Aluminiumlegierungen und Reinaluminium der Korrosion. Auf der Metalloberfläche bildet sich Aluminiumoxid. Bei Verletzung dieser Oxidschicht entsteht sie immer wieder neu. Einen besseren Korrosionsschutz bietet die fabrikmäßig hergestellte anodische Oxidation der Aluminiumoberfläche. So können dichte Schichten in der Stärke von 15—30 micron aus Aluminiumoxid auf der Oberfläche gebildet werden.

Diese Oxidschicht (nach dem Vorgang der anodischen Oxidation — Eloxieren — Eloxalschicht genannt) widersteht den normalen atmosphärischen Einwirkungen eine erhebliche Zeit. Wenn wir von optischen Effekten absehen, bleibt sie etwa in der Zeitspanne von 10—15 Jahren im großen und ganzen erhalten. Die aggressiven Abgase in der Luft vermögen diese Schutzschicht jedoch in kürzerer Zeit zu zerstören.

Aluminium reagiert amphoter; es wird sowohl durch Säuren als auch durch Alkalien angegriffen. Daher ist es notwendig, von der Aluminiumoberfläche Alkali und Säuren fernzuhalten. Eine alkalische Verätzung entsteht auf Aluminiumoberflächen durch Mörtelspritzer. Solche Verätzungen sind nicht mehr zu beseitigen. Man kann sie allenfalls großflächig abschleifen, womit aber auch die schützende Oxidschicht der ganzen Fläche beseitigt wird.

Die normale Punkt- und Flächenkorrosion auf nicht anodisch oxidiertem und anodisch oxidiertem Aluminium zeigen die Bilder 204 bis 207. Bild 204 zeigt Punktkorrosion auf einer Oberfläche aus Reinaluminium. Diese Korrosion ist etwa 4 Jahre alt. Bild 205 zeigt eine Punktkorrosion auf einem eloxiertem Aluminium in 100-facher Vergrößerung, Bild 206 eine diese Korrosionsstellen im Querschnitt, bei einer Vergrößerung von 200:1. Das entstandene Loch ist mit Korrosionsprodukten (Aluminiumoxidhydrat) aufgefüllt. Bild 207 zeigt eine flächige Korrosion auf einer Aluminiumoberfläche im Zustand nach einem Jahr. Es handelt sich um die gebräuchliche Legierung ALMgSi 0,5, deren Oberfläche nicht durch Eloxieren geschützt ist. Eine durch korrosiven Angriff und Verschmutzung mattierte Oberfläche von eloxiertem ALMgSi 0,5 zeigt Bild 208, eine Leichtmetallfassade, die gut 7 Jahre alt ist und nicht gewartet wurde.

Aus diesen Beispielen kann man gut erkennen, wie nachteilig das Unterlassen jeglicher Pflege ist. Regelmäßige Pflege und Reinigung ist in Großstädten unbedingt erforderlich. Dabei dürfen die aufliegenden Korrosionsprodukte entfernt werden, weil sie keine Schutzschichten sind. Allein die dichte anodisch oxidierte Eloxalschicht auf der Oberfläche der Aluminiumlegierungen ist eine Schutzschicht.

Auch durch aggressive Wässer, so z.B. stark chloriertes Wasser in Schwimmbädern, werden Armaturen aus Aluminiumlegierungen angegriffen. Dafür zeigt Bild 209 ein Beispiel. In Schwimmbädern ist es nach unserem heutigen Erkenntnisstand zweckmäßiger, rostfreien Edelstahl einzusetzen, um diesem Korrosionsrisiko auszuweichen.

Bild 210 zeigt eine typische Spaltkorrosion. Dieser Korrosionstyp kommt dann vor, wenn zwischen einem Baustoff und dem Aluminium feine Ritzen oder Spalten vorhanden sind, die sich mit Schmutz und Wasser füllen. Im Aluminiumbauteil entsteht dann von der Spaltseite her ein tiefes Loch, welches mit weichen, wasserhaltigen Korrosionsprodukten angefüllt ist. Bei diesem Korrosionsprozeß, der im Sockelbereich von Türen häufig vorkommt, wirken auch die im Haushalt gebräuchlichen alkalischen und sauren Reinigungsmittel kräftig mit.

Oberflächen von Aluminium und von Aluminiumlegierungen bedürfen also regelmäßiger Pflege. Je nach Standort und damit atmosphärischer Belastung durch Schadstoffe sind die Oberflächen alle 3—12 Monate schonend zu reinigen. Die Reinigung mit sauren oder alkalischen Stoffen wird heute von einigen Herstellerfirmen als richtig beurteilt, doch sollte man sich gegenüber diesen aggressiven Reinigungsmitteln zunächst abwartend verhalten. Nach der herrschenden konventionellen — und sicherlich auch richtigen — Auffassung soll durch Entfernung der Schmutzbeladung von der Aluminiumoberfläche eine Elementbildung und damit eine elektrochemisch bedingte Punktkorrosion verhindert werden.

Die Pflege von Aluminiumoberflächen wird nach der Reinigung mit speziellen Pasten oder Ölen durchgeführt, mit denen man eine sehr dünne Schicht eines höheren Siliconöls aufbringt, das die Fläche des Metalls etwa 6 Monate vor Wasserbelastung und damit vor Korrosion schützt. Solange die Wasserabweisung anhält, kann es nicht zur Korrosion und nicht zur Elementbildung im Mirkobereich kommen.

204 Punktkorrosion auf einer Oberfläche aus Reinaluminium

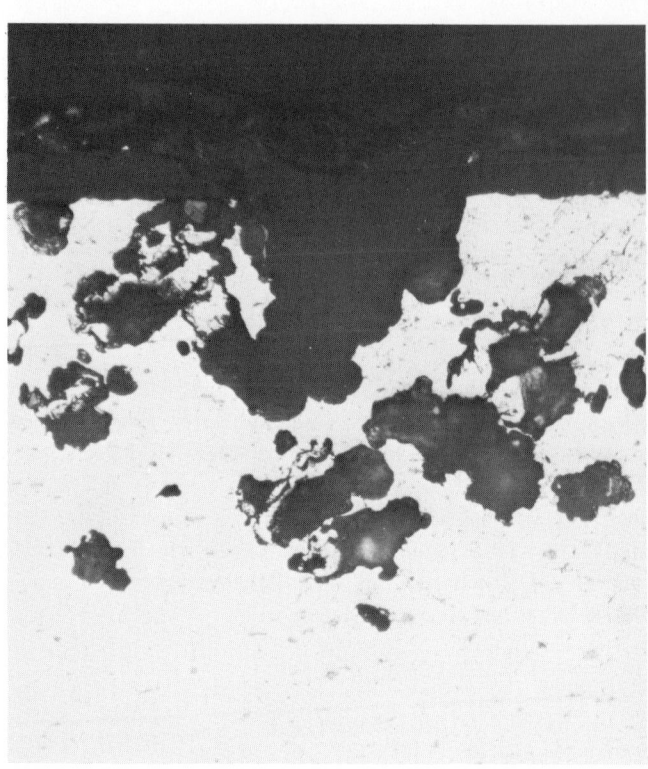

206 Lochfraß (Punktkorrosion) der AlMgSi 0,5 – Legierung im Schnitt bei 200-facher Vergrößerung

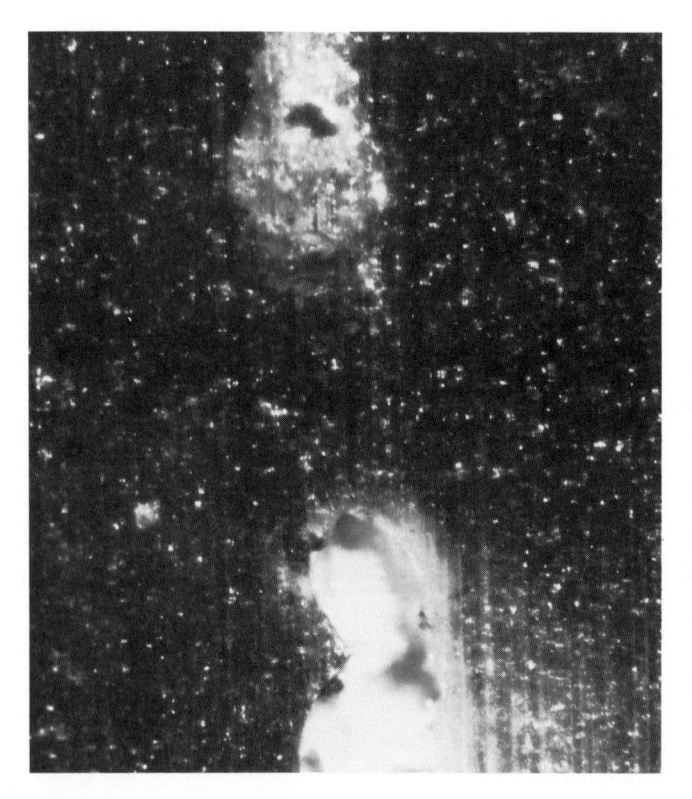

205 Punktkorrosion auf einer Oberfläche aus AlMgSi 0,5. Vergrößerung 100:1

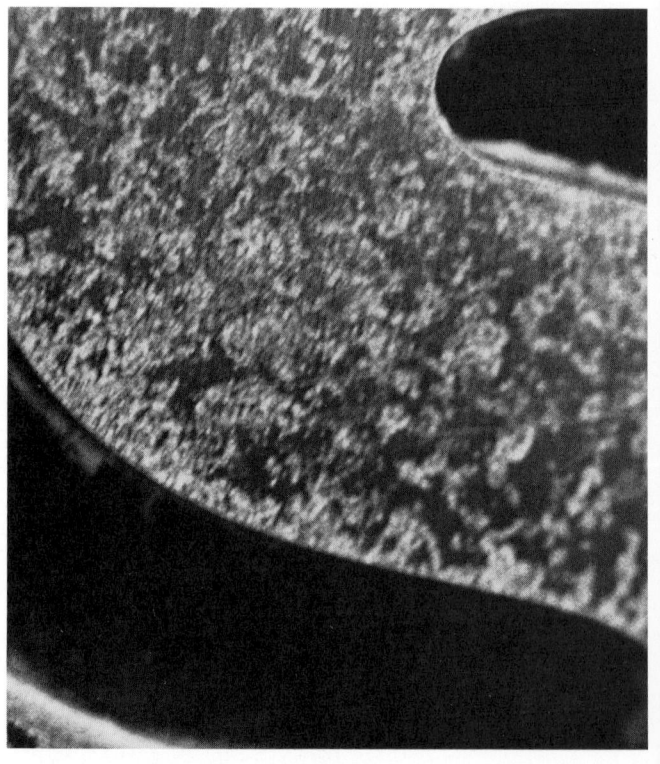

207 Flächenkorrosion von Al Mg Si 0,5, ungeschützt nach etwa einem Jahr Freibewitterung

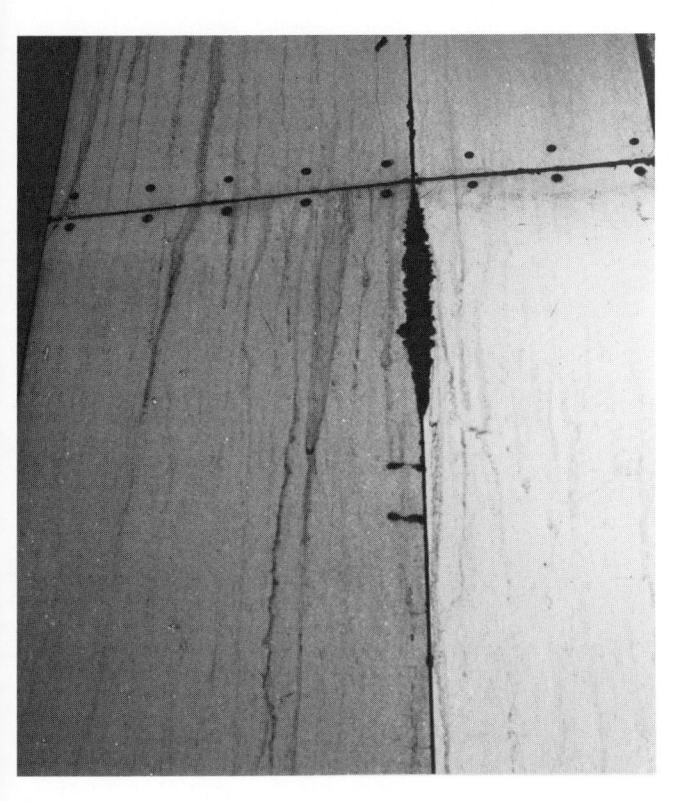

208 Matte und verschmutzte eloxierte Aluminiumoberfläche nach ca. 4 Jahren ohne zwischenzeitliche Reinigung

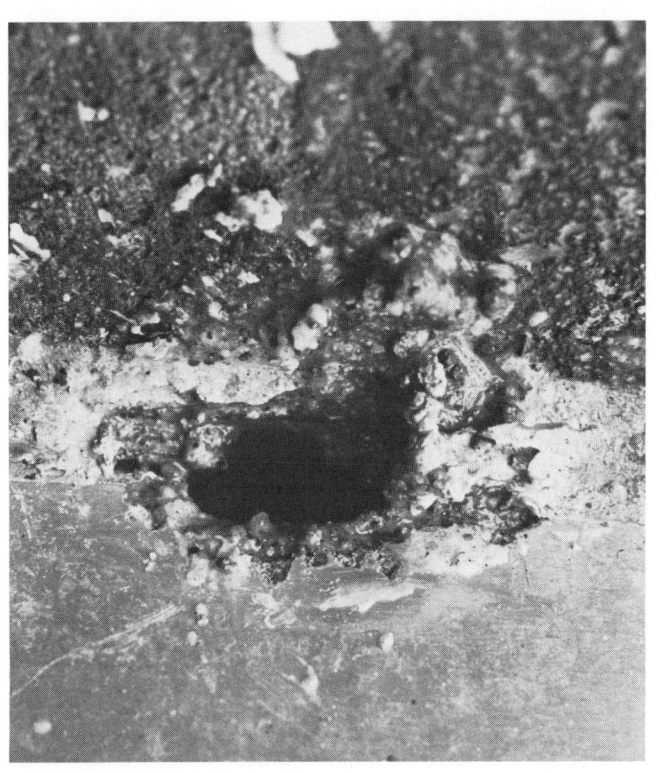

210 Spaltkorrosion eines eloxierten Aluminiumprofils durch Wasser und Schmutz in einem Spalt zwischen Beton und Aluminium

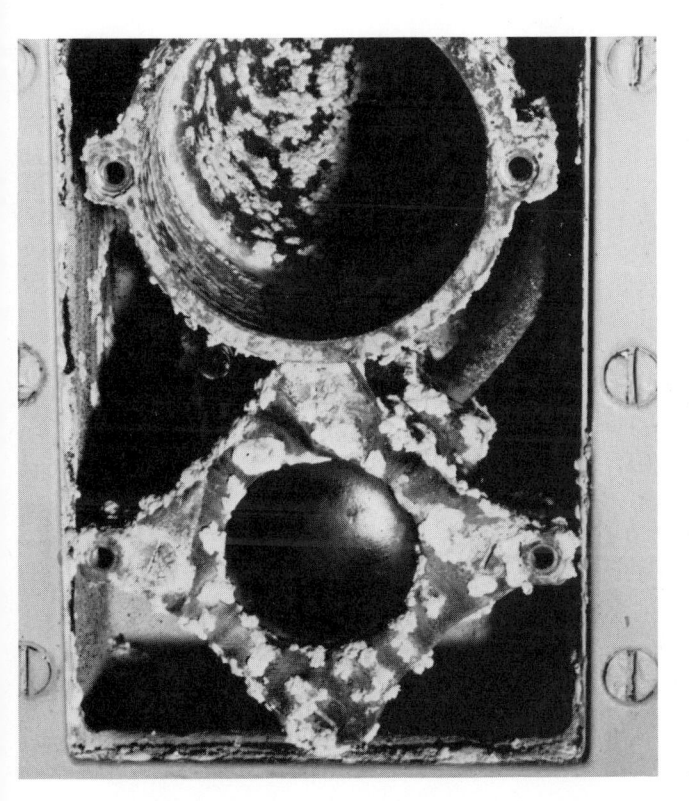

209 Korrosion einer Aluminiumlegierung bei Schwimmbadteilen durch stark chlorhaltiges Wasser

Wie bei allen korrosionsgefährdeten Werkstoffen hängt die Lebenserwartung von Oberflächen und Bauteilen aus Aluminiumlegierungen von der Pflege und der Wartung ab. Im Gegensatz zu Eisen und Stahl verwendet man bei Aluminium keine Schutzanstriche. Beschichtungen aus Polymethacrylaten, Polyurethanen (im Sinterverfahren aufgebracht) oder auch aus Polyvinylchlorid bringt man nur im Einzelfall auf, wenn es darum geht, farbige, dekorative Beschichtungen zu erhalten. In solchen Fällen muß zunächst die Beschichtung zerstört sein, bevor der atmosphärische Angriff auf die Leichtmetalloberfläche einsetzt. Kleine Löcher in der Beschichtung führen jedoch zu einer gründlichen und schnellen Korrosion, weil dann die gesamte Lackoberfläche eine große Kathode bildet, der nur eine winzige Anode – die Leichtmetalloberfläche – gegenübersteht und auf der eine hohe Stromdichte auftritt. Auf jeden Fall sind solche Beschichtungen ebenfalls ständig erneuerungsbedürftig.

Aluminiumbauteile sind in ihrer Lebenserwartung begrenzt, wenn sie nicht ordnungsgemäß gereinigt und gewartet werden. Oberflächig korrodierte Bauteile aus Aluminium erfüllen zwar noch lange Zeit ihre Funktion, sie werden aber optisch unansehnlich (vgl. dazu die Bilder 204, 207 und 208). Bei ausreichender Pflege können die Oberflächen über lange Zeiten sauber und korrosionsfrei erhalten bleiben. Es sind Flächen bekannt, die bereits 32 Jahre einwandfrei stehen.

211 Römische Hausinstallation aus Bleirohren, gefunden in Pompeji

212 Verbindung und zugleich Abdichtung durch Verguß mit Blei zwischen Natursteinen eines Brunnentrogs. Alter ca. 2000 Jahre, Fundort: Pompeji

3.5 Blei

Blei wurde bereits im klassischen Altertum verwendet. Man benutzte es für Gußverbindungen und für Trinkwasserleitungen. Bild 211 zeigt eine solche Leitung in Pompeji — eine komplette Hausinstallation —, Bild 212 den Verguß zwischen zwei Natursteinen eines Brunnentrogs mit Blei. Hier diente der Bleiverguß gleichzeitig als Verbindung und Abdichtung.

Der Erhaltungszustand von Blei ist in allen Fällen erstaunlich gut. Die Oberfläche ist mit einer Oxidhaut überzogen, die sich bei Verletzungen auch von selber wieder neu bildet. Blei kann zu den sehr beständigen Werkstoffen gerechnet werden. Heute wird das Material zusammen mit Zinn als Zusatz zu Lötmitteln verwendet, zuweilen auch zum Verguß beim Einsetzen von Stahlpfosten in Beton oder Natursteine, eine immer noch sehr sichere Technik und sehr viel besser, als den Stahl in den Beton einzusetzen und durch Anstriche vor Korrosion zu schützen. Der Bleiverguß ist wartungsfrei.

Bleirohre verwenden wir heute noch dort, wo mit hochkorrosiven Abwässern gerechnet werden muß. Das ist bei den Abwässern vieler Laboratorien in Industrie und Wissenschaft der Fall. Blei wird zur Abschirmung überall dort benötigt, wo mit ionisierenden Strahlen gearbeitet wird (z.B. Röntgen). Ab und zu finden wir noch Bleirinnen vor, die Bleiverglasung ist nach wie vor eine geschätzte handwerkliche Technik — immer noch werden sehr kunstvolle, farbige Glasfenster in dieser Technik hergestellt. Überall, wo wir auf Blei stoßen, begegnen wir einem Werkstoff mit hoher Lebenserwartung.

Blei finden wir ferner zusammen mit Zink, Kadmium und anderen Metallen in den Stabilisatoren organischer Kunststoffe, in denen sie dazu dienen, diese Kunststoffe länger vor Verfall zu bewahren, ferner als Pigmentzusatz in Anstrichmitteln. Bleioxide sind wirkungsvolle Bestandteile rostschützender Anstriche (Mennige-Anstriche) und dienen darüber hinaus zur Härtung bei der Reaktion von Elastomeren, etwa bei Polysulfiden.

Die Lebenserwartung von Blei steht insofern nicht zur Debatte, weil es zur Gruppe der über Jahrtausende beständigen Werkstoffe gehört und auch in seinen Verbindungen stets beständiger ist als die Stoffe, die mit ihm zusammen verarbeitet werden; Mennige etwa ist viel beständiger als es die Harze sind, mit denen es zu einem Rostschutzanstrich gebunden wird.

4 Organische Baustoffe

Neben den anorganischen, mineralischen Baustoffen sind organische Baustoffe — wie z.B. Holz, Stroh und Kork — seit dem Altertum bekannt. In manchen Gebieten stehen sie über Jahrtausende den mineralischen Baustoffen gleichwertig gegenüber oder werden sogar für den Bau von Häusern und Zelten bevorzugt. Über Holz wissen wir sehr viel; wir können die Verfallsrisiken und die Lebenserwartung dieses Baustoffes zuverlässig beurteilen.

Im Vordergrund des Interesses stehen jedoch die organischen Kunststoffe, die in breiter Front Eingang in die Bautechnik gefunden haben — Erdölprodukte, die wir der modernen Chemie verdanken. Diese neuen Stoffe, die man gemeinhin als Kunststoffe bezeichnet, ohne dabei zu bedenken, daß auch Kalksandsteine und Beton ausgesprochene, von Menschen erdachte künstliche Baustoffe sind. Organische Kunststoffe sind uns noch fremd, viele Fachleute am Bau mißtrauen ihnen.

Dieses Mißtrauen ist teilweise berechtigt, teilweise völlig unberechtigt. Man spricht vom unbekannten Risiko Kunststoffe, ohne dabei genau zu wissen, welche Stoffe damit gemeint sind. Wir haben in den letzten Jahrzehnten organische Kunststoffe entwickelt, die wirklich ein Risiko bedeuten, aber auch Kunststoffe mit geringem Risiko und langer Lebenserwartung.

Ganz sicher sind organische Kunststoffe nicht so beständig wie Steine oder die sehr beständigen Metalle Blei und Kupfer sowie deren Legierungen. Deren Lebensdauer wird man in Generationen zu messen haben. Bei den organischen Kunststoffen weiß man dagegen wirklich nicht, ob diese im Baukörper bei Bewitterung die Lebenserwartung eines Menschen erreichen. Verständlich ist auch das Bestreben der Bauherren, über Bauwerke zu verfügen, die sie weitgehend von der Sorge befreien, erhebliche Gelder zur Substitution ganzer organischer Bauteile investieren zu müssen. Muß man in einer vorhersehbaren Zeit Kunststoff-Fenster, Dachrinnen oder Dachbahnen aus Kunststoffen wirklich erneuern? Diese und andere Fragen sollen nachfolgend erörtert werden.

4.1 Holz

Holz mag neben Lehm und Steinen in Nordeuropa der älteste Baustoff, über lange Perioden der einzige Baustoff gewesen sein. Wir kennen Holzpfosten aus der Meiendorfer Kultur, etwa 15 000 Jahre v.u.Z. eingesetzt, deren Reste heute noch vorzufinden sind. Wir kennen auch altes Holz aus klassischer Zeit. Bild 213 zeigt einen Holzbalken aus Pompeji, der heute rund 1900 Jahre alt sein dürfte. Ausgrabungen an der Ostseite des Römisch-Germanischen Museums in Köln brachten kleine Holztäfelchen zutage, die noch erkennbar mit Schriftresten bedeckt sind; ein Zeichen dafür, daß Holz ohne biologischen Angriff eine sehr lange Lebenszeit hat. Aus neuerer Zeit zeigt Bild 214 eine Holzfläche aus dem Harz, die ohne jede Schutzbehandlung mindestens 150 Jahre der Witterung und dem Licht ausgesetzt gewesen ist. Das Material ist zwar ausgewaschen und zeigt Risse, ist aber immer noch intakt und funktionsfähig.

Holz ist kaum zu zerstören, sofern es nicht verbrannt, durch Insekten (Holzschädlinge) und andere biologische Einflüsse zerstört wird. Schimmelpilzkulturen greifen es an und können es vollständig zerstören, sofern dafür die ausreichende Feuchtigkeit vorhanden ist. Die Bilder 215 und 216 zeigen die Zerstörung von Fensterholz durch den Angriff solcher Mikroorganismen; hier ist lediglich ein schwarzbraunes Pulver übriggeblieben. Wir kennen eine ganze Reihe von Pilzen, die Holz als Nährboden verwenden und zerstören.

Sofern Holz nicht von Insekten und Schimmelpilzen zerstört wird, carbonatisiert es im Laufe der Zeit, wobei die Umweltbedingungen eine erhebliche Rolle spielen. Über lange Zeiträume carbonatisiertes Holz finden wir als Steinkohle und Braunkohle wieder.

Holz ist gegen die Einwirkung aggressiver Schadstoffe der Atmosphäre (chemische Einwirkung) außerordentlich resistent. Hier sind keine Schäden durch solche Einwirkungen bekannt geworden.

Unser Interesse konzentriert sich damit auf den Schutz des Holzes vor biologischem Angriff. Die Industrie hat für diesen Zweck eine breite Palette von Holzschutzmitteln entwickelt, die oft über längere Zeit — von drei bis zwanzig Jahren — wirksam sind. Die Wirksamkeit der Schutzmittel bestimmt die Wartungsperioden. Einige exotische Hölzer sind gegen biologischen Angriff wesentlich resistenter als die Mehrzahl der einheimischen Holzarten. Im Einzelfall sollte man sich je nach Holzart, Wasserbelastung und anderen Einflüssen von den einschlägigen Holzschutzherstellern über die beste Schutzart beraten lassen. Eine Übersicht gibt Tabelle 13, herausgegeben von der Arbeitsgemeinschaft Holz e.V., Düsseldorf.

Im Hochbau wird überwiegend Fichte, Kiefer und Tanne eingesetzt und mit wasserlöslichen und öligen Holzschutzmitteln behandelt. Hinzu kommen exotische Hölzer, wie z.B. Sipo, Mahagoni und viele andere Holzarten. Diese werden meistens grundiert und erhalten dann Lasuranstriche.

Wasserlösliche Holzschutzmittel können sowohl für Hölzer unter Dach als auch für Holzbauteile im Freien — mit und ohne Erdkontakt — angewendet werden. Salzimprägnierte Hölzer unter Dach weisen nach ihrer Trocknung, ca. ein Jahr nach der Imprägnierung, Risse auf, die zur Verhinderung von Insektenbefall eine Nachimprägnierung unter Einsatz öliger Holzschutzmittel erforderlich machen.

213 Holzbalken aus Pompeji, der heute ca. 2000 Jahre alt ist

215 Der dichte, weiße Holzlack konnte dieses Holzprofil nicht vor dem Angriff durch Schimmelpilze schützen. Das Holz ist im Inneren nahezu völlig zerstört.

214 Holz aus dem Harz, freibewittert, ca. 160 Jahre alt

216 Durch dauernde Feuchtigkeit vollständig zerstörtes Fensterholzprofil, Zustand nach 9 Jahren

Tabelle 13 Empfehlungen für Auswahl und Anwendung von Holzschutzmitteln

Bauteile	Vorbeugender chemischer Schutz gegen	Empfohlene Holzschutzmittel		Empfohlenes Verarbeitungsverfahren	Zahl der Arbeitsgänge	Empfehlung für die Nachpflege
Tragende Bauteile [1] wie Dachkonstruktionen, Balkenlagen, Fachwerk, Unterzüge, Stützen und dgl. **Dachlatten, Dachschalungen**	Holzzerstörende Insekten und Pilze	Für frisches Holz (Holzfeuchte mindestens 30 %)	Fixierende, wasserlösliche Holzschutzmittel (Salze) [2], z.B. Basilit UHL	Tauchen, Streichen, Spritzen, auch Trog- und Kesseldrucktränkung	Bei Streichen und Spritzen 2, sonst 1	Nur bei nachträglicher Rißbildung mit öligem Holzschutzmittel erforderlich
		Für trockenes und halbtrockenes Holz (Holzfeuchte höchstens 30 %)	Ölige Holzschutzmittel, z.B. XYLAMON-Holzbau 100 [2]. Bei zusätzlicher Lasurbehandlung: z.B. XYLADECOR 200	Tauchen, Streichen, Spritzen, auch Trog- und Kesseldrucktränkung	Bei Streichen und Spritzen 2, sonst 1	Nur bei nachträglicher Rißbildung mit öligem Holzschutzmittel erforderlich
Nicht maßhaltige Außenbauteile wie Außenbekleidungen, Dachüberstandsschalungen, Balkonbrüstungen und dgl.	Holzzerstörende Pilze und Bläuepilze, holzzerstörende Insekten	Farbige Lasuranstrichmittel, z.B. XYLADECOR 200		Streichen	2	Ja nach Wetterbeanspruchung nach 2–5 Jahren mit Lasuranstrichmittel
Maßhaltige Außenbauteile wie Fenster, Außentüren und dgl.	Holzzerstörende Pilze und Bläuepilze, holzzerstörende Insekten, sowie Feuchteschutz	Farbige Lasuranstrichmittel, z.B. XYLADECOR 200, bei Nadelholz zusätzlich wasserabweisenden Schlußanstrich, z.B. XYLATOP		Streichen	3–4	Je nach Wetterbeanspruchung nach 2–5 Jahren mit Lasuranstrichmittel bzw. Schlußanstrichmittel
Außenbauteile mit Erdkontakt wie Pergolen, Zäune, Pfähle, Kinderspielplatzgeräte und dgl.	Holzzerstörende Pilze (besonders Moderfäulepilze) und Insekten	Für Holz im Erdreich	Chromat-kupferhaltige, wasserlösliche Holzschutzmittel (Salze) [2], z.B. Basilit CFK oder ölige Holzschutzmittel, z.B. XYLAMON-Braun	Einstelltränkung, Tauchen, auch Trog- und Kesseldrucktränkung	1	Nach 5–10 Jahren mit öligem Holzschutzmittel streichen
		Für Holz oberhalb des Erdreiches	Farbige Lasuranstrichmittel, z.B. XYLADECOR 200	Streichen	2	Nach 2–3 Jahren mit Lasuranstrichmittel
Nicht tragende Innenbauteile (sofern mit Feuchtigkeitsbeanspruchung zu rechnen ist, z.B. in Bädern) wie Decken- und Wandbekleidungen, Türen, Einbauten und dgl.	Holzzerstörende Pilze und Bläuepilze, holzzerstörende Insekten	Farblose oder farbige Lasuranstrichmittel, z.B. XYLADECOR 200 Unterkonstruktion: Vorbehandlung mit farblosem, öligem Holzschutzmittel, z.B. XYLAMON-Holzschutzgrund		Streichen	1–2	In der Regel nicht erforderlich

[1] Vorbeugender chemischer Holzschutz vorgeschrieben nach DIN 68 800 „Holzschutz im Hochbau", Teil 3
[2] Verarbeitung durch Handwerk oder Industrie

Herausgeber: Arbeitsgemeinschaft Holz e.V.

217 Die Abdichtung vom Glas zum Holz mit falschen, nicht langzeitbeständigen Dichtstoffen führt zum Eintritt von Wasser und zur Belastung der Holzteile.

218 Schlechte Eckverleimungen und unzureichende Bewegungsaufnahme bei längeren Holzprofilen führen zum Eckabriß und zum Eintritt von Wasser längs der Holzfasern.

So behandelte Hölzer dürften mindestens zehn Jahre lang vor holzzerstörenden Insekten geschützt sein. Das gleiche trifft zu, wenn trockene Hölzer mit öligen Holzschutzmitteln behandelt werden und unter Dach verbaut sind.

Anders ist es bei Bauteilen, die der Witterung ausgesetzt sind. Die Erlebenszeiten schwanken erheblich, je nach Witterungsbeanspruchung. Hier ist mit einer Wirksamkeitsdauer des Holzschutzes von mindestens fünf, oft aber viel mehr Jahren zu rechnen, unabhängig davon, ob wasserlösliche (fixierende) oder ölige Holzschutzmittel verwendet werden. Bei bewitterten Holzteilen kommt es wesentlich darauf an, mit den Wirkstoffen tief in das Material einzudringen. Holz nimmt längs der Faser gut auf, tangential und radial zur Faser jedoch nur in geringem Umfang.

Mangelhafter Farbschutz zeigt sich in der Vergrauung der Holzoberfläche. Die Vergrauung ist ein photochemischer Prozeß, umfaßt nur die äußersten Holzschichten und hat wenig mit der Imprägnierung zu tun.

Bei unpigmentierten Imprägnierungen tritt sie sehr schnell ein, anders jedoch bei stark abdeckenden, filmbildenden, pigmentierten Anstrichen. Bei letzteren werden die UV-Strahlen vom Lignin besser ferngehalten; UV-Strahlen vermögen ohnehin nur Oberflächeneffekte zu verursachen.

Die Zerstörung von Holzbauteilen kann auch morphologisch erfolgen. Dabei wird das Holz nicht zerstört, sofern kein biologischer Angriff erfolgt, sondern durch Quellen und Schwinden die Form des Holzteiles. So erhalten z.B. Fensterprofile und Balken im Laufe der Zeit Risse; dabei wird nicht das Holz, sondern das Holzbauteil in seiner Funktion beeinträchtigt.

Holzprofile von Fenstern werden durch die Einwirkung von Wasser und Wärme oft funktionsunfähig. Wasser dringt dabei durch die Abrisse der Fugenabdichtung zwischen Glas und Holzrahmen und auch durch Abrisse in den Eckverleimungen der Profile ins Holz ein. Durch Quell- und Schwindvorgänge beim Durchfeuchten und Austrocknen und im Verbund mit thermischen Bewegungen kann es dann zur Zerstörung etwa von Holzfenstern kommen.

Dann leidet die Formstabilität, die Dichtheit des Fensters gegenüber Wasser und Luft ist nicht mehr gewährleistet. Die Bilder 217 und 218 zeigen Beispiele für solche mechanischen, witterungsbedingten Zerstörungen von Holzfensterprofilen.

Schäden dieser Art werden oft dem Holz selbst angelastet, während in Wirklichkeit der Konstrukteur nicht wußte, wie man mit Holz umzugehen hat. Um sie zu vermeiden, sind bei Holzfenstern sowohl gut haftende und beständige Dichtstoffe als auch haltbare Eckverleimungen der Profile und schützende, tief eindringende Imprägnierungen und Lasuren erforderlich, die die Wasserbelastung des Holzes verringern. Günstig sind helle, die Strahlung reflektierende Anstriche, filmbildende, glatte Anstrichsysteme, weil an ihnen das Wasser besser abläuft.

Der Hamburger Fensterkreis hat diejenigen Hölzer, die für den Fensterbau in Frage kommen, nach wichtigen Kriterien — Festigkeit, Stehvermögen, Schwindeigenschaften, Trocknungsverhalten, Bearbeitbarkeit, Widerstand gegen Pilzbefall usw. – klassifiziert und folgendermaßen bewertet:

Holzart	Bewertung (Punkte)
Teak	9
Afzelia	8,85
Wenge	8,30
Afrormosia	8,15
Agba	7,70
Redwood	7,45
Sipo	7,30
Dark meranti	7,30
Pitch-Pine	7,15
Iroko	7,15
Oregon Pine	6,70
Sapeli Mahagoni	6,60
Carolina Pine	6,50
Niangon	6,60
Fichte	6,10
Kiefer	6,00
Okueme	–
Bongossi	–
Yang	–
Brasilkiefer	–

Der Baustoff Holz ist ein belastbarer und langlebiger Baustoff, der bei richtigem Schutz vor biologischem Angriff seine Funktion über Jahrhunderte erfüllen kann.

4.2 Bitumen, Teer, Asphalt

Die im Bauwesen verwendeten organischen Schwarzmassen sind Bitumen, Teer und Asphalt. Ihre Anwendung hat eine lange Tradition. Die Baustoffe sind schon im klassischen Altertum für Abdichtungen verwendet worden. Chemisch unterscheiden sich die Schwarzmassen voneinander. So bringt das Bitumen – im Gegensatz zu Teer – keine störende Geruchstörung, keine canzerogenen Eigenschaften mit, hat dagegen eine große Plastizitätsspanne.

Bitumen ist nur in begrenztem Umfang diffusions- und wasserdicht. Teer, genauer: Teerpech (nur Teerpeche lassen sich mit Kunstharzen kombinieren) hat einen größeren Diffusionswiderstand, ist wasserdichter, besser lösungsmittelbeständig und verträgt sich bei Mischungen mit anderen Stoffen grundsätzlich besser. Es neigt aber in reiner Form zuweilen zur Aderung, d.h. Bildung von Krokodilshaut. Verarbeitet werden die Schwarzmassen als

– Heißverguß oder Heißabstrich,
– Lösungsmittelanstriche und
– Emulsionen.

Die Eigenschaften der Schwarzmassen sind in der Literatur ausführlich beschrieben. Ihre Vorzüge und Risiken sind bekannt, so daß wir uns auf die Beständigkeitsdaten beschränken dürfen. Die Darstellung der Beständigkeit bzw. der Lebenserwartung ist zweckmäßig nach den einzelnen Anwendungsbereichen wie auch nach den Materialien selber zu gliedern. Tabelle 14 (S. 110) gibt eine – sicherlich erweiterbare – Übersicht; im Einzelfall mögen die Erlebenszeiten etwas kürzer oder länger sein.

Die nachgewiesenen oder in ihrer Toleranzbreite angesprochenen Lebenserwartungszeiten sind Anhaltspunkte und Voraussetzung für festzulegende Wartungsintervalle – so z.B. auf dem Flachdach, wo eine regelmäßige Wartung angebracht ist, bei der erkannte Fehlstellen zugleich beseitigt werden können. Auf diese Weise kann die Lebenserwartung solcher Beschichtungen mit Schwarzmassen um das Vielfache verlängert werden.

Als modifizierte Art der Schwarzmassenbeschichtung sind Epoxidharzteermischungen anzusehen. Nicht jeder Teer ist dafür geeignet; man verwendet spezielle, gut verträgliche Teerpeche. Die Stoffe in dieser Mischung härten gemeinsam aus; sie sind in den ersten 18 Monaten noch etwas plastisch, härten dann aber schnell nach und werden schließlich vollständig hart. Die Lebenserwartung ist bei diesen Epoxidharzteermischungen recht hoch, doch muß berücksichtigt werden, daß die erstrebte und ursprüngliche Fähigkeit, Bewegungen des Untergrundes (so auch über Risse) schadlos aufzunehmen, mit der Zeit verloren geht. Mit dem Aufreißen einer solchen Abdichtungsbeschichtung ist auch deren Lebenserwartung erreicht. Damit ist auch bei diesen Stoffen die Lebenserwartung an ihre Funktionsfähigkeit gebunden.

Bild 219 zeigt einen Bitumenverguß von Fugen und Rissen im Boden eines Klärbeckens im Zustand nach etwa 40 Jahren Nutzung. Die Abdichtung ist noch vollständig funktionsfähig, das Bitumen ist kaum abgetragen. Die Bilder 220 bis 222 zeigen Rissebildung in bituminierten Dachbahnen auf Flachdächern nach 5 bis 11 Jahren. Die Risse gehen von der obersten Lage durch die zweite Lage bis in die Dämmschicht. Die Lebenserwartung dieser Dachhäute ist damit bereits überschritten.

Bild 223 zeigt die typische Blasenbildung bei Witterung, Licht und Wärme ungeschützt ausgesetzten Bitumenbahnen. Kleine Mengen eingedrungenen Wassers vermögen zwischen den Dachbahnen oder über der Dämmschicht diese massiven Blasen, die machmal bis zu 6 Liter Luft fassen, zu bilden. Spielen dabei auch Risse eine Rolle, so wird durch die Bewegung der Dachblase die Bitumenbahn schnell zerstört.

Bild 224 zeigt eine Rißbildung im Kleinbereich, wobei die hier gezeigten Blasen maximal 2 cm Durchmesser haben. Die Risse gehen von den Blasenrändern und vom Blasenboden aus. Ursprünglich waren es sicher Luft- oder Feuchtigkeitsbläschen, die in der Bahn oder in der Abstrichmasse enthalten waren.

Tabelle 14 Anwendungsbereiche und Lebenserwartung von Schwarzmassen

Anwendungsbereich	Anwendung	Lebenserwartung (Jahre)
Fundamente	Bitumen als Lösungsmittelanstrich je nach aufgebrachter Schichtdicke und Rissefreiheit des Untergrundes	5–15
Flächenabdichtungen im Grundwasser und unter Wasser	Bitumenheißverguß und Abstrich, seltener Teerpechverguß je nach Schichtdicke, die hier wegen der Überdeckung von herausragenden Spitzen wichtig ist	10–20
	Bitumen und Teerpech als Lösungsmittelanstrich	6–15
	Bitumenelastomerdispersionsanstriche in mindestens 3 mm Dicke	nach den bisherigen Erfahrungen 10
Innenauskleidung von Rohren	Bitumenheißverguß und Abstrich	10–15
	Bitumenlösungsmittelanstrich	5–10
	Teerpechlösungsmittelanstrich	5–10
	Bitumendispersionsanstrich	ca. 7
	Bitumenelastomerdispersionsanstrich	noch unbekannt, wahrscheinlich über 5
Außenbeschichtung von Rohren	Bitumenheißabstriche	über 20
	Bitumenlösungsmittelanstrich	5–15
	Teerpechlösungsmittelanstrich	5–15
	Teer-Epoxidharzanstriche	rund 10
Behälter aus Stahl und Beton	Bitumenlösungsmittelanstriche	5–10
	Teerpechlösungsmittelanstriche	5–15
	Teer-Epoxidanstriche	rund 10
Kelleraußenwände aus Beton	Bitumen- und Teerpechlösungsmittelanstriche	5–15
	Bitumen-Elastomerdispersionen	nachgewiesen über 11
Abdichtungen im Abwasserbereich	Bitumenheißverguß	nachgewiesen bis 40
	Bitumenlösungsmittelanstrich	4–7
	Teerpechlösungsmittelanstrich	5–10
	Teerepoxidharzanstrich	ca. 10
	Bitumenelastomeremulsion	nachgewiesen bisher 6
Verguß von Muffen, Fugen, Rissen (wasser- und witterungsbelastet)	Bitumenheißverguß	bis zu 15 jedoch nur, wenn geringe Bewegungen auftreten
Flachdachabschluß	Bituminierte Dachbahnen	6–8
	Bitumenheißabstriche	5–10
	Bitumenlösungsmittelanstrich	ca. 6
	Bitumenelastomerdispersionen mit heller Abstrahlschicht	nachgewiesen 12
	Bitumenelastomerdispersion mit Aluminiumabstrahlhaut	mehr als 12
Gußasphalt für Böden in Hallen, Lagern, Kellern, Büros und Wohnräumen	(Schwache Eindrücke von Möbeln und schweren Gegenständen bis zu einer Tiefe von 1 mm müssen in Kauf genommen werden)	Sofern nach dem Arbeitsblatt A 61 der AGI gearbeitet wird, erfahrungsgemäß ca. 20
Guß- und Walzasphalt für Verkehrswege		Allgemeine Angaben sind schwer zu machen, da die Lebenserwartung von der Belastung und vielen anderen Bedingungen abhängt. Solche Beläge können nach 4 Jahren zerstört sein, andere halten 20 Jahre.

219 Die Risse und Fugen in der Betonsohle eines Klärbeckens sind vor 40 Jahren mit Bitumen vergossen worden. Das Bild zeigt den heutigen Zustand.

221 Bitumenbahnen mit zeitweise frei liegender Oberfläche nach 11 Jahren

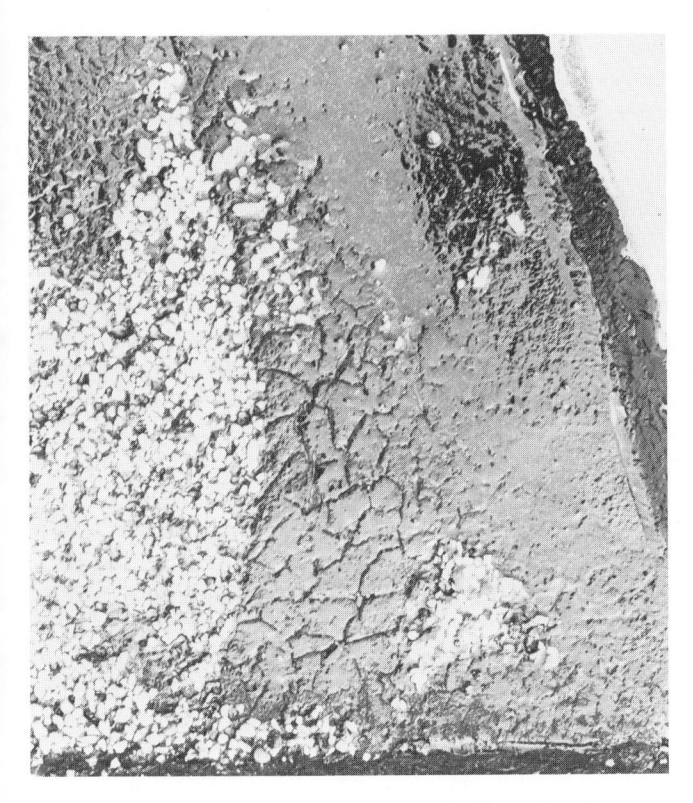

220 Bitumenbahnen, die zeitweise frei lagen, im Zustand nach 11 Jahren

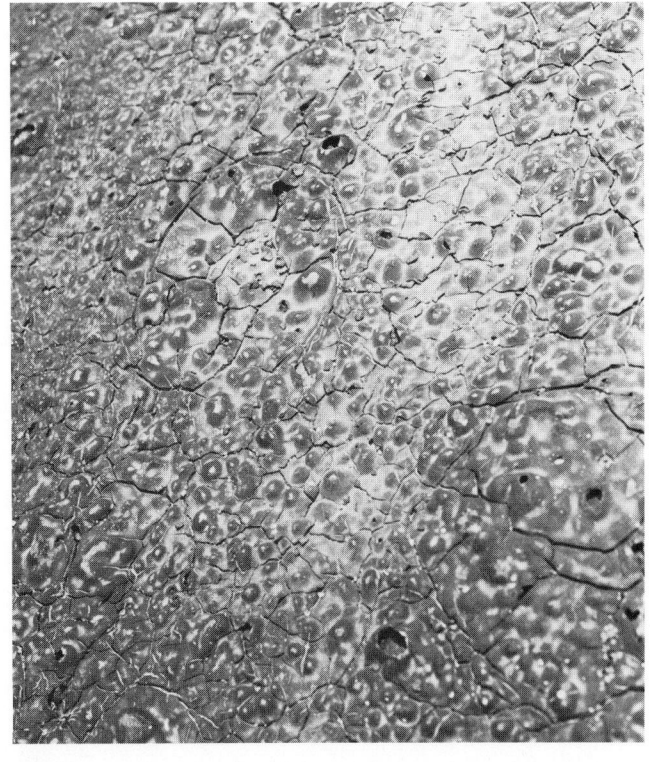

222 Kleine Blasen und Poren zerstören die Bitumenabdeckung auf einem Flachdach nach 6 Jahren. Hier lag keine Kiesschüttung auf dem Bitumen.

223 Große Luftblasen unter einer Bitumendachbahn lassen durch Zugbeanspruchung die Bitumenbahn aufreißen.

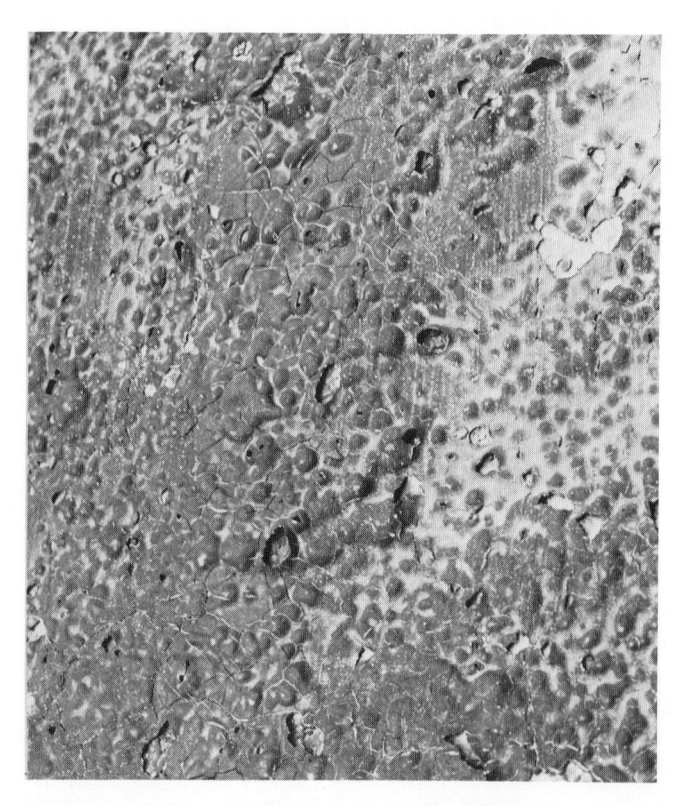

224 Bitumenbahn mit typischer Riß- und Blasenbildung

4.3 Organische Kunststoffe

Die Werkstoffgruppe ‚Organische Kunststoffe' umfaßt neuzeitliche Baustoffe, die im großen Umfang in die Bautechnik Eingang gefunden haben. Es handelt sich um synthetische Werkstoffe, Produkte der Kohlenstoffchemie, die in den letzten Jahrzehnten entwickelt wurden. Der Begriff ‚Organische Kunststoffe' umfaßt alle Baustoffe, die aus organischen Grundstoffen synthetisch aufgebaut sind.

In der Fachpresse wird immer wieder über das ungewisse Risiko von Kunststoffen im Bauwesen diskutiert. Ein solches Risiko ist gewiß vorhanden. Es wäre jedoch nicht richtig, ein allgemeines Risiko bei der Verwendung organischer Baustoffe in der Bautechnik zu vermuten. Je nach Kunststoffgruppe, deren Verarbeitung und Konfektionierung, Anwendung und Belastung müssen wir sehr stark differenzieren. Wenn wir von einem Risiko sprechen müssen, kommen stets viele Faktoren zusammen. Manche der organischen Kunststoffe, wie z.B. die Polychloroprene und die Methylmethacrylate, überstehen Jahrzehnte ohne Schaden, andere versagen schon nach wenigen Jahren.

Die Zerstörung organischer Kunststoffe ist stets ein Depolymerisationsvorgang. Die Kohlenstoffkette wird gespalten, die Restmoleküle sind kürzer, und viele Stoffeigenschaften ändern sich damit. Hinzu kommt bei manchen Kunststoffen die alkalische Hydrolyse, so der Ester ungesättigter Fettsäuren. Bei der Konfektionierung organischer Kunststoffe setzt man ihnen in fast allen Fällen Stabilisatoren zu, die den Einfluß der Depolymerisation, die unter der Einwirkung des Lichtes, der Wärme und durch Oxidation erfolgt, mindern.

Organische Kunststoffe werden nach ihren Verarbeitungsmerkmalen in drei Gruppen unterteilt, die zugleich die wesentlichen physikalischen Eigenschaften aufzeigen. Das ist zwar nicht ganz logisch, weil die chemische Eigenart der organischen Kunststoffe damit nicht berücksichtigt wird; die Aufteilung ist jedoch inzwischen üblich und sei hier übernommen. Man unterteilt in die *Thermoplaste,* die man durch Erwärmen in einen flüssigen, verarbeitbaren Zustand versetzt, in die *Elastomere,* die entweder vulkanisiert werden müssen oder bei der Aushärtungsreaktion schon als elastische Stoffe anfallen und die *Duroplaste,* die nach der Aushärtungsreaktion zu festen, harten Stoffen werden.

Nachstehend sind in Tabelle 15 die wichtigsten organischen Kunststoffe, die im Bauwesen Verwendung finden, aufgeführt. Eine besondere Gruppe bilden die siliciumorganischen Verbindungen, die Elastomere, Harz und Öle sein können. Wir kennen sie als Siliconkautschuke, als Siliconöle und als Siloxanharze. Siliconkautschuke werden in diesem Kapitel mit abgehandelt, Siloxanharze sollen wegen ihrer großen Bedeutung für den Schutz von Baustoffen der Fassade getrennt dargestellt werden.

In Tabelle 15 sind die Einsatzbereiche der organischen Kunststoffe aufgeführt und ihre üblichen Kurzzeichen benannt. Dabei sind nur die Kunststoffe erfaßt, die für Bauteile verwendet werden, nicht dagegen Lackharze und Dämmstoffe, die

Tabelle 15 Übersicht der im Bauwesen verwendeten organischen Kunststoffe

Kunststofftyp	Gruppenbezeichnung	Kurzzeichen	Anwendungsbereich
Epoxidharze	Duroplaste	EP	Keller, Wand, Böden, Wasserbehälter
Epoxidharze plastifiziert	–	EP	Wand, Fuge
Melaminharze (Melaminformaldehyd.)	Duroplaste	MF	Innenräume
Phenolharze (Phenolformaldehyd.)	Duroplaste	PF	Wand, Innenräume
Polyurethane	Duroplaste, Elastomere und Thermoplast	PUR	Wand, Dach, Fuge
Polymethylmethacrylat	Thermoplast	PMMA	Fenster, Dach, Innenräume
Polesterharze ungesättigte	Duroplast	UP	Wand, Innenräume, Dach
Polyvinylchlorid hart, schlagzäh	Thermoplast	PVC	Wand, Dach, Sanitär
Polyvinylchlorid hart, schlagzäh Blendtypen	Thermoplast	PVC	Wand, Dach, Sanitär
Polyvinylchlorid weichgemacht	Thermoplast	PVC	Wand, Dach, Keller
Naturkauschuk	Elastomer	NR	Innenräume
Polychloroprene	Elastomer	CR	Dach, Wand, Fugen
Polysulfidkautschuk	Elastomer	ET	Dach, Wand, Fugen
Aethylen-Propylen-Terpolymer	zwischen Elastomer und Thermoplast	EPDM	Dach, Wand
Siliconkautschuke	Elastomer	Si	Fugen
Butylkautschuk	Elastomer	IIR	Dach, Keller
Butylkautschuk niedermol. abgebaut	–	IIR	Fugen
Nitrilkautschuk	Elastomer	NBR	Wand, Dach
Aethylen-Vinylazetat-Copolymer	zwischen Elastomer und Thermoplast	E VAC	Wand, Dach
Chlorsulfoniertes Polyaethylen	teils Thermoplast, teils Elastomer	CSM	Dach, Keller, Wand
Polyamide	Thermoplaste	PA	Wand
Polyisobutylen	Thermoplast	PIB	Dach
Chlorkautschuk	Thermoplast	CK	Keller, Wand, Böden
Cyclokautschuk	Thermoplast	CK	Keller, Wand, Böden
Polyaethylen	Thermoplast	PE	Dach, Wand (begrenzt)
Polypropylen	Thermoplast	PP	Dach, Wand (begrenzt)
Styrol-Butadienkautschuk	Elastomer	SBR	Wand
Aethylen-Acrylatcopolymer mit Bitumen	teils Elastomer, teils Thermoplast	EAC/ACB	Dach, Keller
Bitumen-Chloropren	Thermoplast	BCR	Dach, Keller, Wand
Vinylchlorid-Vinylazetat-Copolymer	Thermoplast		Keller, Wand, Böden
Polytetrafluoraethylen	Thermoplast	PTFE	Wand, Dach
Acrylharze	Thermoplast	A	Wand
Bitumen-Chloropren-Acrylharz	Thermoplast/Elastomer	BCRA	Dach

organischen Kunststoffschäume. Zwar sind auch diese Stoffe auf sehr ähnlicher Rohstoffbasis wie die aufgeführten Kunststoffe aufgebaut, doch müssen sie getrennt behandelt werden, weil es sich um sehr spezielle Stoffgruppen handelt, die in einer zusammenfassenden Besprechung zu kurz kommen würden.

Die Grenzen zwischen den einzelnen Kunststoffgruppen verwischen sich mit fortschreitender Entwicklung. Ständig werden neue Co- und Terpolymere aus den einzelnen Bestandteilen (den Monomeren) hergestellt. Wir verfügen heute über eine große Zahle von Mischpolymerisaten, die für sehr unterschiedliche Anwendungen speziell hergestellt werden. Hier sollen aber nur die organischen Kunststoffe diskutiert werden, die für die Bautechnik Bedeutung haben.

Bei den mineralischen (anorganischen) Baustoffen wissen wir aus der Erfahrung über sehr lange Zeiträume, mit welchen Lebenserwartungen wir zu rechnen haben. Bei den relativ jungen neuen synthetischen organischen Werkstoffen – den sogenannten Kunststoffen – haben wir von deren Lebenserwartung noch keine oder nur unklare Vorstellungen, obwohl diese Werkstoffe heute einen großen Teil der verwendeten Baustoffe ausmachen. Damit steht die Frage der Lebenserwartung dieser Stoffgruppe für Architekten und Bauingenieure im Vordergrund des Interesses. Organische Kunststoffe sollen nicht weiter ein unbekanntes Risiko bleiben. Dabei sollten wir uns allein auf die Frage beschränken, wie sich organische Kunststoffe über längere Zeiträume verhalten und welche Lebenserwartung wir ihnen zusprechen können. Über die Beständigkeiten der einzelnen organischen Kunststoffe und deren physikalische Daten liegen sehr genaue Tabellen der Hersteller vor, doch sind darin keine Angaben über deren Langzeitverhalten zu finden. Das ist verständlich, denn eine solche Festlegung könnte im Einzelfall fatal sein.

Erfahrungen können wir nur in der Praxis sammeln – etwa aus den Daten der Bewitterung auf verschiedenen Teststationen. In der Fachliteratur wird allenfalls von Schäden berichtet, wobei zuweilen die Erlebenszeit bis zum Eintritt eines Schadens angegeben wird. Außerdem kommen bei solchen Schadensbilddarstellungen meist sehr viele Faktoren zusammen, so daß einzelne Schadensbilddarstellungen nicht zur Verallgemeinerung in bezug auf das Verhalten eines der organischen Kunststoffe führen dürfen.

In manchen Fällen ist es zweckmäßiger, statt der Lebenserwartung des organischen Werkstoffes die der aus ihnen hergestellten Bauteile zu diskutieren. Das führt dazu, daß ganze Anwendungsbereiche in gesonderten Abschnitten dargestellt werden, wie z.B. organische Anstrichmittel (4.3.6), Dichtstoffe (4.3.3), organische Schäume als Dämmstoffe (4.3.4) und Fassadenplatten und Fensterprofile aus organischen Kunststoffen (4.3.1).

Die Lebensdauer organischer Kunststoffe unter normalen Einflüssen — wie z.B. der Bewitterung an der Fassade — bedingt die notwendigen Wartungsperioden. Diese Wartungsperioden sind zweckmäßigerweise bereits in der Planung festzulegen; oft kann eine richtige Wartung die Lebensdauer der Baustoffe erheblich beeinflussen. Planer, Hersteller von Bauteilen und Bauherren, die nach dem heutigen Stand der Erfahrung und der Darstellung in der Fachpresse noch in bezug auf organische Kunststoffe relativ unsicher sind, benötigen eine objektive, nicht firmengebundene Darstellung von Erfahrungswerten und — wenn berechtigt — extrapolierbaren Zeiten über die Lebenserwartung organischer Kunststoffe. Wenn man von einigen extremen Werten — sogenannten Ausreißern — absieht, kann eine bescheidene Datensammlung in gewissen Toleranzgrenzen entstehen. Man wird niemals, um ein Beispiel zu nennen, Lebenserwartung und Belastbarkeit von Bodenbeschichtungen aus Kunstharzen allgemeingültig angeben können. Dazu streut die mechanische und die chemische Belastung zu stark. Aber auch die Konfektionierung wie die Mischung sämtlicher Einflußgrößen ergeben wieder ganz neue Belastungsdimensionen. So können z.B. Epoxidharzanstriche sowohl 2 als auch 20 Jahre intakt bleiben. Vor allem müssen wir erkennen, daß die Beständigkeit organischer Kunststoffe von deren Konfektionierung (Füllgrad) und von der Verarbeitung stark abhängen.

Bild 225 zeigt einen Epoxidharzestrich in einer Fabrikhalle, der ständig durch Fahrzeuge mechanisch belastet wird. Er ist nach mehr als 4 Jahren noch intakt geblieben. Bild 226 zeigt einen Epoxidharzbelag auf dem Boden in einer Fabrikhalle für die Obstsaftherstellung. Dieser Kunstharzbelag hat sich stellenweise aufgelöst und platzt vom Beton ab. Bild 227 zeigt einen durch Heißwasser und organische Säuren aufgequollenen und dadurch zerstörten Epoxidharzbelag auf dem Boden. Bild 228 zeigt einen durch intensive Reinigung zerstörten Bodenbelag in einer Brauerei.

Organische Kunststoffe werden in praktisch allen Bereichen des Bauens verwendet, so in der Außenwand als Platten, Fenster, Profile und Dichtstoffe, im Bereich des Daches, als Dichtstoffe, als Kleber und als Dachhaut. Man verwendet sie zur Kellerabdichtung, zur Abdichtung in Schwimmbädern, auf Industrieböden, in Nahrungsmittelbetrieben und in vielen anderen Anwendungsbereichen.

Die Belastungen sind sehr unterschiedlich. Die Hersteller organischer Kunststoffe geben daher Belastbarkeitstabellen heraus, die sich allerdings vorwiegend mit chemischer Belastung befassen. Auch aus solchen Tabellen lassen sich manche Risiken gut erkennen. So gut wie immer fehlen jedoch Angaben über die Lebensdauer bei normaler atmosphärischer Belastung oder in den normalen Anwendungsbereichen, wie z.B. bei Böden, Schwimmbädern etc. Daten, die man vor einer Planung sicherlich gut studieren müßte, umfassen im wesentlichen folgende Punkte:
— Beständigkeit gegenüber Säuren,
— Beständigkeit gegenüber alkalischen Laugen,
— Beständigkeit gegenüber Lösungsmitteln,
— Beständigkeit gegenüber oxidierenden Stoffen,
— Beständigkeit bei hohen und niedrigen Temperaturen,
— Dimensionsbeständigkeit über die Zeit,
— Widerstand gegen mechanische Belastung,
— Feuerbeständigkeit,
— Wasserdampfdurchlässigkeit oder Wasserdampfsperre,
— Sperre gegen drückendes Wasser,
— Dehnbarkeit und Reißfestigkeit,
— Einreiß- und Weiterreißfestigkeit,
— Licht- und UV-Beständigkeit,
— Wurzelfestigkeit,
— sowie einige andere Daten, die aber für das Verhalten am/im Baukörper von geringerer Bedeutung sind.

Auch bei normaler Beanspruchung auf dem Dach oder an der Außenwand treffen mehrere Faktoren zusammen, so z.B. die Lichtbeständigkeit, die Beständigkeit gegenüber der Depolymerisation durch Ozon, Wärme- oder UV-Strahlung, die Resistenz gegen Wasserquellung, Schrumpfprozesse, thermische Bewegung sowie das Verhalten gegenüber anderen organischen Stoffen, mit denen ein Verbund vorliegt. Diese Bedingungen können je nach Ort des Einbaues der Bauteile und allen oben genannten Bedingungen sehr unterschiedlich sein.

Sehr viel Gewicht muß man den unterschiedlichen Konfektionierungen organischer Kunststoffe beimessen. Kunststoffe, die viel Füllstoffe und viel Extender enthalten, verhalten sich gegenüber Witterungseinflüssen im allgemeinen sehr viel schlechter als weniger verschnittene Grundstoffe. Dafür gibt es typische Beispiele. Die Verbilligung von Dichtstoffen durch zu hohe Füllung mit mineralischen Stoffen und durch zu hohe Extenderzusätze; von Polychloroprenen durch zu hohen Verschnitt. Epoxidharze mit zu viel Extender führen zu minderwertigen, relativ kurzlebigen Produkten. Auf diese Weise kann die Lebenserwartung der Werkstoffe bis zu einer Zehnerpotenz gedrückt werden. Die Ursachen dafür sind preispolitische Überlegungen, wie sie sich im Wettbewerb durch gegenseitige Unterbietungen ergeben. Diese marktpolitischen Einflüsse überlagern oft in hohem Maße die technischen Möglichkeiten und berechtigte technische Erwartungen. Im übrigen muß man sich stets vor Augen halten, daß Qualität und hohe Beständigkeiten auch bezahlt werden müssen. Werden diese nicht verlangt, so bekommt man Ware sehr begrenzter Qualität und geringer Lebenserwartung, und selbstverständlich wird man dafür auch weniger bezahlen.

So steht der Fachmann zuweilen vor einem Rätsel, wenn im Einzelfall ein als beständig bekannter Werkstoff versagt. Gerade die Risiken, die in der Konfektionierung und im Einflußbereich der einzelnen Hersteller liegen, müssen allen am

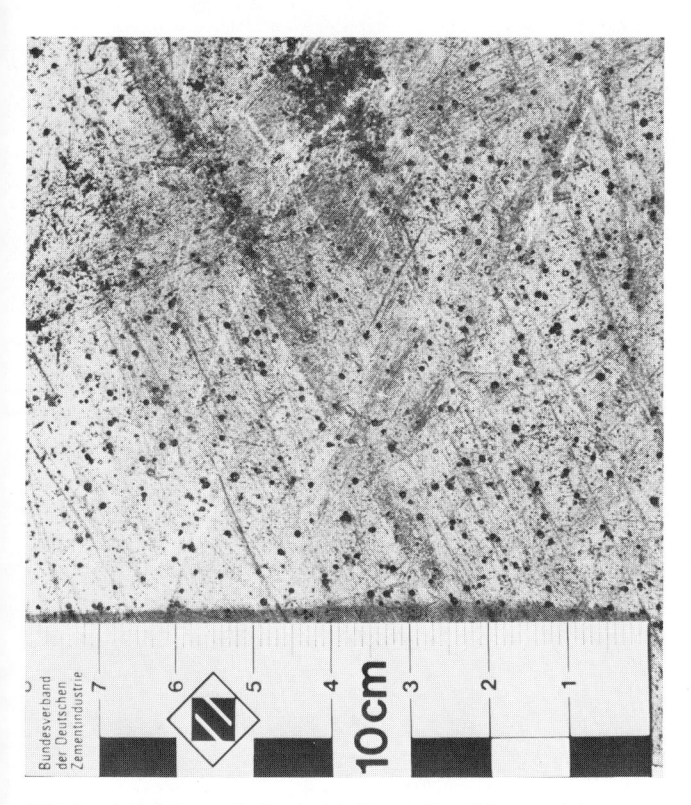

225 Durch Befahren ständig stark belastete Epoxidharzestrichoberfläche in einer Fabrikhalle

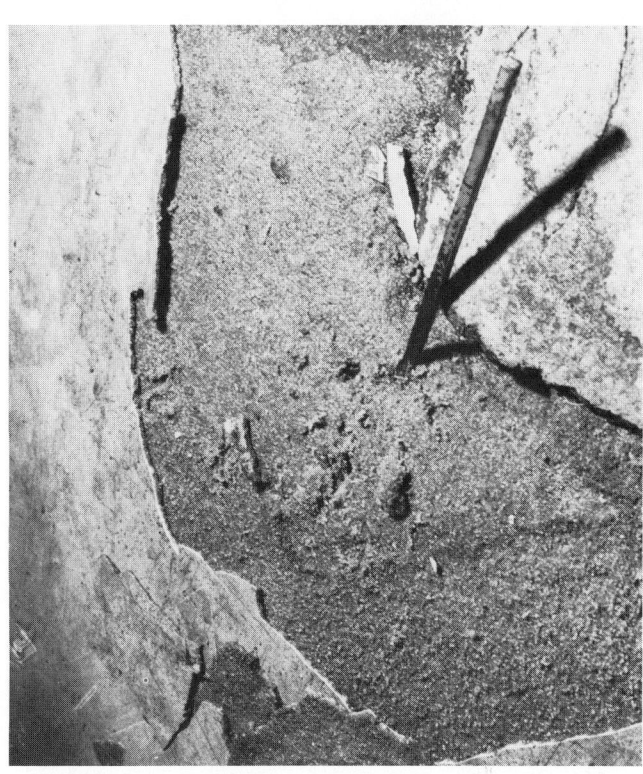

227 Durch organische Säuren und heißes Wasser abgelöste Epoxidharzbeschichtung des Bodens in einer Fabrikhalle

226 Ablösung und Zerstörung eines Epoxidharzbelags in einer Obstsaftfabrikation durch heißes Wasser und Obstsäfte

228 Unterseite abgelöster Stücke eines Epoxidharzbodenbelags unter dem Einfluß von heißem Wasser und Reinigungsmitteln in einer Brauerei

Tabelle 16 Extrapolierte und nachgewiesene Lebenserwartung organischer Kunststoffe am Bau in Jahren

Kunststofftyp	Außenbewitterung extrapolierte	Außenbewitterung nachgewiesene	Wasserbelastung extrapolierte	Wasserbelastung nachgewiesene	unter der Erdlinie extrapolierte	unter der Erdlinie nachgewiesene	Innenräume nachgewiesene
Epoxidharze	> 10	10	10	8	> 10	9	> 10
Epoxidharze plastifiziert		4		4			
Melaminharze (Melaminformaldehyd.)		6					> 10
Phenolharze (Phenolformaldehyd.)	> 16	16					18
Polyurethane	> 7	7		4			
Polymethylmethacrylat	>						>
Polesterharze ungesättigte	5	5					> 10
Polyvinylchlorid hart, schlagzäh	> 25	25	> 11	11		8	> 30
Polyvinylchlorid hart, schlagzäh, Blendtypen	> 21	21					> 30
Polyvinylchlorid weichgemacht	6	5		4			> 20
Naturkautschuk		2		4			
Polychloroprene (nicht verschnitten)	> 43	43	> 25	17			> 50
Polysulfidkautschuk	> 25	23	> 12	12			> 50
Aethylen-Propylen-Terpolymer	> 10	8					> 30
Siliconkautschuk	> 25	14		9			> 50
Butylkautschuk niedermol. abgebaut		7		6			
Nitrilkautschuk			> 10				
Aethylen-Vinylazetat-Copolymer		3					
Chlorsulfoniertes Polyaethylen	> 11	11		15			> 30
Polyamide			> 11	11			> 30
Polyisobutylen	> 11	11		5		3	
Chlorkautschuk		2		3			
Cyclokautschuk							
Polyaethylen		2					≥ 10
Polypropylen		3					≥ 10
Styrol-Butadienkautschuk		8					10
Aethylen-Acrylatcopolymer mit Bitumen		2					
Bitumen-Chloropren	> 10	10		5		10	9
Vinylchlorid-Vinylazetat-Copolymer							
Polytetrafluoraethylen	> 25	12	> 25		> 25		> 50

Baugeschehen Tätigen bekannt werden. Baustoffe können durch Verbilligung bewußt verschlechtert werden. Um einige Beispiele zu nennen: Zu hoch verschnittene Polychloroprene werden braun und rissig, Polysulfiddichtstoffe, die weniger als 30 Gewichtsprozente Polysulfid enthalten, versagen schon nach wenigen Jahren, Epoxidharze erreichen nie die gewünschte hohe mechanische Festigkeit und Chemikalienresistenz.

Ein weiteres Risiko liegt in der Reinigung mit zu heißen oder zu konzentrierten Reinigungslösungen sowie in einer zu frühen Reinigung. Arbeitet man mit heißer Ameisensäure oder anderen konzentrierten organischen oder anorganischen Säuren, dann werden z.B. Epoxidharzestriche schnell zerstört. Diese unnötigen Belastungen oder gar mutwilligen Zerstörungen — wie auch die wirtschaftlich bedingten Verschlechterungen der organischen Werkstoffe durch Verschnitt — darf man jedoch nicht allgemein auf die Verhaltensweisen der einzelnen organischen Kunststoffe übertragen; schon gar nicht kann man sie tabellarisch erfassen.

Tabelle 16 gibt einen Überblick über die nachgewiesenen und abgeschätzten Daten für die Lebenserwartung organischer Kunststoffe. Es wird das Verhalten unter Bewitterung, unter Wasserbelastung und unterhalb der Erdlinie erfaßt. In der zweiten Spalte stehen jeweils die nachgewiesenen Erlebenszeiten, jedoch immer unter der Voraussetzung, daß keine extremen Bedingungen und keine mutwillige Zerstörung erfolgt ist und diese Werkstoffe sachgerecht konfektioniert wurden.

Es seien noch einige Beispiele für die organischen Kunststoffen innewohnenden Risiken angeführt, die die Lebenserwartung beeinflussen können. Die Bilder 229 und 230 zeigen mit Phtalaten weichgemachte Polyvinylchloridfolien. Die Folien haben im Laufe von sechs Jahren Anteile des Weichmachers verloren, sie schrumpften dann durch den Materialverlust und standen dadurch unter Spannung. Zugleich wurden sie härter und empfindlicher gegen mechanische Beanspruchung. So kam es leicht zur Rißbildung. Mit dem Auftreten von Rissen war dann die Lebenserwartung der Folien wie der gesamten äußeren Dachhaut erreicht.

Die Bilder 231 und 232 zeigen, wie sich ein plastischer Kunststoff unter kaltem Fluß und bei ständiger Zug-, Dehn- oder Knickbeanspruchung verändert. Es kommt zu Einrissen. Bild 231 zeigt, wie dieser Vorgang auch im Versuch nachvoll-

229 Polyvinylchloridfolien als Dachhaut in der Dicke von 0,8 mm haben Weichmacher verloren, sie schrumpfen und stehen unter Spannung. Das Bild zeigt Rißbildung durch eine feine Einkerbung eines Kieselsteins.

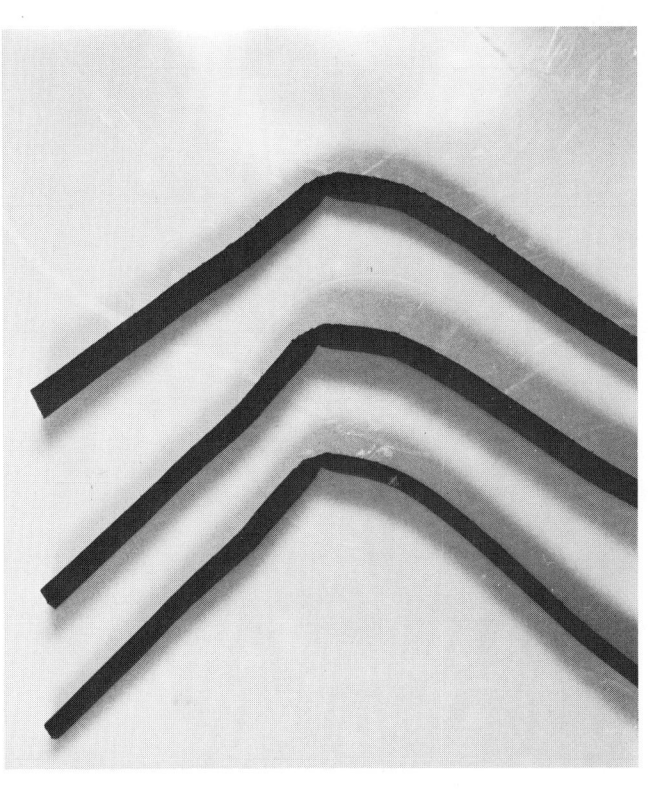

231 Entstehen von Rissen durch Längung und Bildung dünner Stellen im Knickbereich bei Polyisobutylenbahnen (im Versuch)

230 Eine nachgehärtete Polyvinylchloridfolie steht unter Spannung und springt durch leichten Stoß in der Kälte.

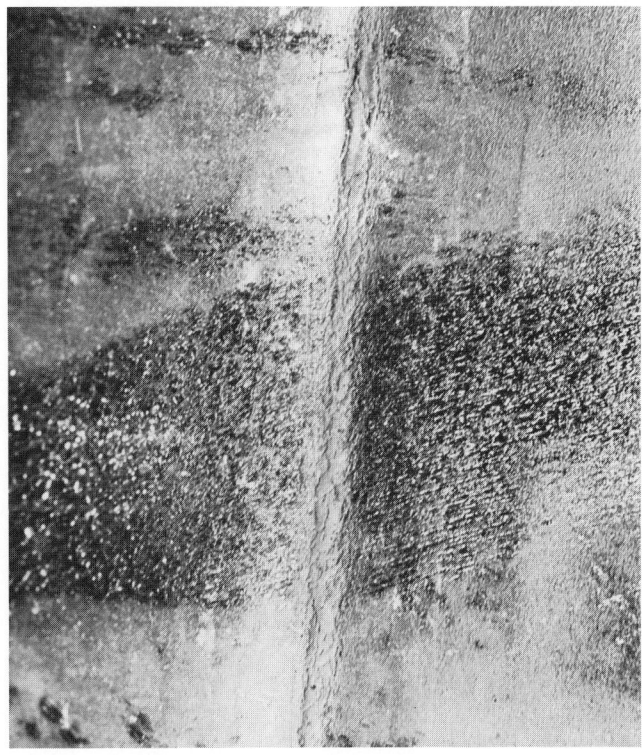

232 Entstehen der Spannungs- und Knickriße bei Polyisobutylenbahnen in der Praxis nach 42 Monaten

233 Risse im hart gewordenen Bitumen übertragen sich auf die plastische Dachdeckungsbahn (Polyisobutylen). Das Bild zeigt die Rückseite.

234 Die Risse treten bis zur oberen Seite durch die Polyisobutylenbahn durch. Das Bild zeigt die Oberfläche.

zogen werden kann. Die Bilder 233 und 234 demonstrieren, wie sich bei diesem plastischen Werkstoff Risse erzeugen lassen, indem sich Risse des ihn umgebenden Materials auf ihn übertragen. In diesem Fall ist es das mit dem Werkstoff verklebte Bitumen, das spröde geworden und gerissen ist. Die Risse des Bitumens übertragen sich in die Dachbahn. Bild 233 zeigt deren Unterseite mit dem gerissenen Bitumen, die Oberseite der Dachbahn mit den durchgetretenen Rissen.

Hier ist anzumerken, daß die Beständigkeit des Polyisobutylens, denn darum handelt es sich hier, an sich gut ist; es sind Folien bekannt, die — über 11 Jahre bewittert — auf dem Dach ohne Schaden liegen. Diese Rißbildung tritt immer nur dann ein, wenn die Folie ständig geknickt wird oder über einem Grad oder einer Spitze gedehnt oder gezogen wird. Unter diesen Belastungen ist ihre Beständigkeit auch in Tabelle 16 ausgeworfen. Diese Beispiele mögen genügen.

Schließlich muß noch darauf hingewiesen werden, daß die Erlebenszeiten von gut beständigen Materialien dann nicht erreicht werden, wenn Fehler in Rezeptierung und Mischung gemacht werden. Das sei an einem Praxisbeispiel erläutert.

Polychloropren ist sicherlich ein sehr beständiges Material. In dem hier geschilderten Anwendungsfall versagte es jedoch aufgrund der Mischung des Materials für eine Dachbahn. Bild 235 zeigt einen Riß durch eine Polychloroprenbahn. Bild 236 zeigt den Untergrund nach Abdecken der Bahn im Rißbereich. Der Untergrund besteht aus Polystyrolhartschaumplatten, die hart gestoßen waren. Der Stoß ist jetzt durch die zeitweise hohe Erwärmung größer geworden; jetzt klafft eine Fuge von 15 mm. Die Bitumenverklebung dieser Bahn hat sich im Laufe der Zeit auch gelöst, und dennoch ist die Bahn über dem Stoß aufgerissen.

Die Untersuchung der physikalischen Eigenschaften ergab, daß die Shorehärte (Skala A) von 55° auf 82° gestiegen, die Schichtdicke von 1,6 mm auf 1,1 mm zurückgegangen und die Reißdehnung von 360% auf knapp 100% abgesunken war. Damit hatte sich dieses Material im Laufe von 5 Jahren an einer stark geneigten Fläche unter erheblicher Temperaturbelastung entscheidend verändert.

Bild 237 zeigt eine Polyaethylenfolie, die 26 Monate zur Überdeckung von Baumaterial frei der Witterung ausgesetzt worden war. Es handelt sich hier um normales Hochdruckpolyaethylen; es sind mehrere Lagen der Folie verwendet worden. Das Material ist vergilbt, es ist matt geworden, und es bricht völlig auseinander. Dieses Beispiel soll im Gegensatz zu den in der Folge zu behandelnden, sehr beständigen Kunststoffen auf organischer Basis zeigen, wie anfällig und labil organische Kunststoffe unter Bewitterungsbedingungen sein können.

Wir müssen auch bei den dauerhaftesten und bewährtesten organischen Materialien damit rechnen, daß sie unter extremen Bedingungen oder bei nicht optimaler Konfektionierung die in Tabelle 16 nachgewiesene Lebenserwartung nicht erreichen.

Das gilt insbesondere dann, wenn eine Kunststoffbahn oder Folie unter Spannung steht. Kunststoffe, die unter Spannun-

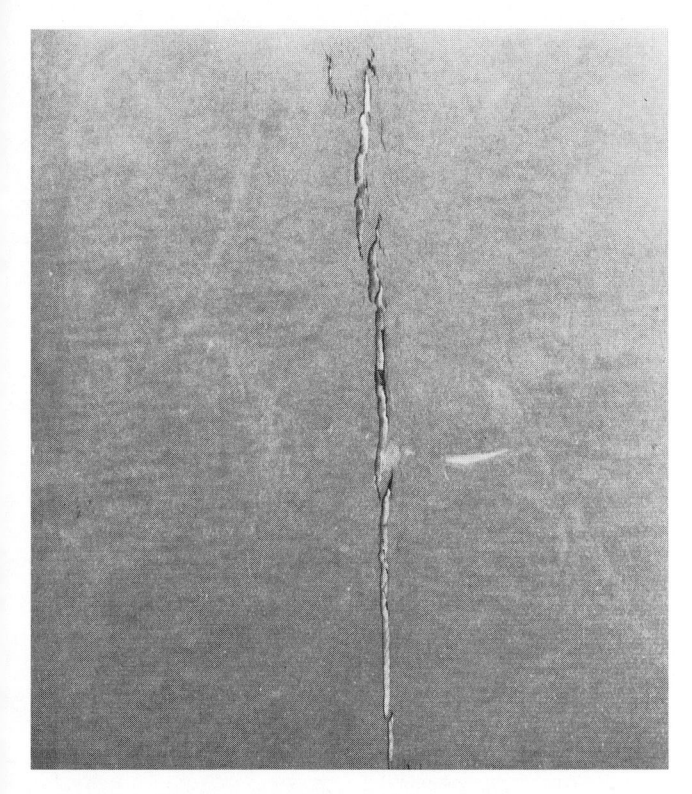

235 Eine Polychloroprenbahn reißt nach 8 Jahren über einem Dämmstoffstoß auf. Es handelt sich um eine um 45° geneigte Fläche, die sich stark aufheizt.

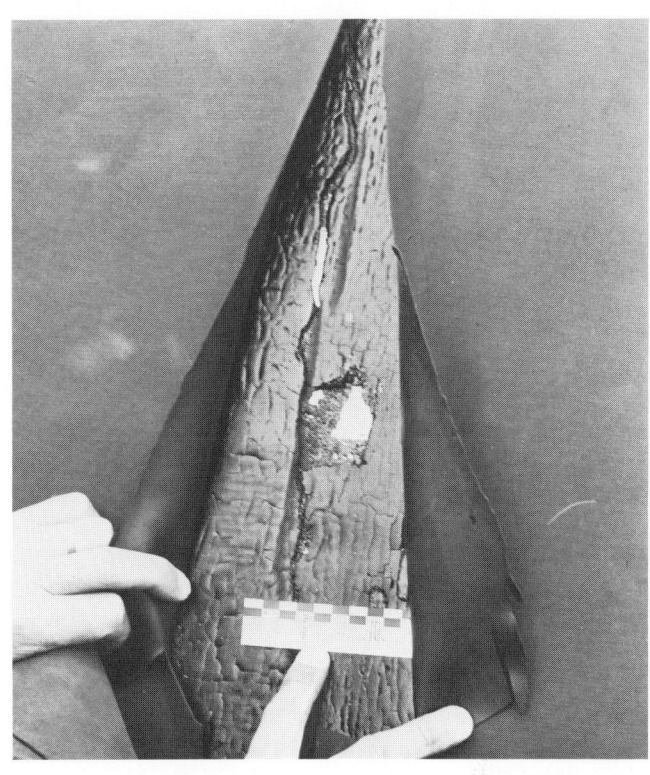

236 Nach Aufschneiden des Risses ist der Dämmstoffstoß erkennbar.

gen stehen, haben ganz allgemein eine verkürzte Lebenserwartung.
Die Risikofaktoren für organische Kunststoffe sind:

— Oxidation
— Kettenbruch durch Ozoneinwirkung
— der Einfluß des Lichtes in seinem ganzen Spektralbereich
— der Einfluß des Wassers im Hinblick auf Auswaschungen und Reemulgationen
— der Einfluß der Wärme
— endogene, chemische Umsetzungen und Entmischungen
— der mechanische Abtrag
— Hydrolyse, insbesondere im alkalischen Medium
— Spannungszustände.

Das Zusammenspiel oder auch das Fortfallen von Risikofaktoren bestimmt in hohem Maße die Lebenserwartung organischer Kunststoffe, so daß sich erhebliche Streubreiten ergeben, die für einzelne dieser Baustoffe bis zu 200 % bezogen auf die Erlebenszeit betragen können. Dennoch gibt es eine deutliche Abstufung der Langzeitbeständigkeit auch bei den synthetischen, organischen Baustoffen, die wir allgemein als Kunststoffe bezeichnen.

237 Verfall von Polyäthylenfolien nach 26 Monaten Freibewitterung

4.3.1 Fassadenplatten und Fensterprofile*

Es handelt sich hier um Massenbauteile, bei denen die Frage der Lebensdauer und der Wartungsperiode eine erhebliche Rolle spielt. Wir können anhand zahlreicher Objekte das Verhalten der Kunststoffe überprüfen.

Voraussetzung für das Langzeitverhalten der Oberflächen von Kunststoffelementen

Das Verhalten einer Kunststoffoberfläche in der Freibewitterung ist nicht allein von der Sonneneinstrahlung, von Regen und Kälte abhängig, sondern auch von den Verarbeitungsbedingungen. Die Verarbeitungsbedingungen — oder, in anderen Worten, die Fehler, die bei der Herstellung eines Profils gemacht wurden — bedingen dessen Verhalten. Viele der uns aus der Vergangenheit bekannten Verfärbungen, Rissebildungen, Fleckbildungen an Kunststoffprofilen sind u.a. auf derartige Verarbeitungsmängel zurückzuführen.

Bei der Überprüfung älterer Objekte auf die Beständigkeit ihrer Oberfläche muß weiter berücksichtigt werden, in welcher Lage diese Bauteile eingebaut sind. (Höhenlage, Himmelsrichtung usw.). Alles verfügbare Material muß zusammengetragen werden, damit man zu einer möglichst umfassenden Aussage kommen kann. Von besonderer Bedeutung sind daher möglichst alte Objekte.

Die Oberflächenveränderung ist von Ort zu Ort und von Kunststofftyp zu Kunststofftyp und Entwicklungsstand verschieden; auch auf einer Fassade können unterschiedliche Verfärbungen auftreten. Die Ursachen der örtlichen Verschiedenheiten sind zunächst in unterschiedlicher Staubbeladung zu suchen, die gleichzeitig Schutz vor Sonneneinstrahlung bietet; entsprechend auch in unterschiedlichem Regenanfall, der die Staubbeläge fortwäscht.

Die Umweltbelastung durch aggressive Abgase hat sich dagegen nicht als merklich schädigend erwiesen. Von Bedeutung ist auch die Farbe der Kunststoffprofile, wobei Weißtöne durchweg bedeutend langlebiger als Bunttöne sind. Doch auch bei den Bunttönen finden wir in Abhängigkeit von der Lichtechtheit der eingesetzten Pigmente sehr unterschiedliche Lebenserwartungen. Die wesentlichen Risiken, die sich in der Oberflächenbeständigkeit auswirken können, sind Lichtbelastung, Witterungseinfluß, die Art der Anbringung von Bauteilen und Schwächen im Herstellungsprozeß. Bei der Lichtbelastung ist es die Ultraviolett-Strahlung, schließlich die Infrarot-Strahlung, die für die thermische Belastung maßgebend ist.

Im Herstellungsprozeß kann bereits vorbelastetes, eventuell sogar mehrfach durchgelaufenes Regenerat mitverwendet worden sein. Aber auch die Stabilisierung kann zu gering ge-

halten sein. Weiter ist es möglich, daß lokale, thermische Überhitzung bei der Verarbeitung auftritt und Metallabrieb der Maschinen später zu streifigen oder fleckigen Verfärbungen führt. Damit sind keineswegs alle Verarbeitungsrisiken erschöpfend genannt. Es sei darauf hingewiesen, daß neben den Kriterien der Güte eines gut hergestellten Kunststoff-Profils oder des Basiskunststoffes selber auch die oben genannten Risikofaktoren berücksichtigt werden müssen. Man darf daher nicht bei einer Oberflächenveränderung grundsätzlich auf eine schlechte Verarbeitung oder Rezeptierung des Kunststoffes schließen.

Kunststofftypen für Fassadenbauteile

Hier sind die wesentlichen Kunststofftypen aufgeführt, die für Fassaden- und Fensterprofile Verwendung finden:

Gruppe I *Schlagzähes Hart-PVC*
Das ist die älteste Type, die seit rund 35 Jahren Verwendung findet. Linearer, thermischer Ausdehnungskoeffizient (= α) ca. $80 \cdot 10^{-6}$ m/m

Gruppe II *Erhöht schlagzähe Acryl-(Methacryl-)PVC-Co-chloriertem Polyaethylen (z.B. Hostalit Z)*
Diese Type hat bereits viele Jahre Bewährungszeit hinter sich, der α-Wert liegt auch etwa bei $80 \cdot 10^{-6}$ m/m.

Gruppe III *Erhöht schlagzähe Blendtype aus PVC-Aethylenvinylacetat-Propfpolymerisat*
Der α-Wert liegt bei ca. $80 \cdot 10^{-6}$ m/m.

Gruppe IV *Erhöht schlagzähe Acryl-(Methacryl)-PVC-Co- bzw. Terpolymere*
Der α-Wert liegt bei ca. $75 \cdot 10^{-6}$ m/m.

Gruppe V *Weich-PVC-Beschichtungen über Metallblechen und Metallprofilen*
Hier ist als Rechenwert für die thermische Bewegung der α-Wert des Metalls anzusetzen.

Gruppe VI *Polyvinylchlorid oder PVC-Aethylenvinylacetat-Blendtype mit coextrudierter Polymethylmethacrylatdeckschicht (z.B. Trocal-color)*
Diese neue Type ist nach der Beständigkeit des Polymethylmethacrylates zu beurteilen. Der α-Wert liegt bei $80 \cdot 10^{-6}$ m/m.

Gruppe VII *Coextrusion einer eingefärbten PVC-Deck-Schicht auf einem PVC-Profil einer der unter I–IV genannten Typen*

Gruppe VIII *Duroplastische Melaminharz-Preßstoffe*
Diese Melaminharz-Papierpreßstoffe können auf verschiedene Weise auf Holz oder Holzspanplatten gepreßt werden. Anwendung vornehmlich für Fassadenverblendplatten.

Beständigkeit gegenüber Temperatur und Sonnenlicht

Die ältere Fachliteratur gibt nur wenige Hinweise auf die Lebenserwartung von Kunststoffoberflächen bei Freibewitte-

---

* Wesentliche Teile dieses Abschnitts entsprechen, stellenweise durchgesehen, einem Aufsatz des Autors zum gleichen Thema in: DBZ, Heft 5/1978 (Anm. d. Verl.).

rung.* Unter Lebenserwartung soll hier die Freiheit von Verfärbungen und Rissebildung, Farbverlust und anderen Arten der Zerstörung der Kunststoffoberfläche verstanden werden.

Es sind die Ultraviolett-Strahlung und die noch kurzwelligeren Anteile des Sonnenlichtes, die die Kunststoffoberfläche – und zwar nur die Oberfläche – belasten. Man kann den Spektralbereich dieser Belastung zwischen 270 bis 450 nm (2700 bis 4500 Ångström) angeben. Der langwellige Strahlungsanteil im Infrarot-Bereich belastet den Kunststoff thermisch. Die UV-Belastung hängt außer von unzureichender Stabilisierung auch vom Reflexionsgrad (geschlossene Oberfläche, Glanzgrad und Farbe) der Kunststoffoberfläche ab. Selbstverständlich spielt auch die Ausrichtung des Bauteils nach der Himmelsrichtung eine erhebliche Rolle.

Unter dem Einfluß der kurzwelligen Strahlung kann in der Kunststoffoberfläche das Molekül verändert werden. Es kommt dann bei PVC u.a. zur Ausbildung von Kohlenstoffdoppelbindungen mit Ketogruppen.

Nach verschiedenen Berichten und Messungen werden die Oberflächen verschiedenfarbiger Kunststoffe maximal aufgeheizt: Dabei sind die thermische Belastung und das Reflexionsvermögen verschiedenfarbiger Oberflächen unterschiedlich. Auch Ruhigkeit und Glanzgrad spielen hier eine Rolle.

Weiße bis weißabgetönte Oberfläche ohne umgebende Luftkonvektion	max. + 45 °C
Weiße bis weißabgetönte Oberfläche mit umgebender Luftkonvektion	max. + 41 °C
Orangefarbene, rote und graue Oberflächen	max. + 56 °C
Grüne, blaue und hellbraune Oberflächen	max. + 60 °C
Dunkelbraune, dunkelgraue und andere dunkle Oberfläche	max. + 75 °C
Schwarze Oberflächen	max. ca. + 90 °C

---

* An neueren Publikationen seien vor allem genannt:
Moriaz Egon, Fensterprofile aus Hart-PVC, Glaswelt, Heft 6/1972; W. Delekat, Zehn Jahre Erfahrungen mit Fensterprofilen, Kunststoff-Rundschau, Februar 1970; Fenster aus Hostalit Z, Ausgabe 1974, Höchst AG; Löwen, Einige Entwicklungstendenzen bei extrudierten Hat-PVC-Fensterprofilen, Kunststoffberater, Heft 2/1975; Solvic-S von Solvay für Fensterprofile, Deutsche Solvay Werke GmbH; Fensterprofile aus Vestolit Bau. Lange Erfahrungen mit einem zukunftssicheren Fensterprofil-Werkstoff, Chemische Werke Hüls AG; G. Hundertmark, Untersuchungen an Fensterprofilen aus schlagzähem PVC, Plasticverarbeiter, Heft 8/1970; Glasurit-Rundschau 125/1976: So werden Kunststoff-Fenster behandelt; Trocal Fenstersysteme, Dynamit Nobel (1976); Der Einfluß der Witterung auf die Eigenschaften von Methacrylat-Polymeren. Die Angewandte Makromolekulare Chemie, Band 11 (1970), S. 159; Polymethacrylate. Kunststoffhandbuch, Band IX (1975), Seiten 143–149; PAG-Elementfassade, PAG Presswerk AG, Essen; E. Barth, W. Budich, K.-G. Scharf, W. Wissinger, Entwicklungstendenzen bei Kunststoff-Fenstern. Das farbige Fenster. Kunststoffe im Bau, Heft 4/1977; H.H. Frey, Die Eindringtiefe der Bewitterung bei PVC, ÖKI/1978 (Vortrag bei dem 10. Donauländer-Gespräch in Wien am 27.9.77).

Die thermische Belastung spielt nicht alleine für die Langzeitbeständigkeit der Kunststoffoberfläche eine Rolle, sondern auch für das Entstehen von Spannungen in Profilen oder Platten durch thermische Bewegungen.

Für die Farbänderungen gibt es Richtlinien. So soll beispielsweise die Stufe III des Graumaßstabes (z.B. Richtlinie RAL, RG 716/1) nicht überschritten werden. Vorprüfungen des Verhaltens von Kunststoffoberflächen über die Zeit sind möglich. Bewitterungsprüfungen nimmt man vor bei ständiger, starker Sonneneinstrahlung und hohen Temperaturen (Arizona), bei großen Höhen und starker UV-Einstrahlung wie auch bei hohen Temperaturen und hoher Luftfeuchtigkeit (Florida oder Indonesien).

Danach kann sinngemäß auf unsere mitteleuropäische Belastung geschlossen werden, wobei empirische Multiplikationsfaktoren benutzt werden, um aus den Zeiten extremer Belastung auf unsere Normalbelastungszeiten zu schließen. Das ist gegenwärtig eine der sichersten Methoden, um Aussagen über das Langzeitverhalten zu bekommen.

Kurztests können in Laboratorien mit Hilfe künstlicher Belichtungsgeräte (z.B. Xenonlampe) und Wetterkammern unter simulierten atmosphärischen Bedingungen durchgeführt werden. Durch die Kombination von Kurztests und unter extremen Freibewitterungsbedingungen abgelaufenen Prüfungen kommt man zu recht brauchbaren Aussagen. Letztlich entscheidend ist in jedem Fall die Überprüfung des Verfaltens in der Praxis unter den verschiedenen Bewitterungsbedingungen über lange Zeiträume.

Bei pigmentierten hellen Kunststoffen ohne den Zusatz von Titandioxid oder anderen, ähnlichen Farbstabilisierungsstoffen kommt es durch Umweltbelastungen nach dem Entstehen von Doppelbindungen und Ausbildung von Ketogruppen in den Molekülen zu Gelb- und Braunverfärbungen. Bei Zusatz von Titandioxid (Rutil) wird über die Zeit als Folge des Licht- und Wettereinflusses die Kunststoffoberfläche ohne wesentliche Farbänderung lediglich mattiert. Das gilt für Weiß, die gebrochenen Weißtöne und für alle Abstufungen in Hellgrau.

Die Mattierung ist bei hellen Farbtönen in den meisten Fällen erwünscht. Der oft störende Oberflächenglanz verschwindet. Das Titandioxid ist insofern fotochemisch aktiv, als einige seiner Sauerstoffatome nicht exakt im Gitter liegen, so daß eine Oxidationsübertragung stattfinden kann. Es kommt dann nicht zu Doppelbindungen zwischen den Kohlenstoffatomen des Moleküls. Dieser Mechanismus des katalytischen Oxidationsablaufes ist tatsächlich komplizierter; es würde hier zu weit führen, ihn genauer darzustellen. Für das Verständnis der Aussage genügt es, daß Titandioxid, in ausreichender Menge zugesetzt, Verfärbungen verhindert und eine mattierende Wirkung hat.

Die matte Schicht, die auf der Oberfläche der hier diskutierten Kunststoffe unter langanhaltendem Witterungseinfluß entsteht, enthält vorwiegend Titandioxid neben Carboxylgruppen. Daher ist es nicht ratsam, helle Kunststoffoberflächen gründlich oder mit scharfen Mitteln zu reinigen, ohne daß dafür eine Notwendigkeit besteht. Dadurch würde die sehr

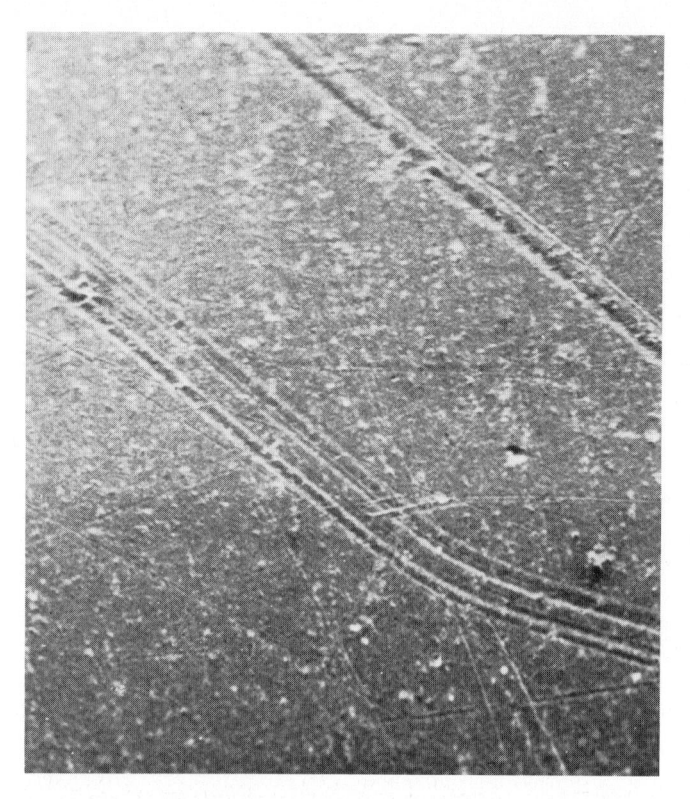

238 Frische Oberfläche eines unbewitterten PVC-CPE (Hostalit Z). Rasterelektronenmikroskop-(REM-)Aufnahme in 600-facher Vergrößerung

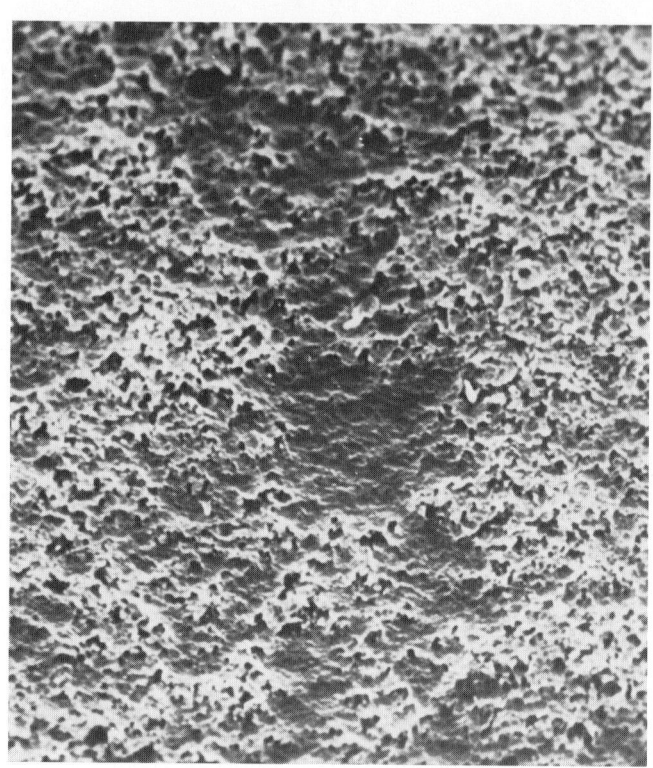

240 Bewitterte PVC-CPE-Oberfläche nach 18 Jahren. REM-Aufnahme in 600-facher Vergrößerung

239 Bewitterte PVC-CPE-Oberfläche nach 17 Jahren. REM-Aufnahme in 600-facher Vergrößerung

dünne Mattierungsschicht, die als Schutzschicht und Lichtfilter wirkt, abgetragen.

Die Bilder 238, 239 und 240 zeigen Oberflächen eines hochschlagzähen, modifizierten Hart-PVC (Hostalit Z® — eingetragenes Warenzeichen der Hoechst AG) als Rasterelektronenmikroskop-(REM-)Aufnahme. Es ist erkennbar, daß die Matrix nach 18 Jahren Bewitterung etwas angegriffen ist und die hellen, ausgekreideten Bestandteile als Schutzschicht oben aufliegen. Von einem tieferen Angriff kann jedoch nicht die Rede sein.

Diese Verhaltensweise bei schlagzähen und dem moderneren hochschlagzähen PVC wird durch noch andere Befunde und vor allem durch die Praxis bestätigt. Es wird hier auf die folgenden Praxisbeispiele verwiesen, die gut überstandene Bewitterungszeiten von 20 und mehr Jahren dokumentieren.

Bild 241 zeigt als REM-Aufnahme in 5000-facher Vergrößerung eine unbelastete Oberfläche des Polymethylmethacrylates (PMMA). Außer einigen feinen Riefen ist keine weitere Struktur erkennbar. Bild 242 zeigt den Zustand einer PMMA-Oberfläche nach 48 Monaten Bewitterung auf einem Prüfstand in Arizona. Diese 48 Monate, auf mitteleuropäische Verhältnisse umgerechnet, entsprechen etwa 150 Monaten (~12 bis 13 Jahren). Nach der angegebenen Bewitterungszeit ist kaum ein Abbau feststellbar.

Diese Untersuchungen lassen allerdings auch erkennen, daß selbst bei den beständigsten Kunststoffen als Folge der Frei-

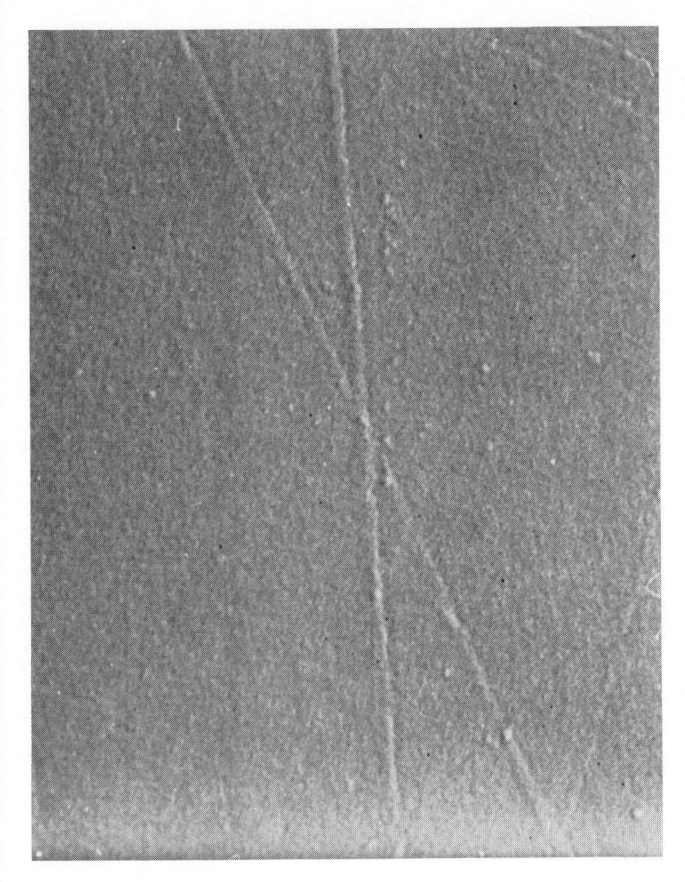

241 Methylmethacrylat-(Trocal-Color-)Oberfläche unbewittert. REM-Aufnahme in 5000-facher Vergrößerung

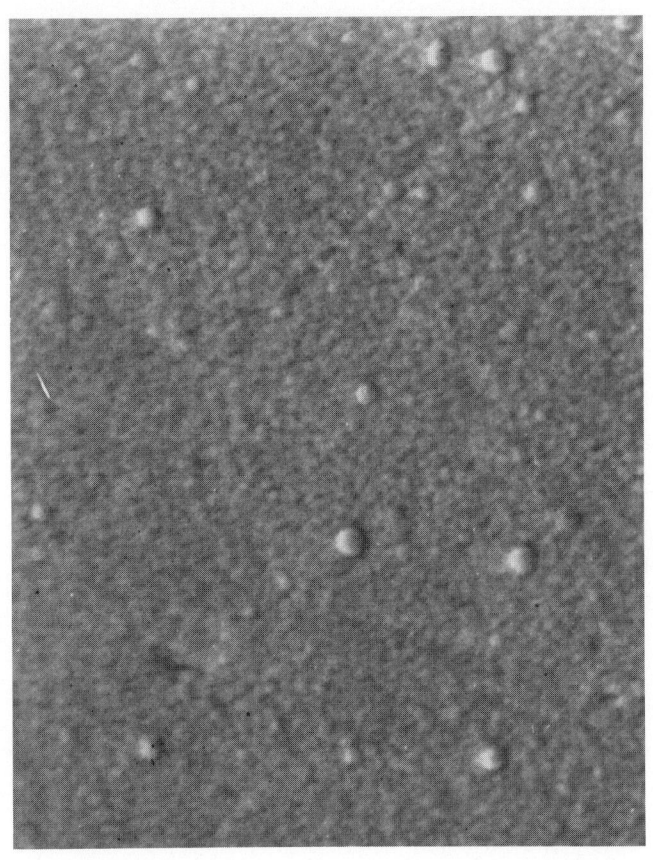

242 Trocal-Color-Oberfläche nach 4 Jahren Bewitterung. 5000-fache Vergrößerung

bewitterung im Laufe der Jahre eine geringe Oberflächenveränderung eintritt. Damit ist grundsätzlich die Frage nach der Lebenserwartung und damit der Wartungsfreiheit von Kunststoffoberflächen in der Fassade über längere Zeiträume gestellt. Im Jahre 1976 wurde diese Frage von der Lackindustrie aufgeworfen, wobei gleichzeitig geeignete Anstrichmittel für Instandhaltungsanstriche auf Kunststoffoberflächen angeboten wurden.

Es ist für den Planer, für den Bauherrn und für die Instandhaltungsabteilungen von Wohnungsbaugesellschaften wichtig zu wissen, ob eine Instandhaltung normalerweise erforderlich ist und welche Zeitspanne eine solche Instandhaltungsperiode gegebenenfalls hat. Unter einer Instandhaltungsperiode verstehen wir den Zeitraum zwischen dem Einbau des Bauelementes bis zu seiner ersten Wartung (z.B. Anstrich), dann zwischen den folgenden Wartungsvorgängen (die laufenden Instandhaltungsperioden).

Die *PVC-Plastisole* (Gruppe V) bestehen aus Polyvinylchlorid, Weichmacher, Stabilisatoren und Pigmenten, die als Beschichtung für Stahlbleche, seltener für Fensterprofile Verwendung finden. Sie dürfen in diesem Zusammenhang nicht unerwähnt bleiben, da es sich auch hier um Kunststoffe bzw. Kunststoff-oberflächen handelt. Bei Plastisolen dieser Art sind Verfallserscheinungen schon nach 5 bis 6 Jahren bekannt. Manche gut stabilisierten und Spezialweichmacher enthaltende Beschichtungen mögen einige Jahre länger beständig bleiben. Die Bilder 243, 244 und 245 zeigen den starken Zerstörungsgrad der Oberfläche einer solchen Weich-PVC-Beschichtung nach 5 Jahren. Auf der bis in die Tiefe zerstörten Matrix liegen die Füllstoffe auf. Diese Blechbeschichtung ist spröde geworden, sie zeigt weiße Flecke, einige gebliche Streifen, und sie beginnt, sich vom Untergrund zu lösen.

Man kann aus diesen Beispielen lernen, daß der kaum merkbare, geringe oder auch starke Verfall der Matrix von der Oberfläche her je nach Art und Grad der Zerstörung mit Mattierungen, Verfärbungen und Versprödungen einhergeht. Diese Erscheinungen sind jedoch nach Art des Kunststoffes verschieden und auch unterschiedlich zu bewerten.

Beispiele aus der Praxis für lange Bewitterungszeiten

Die Bilder 246 bis 250 zeigen recht alte Bauteile aus schlagfestem PVC, die heute eine Lebensdauer von teilweise über 20 Jahren erreicht haben. Sie gehören zu den ältesten Kunststoffteilen und Kunststoffoberflächen, die wir kennen, darun-

243 PVC-Plastisolbeschichtung auf Stahlblech im Zustand nach 5 Jahren. REM-Aufnahme in 2000-facher Vergrößerung. Die Matrix ist bis in die Tiefe zerstört, Pigmente und Zerfallsprodukte liegen oben auf.

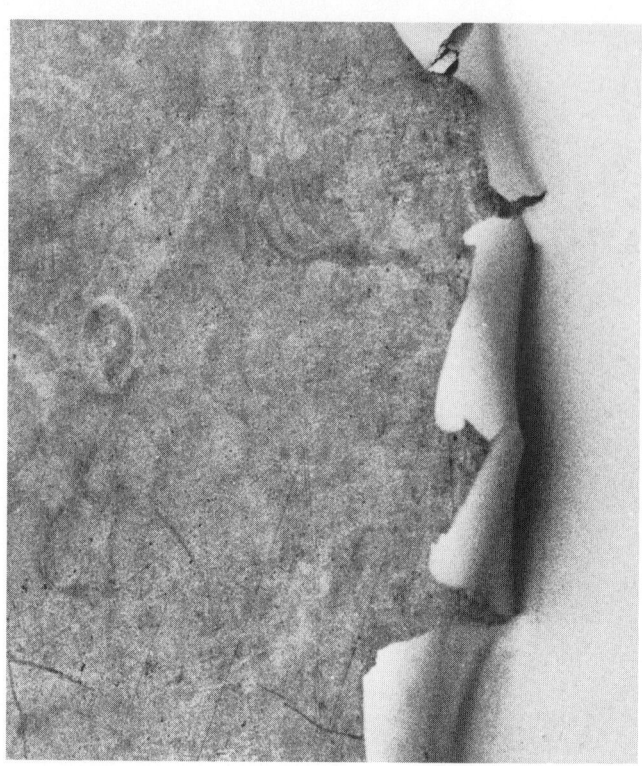

245 Weich-PVC-Schicht (Plastisol) im Zustand des Verfalls nach 5 Jahren

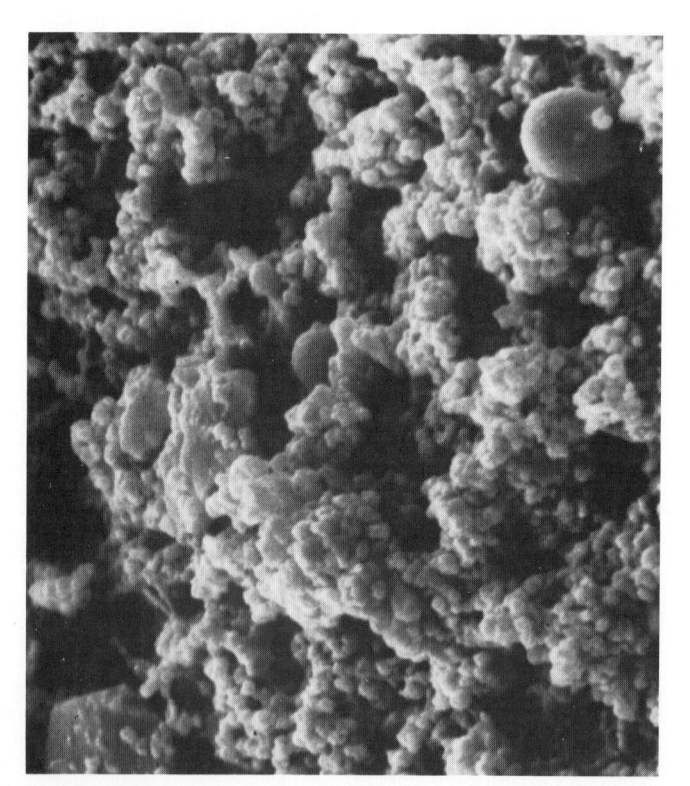

244 Oberflächenweicher PVC nach 5 Jahren Bewitterung in 5000-facher Vergrößerung

ter auch recht große Objekte, so z.B. die Dachdeckung der Jahrhunderthalle bei der Hoechst AG. Hier kann das Verhalten der PVC-Platten über die Zeit gut studiert werden. Freibewitterte Kunststoffprofile, die heute etwa 10 Jahre alt sind, kann man in großer Zahl als Beispiele anführen. Beispiele für Profile, die wesentlich mehr als 20 Jahre der Witterung ausgesetzt waren, sind relativ selten, weil die Herstellung solcher Kunststoffbauelemente damals noch in den Anfängen steckte. Um so wertvoller sind solche Beispiele für die Beurteilung des Langzeitverhaltens.

Verwitterungstiefe in Abhängigkeit von der Bewitterungszeit

Für die Beurteilung der Oberflächenbeständigkeit ist es entscheidend zu wissen, ob der Verfall der Oberfläche in die Tiefe linear oder nicht linear verläuft. Praxisbeobachtungen und die Nachkontrolle alter PVC-Teile ergaben, daß sich ein Nachabbau der Oberfläche nach Entstehen der weißen schützenden Schicht, die vorwiegend aus Titandioxid besteht, nicht oder kaum vollzieht.

Wichtig zu wissen ist es, wo dieser Abwitterungsprozeß in die Tiefe zum Stehen kommt. Um diesen Verwitterungsverlauf zu untersuchen, hat *Frey* (Hoechst AG) eine Untersuchungsmethode entwickelt. Diese Methode kann kurz geschildert werden:

Durch Abhobeln werden, von der Oberfläche ausgehend, von bewitterten Profilen aus schlagzähem PVC Schichten von

246 Hart-PVC-Fensterprofile (Mipolam), die Ende der 50er Jahre montiert wurden, in heute noch einwandfreiem Zustand

247 Dachplatten aus Hostalit Z auf der Jahrhunderthalle in Hoechst. Einwandfreier Zustand nach 17 Jahren

248 Detail der Dachplatten der Jahrhunderthalle in Hoechst

249 Über 20 Jahre alte PVC-CPE-Versuchsplatten in einwandfreiem Zustand (Hostalit Z)

250 Hart-PVC-Profile aus Solvic S nach 8 Jahren Bewitterung

jeweils 0,1 mm abgenommen. Nach DIN 53 381 Teil 1 wird bei 180 °C anstelle von Kongorot mit einem Spezialindikatorpapier die Restthermostabilität in Minuten gemessen.

Dabei zeigt es sich, daß die (thermische) Schädigung der Materialoberfläche in den ersten Jahren verhältnismäßig schnell erfolgt und bis zu 0,2 mm Tiefe erreicht. Später dringen die schädigenden Momente nur noch sehr langsam ein. Untersuchungen an 18 Jahre alten Oberflächen aus PVC (Barium-Cadmiumstabilisiert) weisen darauf hin, daß dieser Abbau in der Tiefe von 0,4 mm zum Stillstand kommt.
Diesen Befund bestätigt die Praxis an noch älteren Bauteilen.
Der Abbau verläuft nicht linear zur Zeit, und es kommt, ähnlich wie bei der Carbonatisierungsgeschwindigkeit und der Carbonatisierungsgrenze, von der Betonoberfläche her in die Tiefe zu einem definierten Stillstand in einer bestimmten Tiefe. Selbstverständlich hängen die Abbautiefe und der zeitliche Ablauf des Abbaus von der Art des Polymers, von der Menge des Titandioxidzusatzes und von der Wirksamkeit der Stabilisierung ab. Auch der Farbton spielt eine Rolle.

Eingefärbte Profile

Neben reinem Weiß, gebrochenen Weißtönen und Hellgrau werden von Architekten auch dunkle und bunte Farbtöne für Fensterprofile und Fassadenplatten gewünscht. Bei Leichtmetall-Legierungen wird dieser Wunsch durch gefärbte, eloxierte Oberflächen oder auch durch Farbbeschichtungen, die meistens auf der Basis von Methacrylat-Copolymeren oder auch Polyurethanen aufgebaut sind, erfüllt.
Bei schlagzähen, modifizierten oder auch Copolymere enthaltenden PVC-Typen muß zwangsläufig der gesamte Rohstoff für die Extrusion eingefärbt oder die Komponente für die Coextrusion eingefärbt werden.
Die Lebensdauer eingefärbter Profil- und Plattenoberflächen ist von vielen Faktoren abhängig:

— Lichtstabilität des Pigments oder des Farbstoffs,
— Einstrahlungsintensität (Himmelsrichtung und Neigungswinkel),
— Reflexion,
— Temperatur,
— Licht- und Wetterstabilität des Basispolymers bzw. der Rezeptur.

Die schlagzähen, modifizierten PVC-Typen sind weniger beständig als Polymethylmethacrylate (PMMA). Besser ausgedrückt: Beide Rohstofftypen sind nach unseren Erfahrungen sehr gut beständig, doch ist aus der Erfahrung die Lebensdauer von PMMA-Oberflächen höher. Diese Aussage hat für die Praxis allerdings nur Bedeutung bei den eingefärbten Massen.
Bei den bunten Farbtönen sind die eingefärbten Oberflächen bei den Rohstofftypen I—V und entsprechend den Rezepturen in diesen Gruppen unterschiedlich beständig. Dabei ist unter Beständigkeit die Zeit zu verstehen, die von der Montage bis zu dem ersten evtl. notwendigen Anstrich (Beschichtung durch

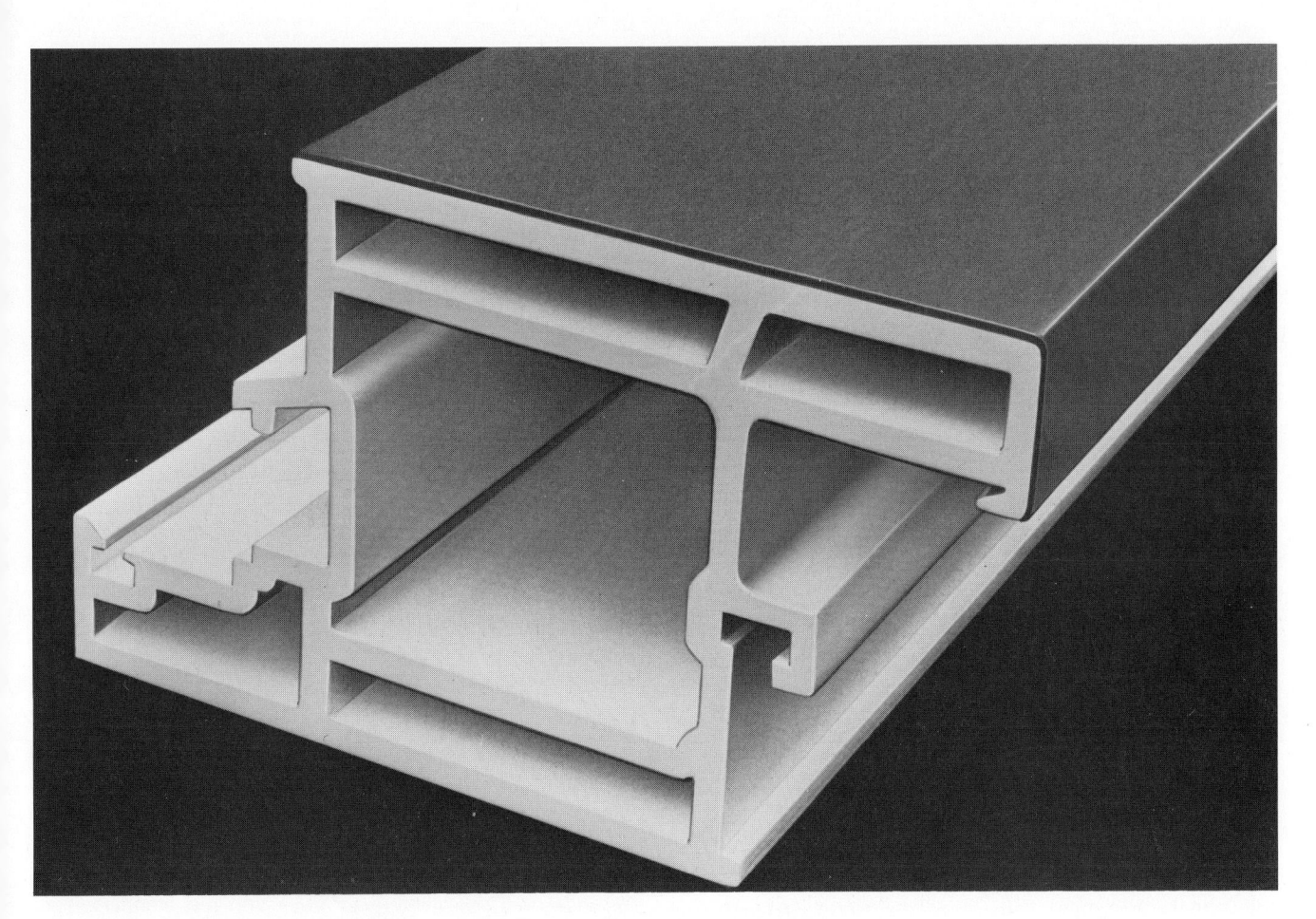

251 Trocal-Color-Profil, coextrudierte PMMA-Schicht auf schlagzähem Polyvinylchlorid

einen Farbanstrich) vergeht. Diese Bewertung ist sicher subjektiv. Mancher blasse oder matter werdende Farbton mag noch toleriert werden; im Einzelfall wird er sogar als schön empfunden. Das dürfte besonders für den Bereich der Fassadenplatten gelten, bei denen mancher Architekt wie bei Putzen und Mineralfarbanstrichen eine Patinabildung schätzt. Bei den verschiedenen Typen des PVC und der PVC-Copolymere waren Zeitspannen von 5 bis 10 Jahren realistisch, wobei bemerkt werden muß, daß die Zeitspannen von 5 Jahren zum erheblichen Teil auf die damals vorhandene Pigment- oder Farbstoffauswahl zurückzuführen waren. Heute stehen lichtechte Pigmente zur Verfügung, mit denen längere Zeiten erreicht werden können. Bei den mit PMMA-coextrudierten und damit etwa in 1 mm Stärke oberflächenbeschichteten PVC-Profilen gilt, bis auf den hypothetischen Fall einer transparenten PMMA-Beschichtung, die Lebenserwartung und die Beständigkeit der eingefärbten PMMA-Schicht.

Bild 251 zeigt ein solches Profil im Schnitt. Ausführlich wird darüber in der neuesten Fachliteratur berichtet. Hier liegen die Risiken nicht oder kaum im Bereich der Beständigkeit des PMMA. PMMA kennen wir seit langer Zeit als Plexiglas ® (eingetragenes Warenzeichen der Röhm GmbH), und wir wissen, daß Witterungsbeständigkeit und Lichtbeständigkeit ausgezeichnet sind. Erlebenszeiten von PMMA-Oberflächen von 30 und mehr Jahren sind nachgewiesen.

Das Risiko liegt vorwiegend in der Lichtstabilität der Farbstoffe. Daher ist es notwendig (und in der Praxis auch gelungen), gut lichtbeständige Farbstoffe zur Einfärbung der PMMA-Schicht auszuwählen. Das Risiko des Strahlendurchtritts durch transparentes PMMA stellt sich nicht, da eine transparente Beschichtung nicht die Regel ist. Eine hell- oder weißeingefärbte PMMA-Beschichtung in Coextrusion auf geeignetem PVC würde allen Erfahrungswerten nach eine sehr gut beständige Kunststoffoberfläche für das zu untersuchende Anwendungsgebiet ergeben, doch ist eine solche Beschichtung wegen der an sich sehr guten Langzeitbeständigkeit der hellen, modifizierten, hochschlagzähen PVC-Profile nicht notwendig.

Trotz aller guten Erfahrungswerte bei den beschriebenen PVC- und PMMA-Typen und Oberflächen dürfen wir nicht vergessen, daß es sich hier um Kunststoffe, d.h. um organisches Material handelt. Von der Beständigkeit der Farbstoffe abgesehen, ist die Lebenserwartung organischer Stoffe begrenzt. Wir hatten diese Grenzen bei den relativ neuen, zur

Diskussion stehenden Werkstoffen als Folge einer nur über wenige Jahrzehnte sich erstreckenden Erprobungszeit bisher noch nicht vollständig ausloten können.

Im Bauwesen muß zwischen der ersten Instandhaltungsperiode – der Zeitspanne zwischen Einbau und erstem Wartungsvorgang – und den in meist immer kürzeren Zeitabständen notwendig werdenden Instandhaltungsperioden unterschieden werden. Es stellt sich die berechtigte Frage, ob beispielsweise bei den hellen Profilen eine solche Wartung, z.B. ein Neuanstrich überhaupt notwendig wird. Wenn man Kunststoff-Profile oder eine Kunststoff-Fassade überstreicht, schafft man sich ein ständiges Wartungsobjekt, denn die Anstrichmittel sind bei weitem nicht so langzeitbeständig wie der Werkstoff der Profile oder Platten.

Sicher wird es möglich sein, diese Instandhaltungen durch nachträglich aufgebrachte Farbanstriche auf längere Perioden und damit auf wirtschaftlich vernünftige Zeiten auszudehnen. Dafür eignen sich insbesondere Anstriche auf der Basis co- und terpolymerer Methacrylate. Hier muß aber noch erhebliche Entwicklungsarbeit geleistet werden. Man muß andererseits auch überlegen, ob es nicht beispielsweise nach 30 oder 40 Jahren im Zuge von Renovierungsarbeiten mehr dem Willen des Bauherrn entspricht und auch wirtschaftlicher sein kann, das ganze Fenster auszuwechseln. Dabei wäre der Zustand der Oberflächen von Profilen nicht einmal der entscheidende Faktor.

Alle Fassadenbaustoffe haben ihre begrenzte Lebenserwartung und müssen praktisch, wenn auch in sehr verschiedenen Zeitintervallen, gewartet werden. Das gilt auch für alle Kunststoffe und grundsätzlich für alle Fassadenbaustoffe. Eingebettet in diesen umfassenden Rahmen müssen wir auch die Lebenserwartung von Kunststoffoberflächen bei Fenstern und Fassadenplatten sehen.

Ergänzend seien noch die Fassadenplattenwerkstoffe der Gruppe VII – Duroplastische Melaminharz-Preßstoffe – erwähnt. Diese Harze werden auf verschiedene Medien aufgetragen. Sie sind durchweg eingefärbt, wobei der farbige und dunkle Anteil wesentlich höher ist als z.B. bei PVC-Platten. Die Erfahrungszeiten in bezug auf die Wartungsfreiheit liegen im Bereich von 20 Jahren.

Zur Charakterisierung: Dieser Fassadenbaustoff ist ein Verbundwerkstoff. Ein mit Aminoplasten und Fungiziden gegen Wasseraufnahme und Pilzbefall getränkter Spankuchen wird mit Folien (Papiere, die mit modifizierten Melaminharzen getränkt sind) in ein oder zwei Arbeitsgängen unter hohem Druck und Temperaturen von etwa 160 °C verpreßt. Der so entstandene Werkstoff hat eine gute Integralstruktur und auch gute Festigkeitswerte.

Nicht unerwähnt bleiben soll, daß neue Entwicklungen auf dem Markt sind, bei denen weiße Profile aus schlagzähem PVC mit einer dicken Color-Außenschicht aus dem gleichen PVC coextrudiert werden. Die Verbindung zwischen Grundkörper und eingefärbter Schicht ist homogen und dauerhaft. Dadurch wird eine wetterbeständigere Farbgebung der Profile angestrebt. Die Wetter- und Lichtbeständigkeit kann so auch vorteilhafter hergestellt werden als durch die Einfärbung des gesamten Profilmaterials. Es ist kostengünstiger und eher vertretbar, eine nur 1 mm starke Außenschicht lichtecht einzufärben und chemisch sehr gut zu stabilisieren.

Grundsätzlich muß hierbei jedoch die Beständigkeit des schlagzähen PVC für die Lebenserwartung in Ansatz gebracht werden. Überhaupt bringt die äußere Farbgebung von Profilen optische Vorteile. Wichtig ist es, daß bei der Sicht von innen ein Trauerrand- oder Bilderrahmeneffekt vermieden wird, wie er bei vollständig und allseitig durchgefärbtem Material entstehen kann.

Verschmutzungstendenz

Kunststoffoberflächen wird zuweilen ganz verallgemeinernd nachgesagt, daß sie elektrostatisch aufladbar sind und so Schmutz binden können. Zunächst kann die elektrostatische Auflagung, die bei Fassadenprofilen keineswegs immer auftreten wird, vorsorglich verhindert werden. Die Praxis zeigt, daß Schmutzbeladung und Schmutzfixierung auf Kunststoffoberflächen der Fassade über die Länge der Zeit nur sehr gering sind.

Das ist auch insofern leicht zu erklären, als diese Flächen kein Wasser aufnehmen können, weil sie nicht porös sind. Damit kann in den Werkstoff auch kein Schmutz eingeschwemmt und in ihm festgehalten werden. Regenwasser vermag den nur lose aufliegenden Staub und Schmutz von den glatten und nicht porösen Flächen abzuwaschen.

Die Reinigung der vergüteten und modifizierten PVC-Bauteile wie auch von Bauteilen aus PMMA und Melaminharzen im Hinblick auf die Werterhaltung entfällt. Hier dient eine Reinigung, falls sie überhaupt notwendig wird, nur der optischen Sauberhaltung.

Die voraussichtliche Lebenserwartung von Kunstoffoberflächen

Die Lebenserwartung für die drei erwähnten Grundwerkstofftypen (schlagzähe PVC-Typen, PMMA und Melaminharzpreßstoffe) ist heute über längere Zeiträume nachgewiesen. Bei der Beurteilung alter Objekte müssen wir uns jedoch stets vor Augen halten, daß es sich um Bauteile handelt, bei denen Folgen von Herstellungsfehlern , so wie sie eingangs beschrieben wurden, nicht aufgetreten sind. Streifig werdende, verfärbende und Risse aufweisende Kunststoffoberflächen, die wir in früheren Zeiten zuweilen antrafen, sind kein Normalzustand mehr. Hier wurde die Lebenserwartung der Oberfläche durch eine Reihe möglicher Fehler in der Rezeptierung und Herstellung verkürzt.

Lebenserwartung der Oberfläche von schlagzähen PVC-Typen

Die Witterungsbeständigkeit ist seit etwa 1958 nachgewiesen. Das sind runde 20 Jahre praktische Bewährungszeit. Alte PVC-Oberflächen sowie PVC-Oberflächen, die heute 16 Jahre alt sind, sind noch nicht erneuerungsbedürftig. Das gilt für die weißen und hellen Farbtöne. Mit einer höheren Lebenserwartung als 20 Jahre kann ohne weiteres gerechnet werden, da die Eindringtiefe der Bewitterung nicht weiter fortschreitet und das dann oben freiliegende Rutil (Titandioxid, als Patina oder Kreiden bezeichnet) den UV-Schutz ganz übernimmt.

Hinsichtlich bunter Oberflächen gelten diese Verhaltensweisen auch, wobei die so nach oben offenliegende Patina den Farbton der Oberfläche erheblich aufhellt. Hinsichtlich der bunten Oberflächen sei auf die obenstehenden Ausführungen verwiesen; es handelt sich hier um modifizierte PVC-Typen, die eingangs in den Gruppen I–III skizziert wurden.

Lebenserwartung von Polymethylmethacrylat-Oberflächen

Unter den gleichen Voraussetzungen ist auch die Lebensdauer von PMMA-Oberflächen zu beurteilen. PMMA hat sich — transparent, weiß oder bunt eingefärbt — in allen Formen seit über 30 Jahren in der Praxis bewährt. Wir können diese Erfahrungen auch auf die coextrudierten Schichten über schlagzähen PVC-Profilen übertragen. Wie oben bemerkt, müssen auch hier Rezeptierungs- und Fabrikationsfehler sowie noch andere Risiken, wie z.B. mechanische Beschädigungen oder der Einsatz nicht ausreichend lichtechter Farbstoffe, ausgeklammert werden.

Für die mit PMMA beschichteten Werkstoffe gilt für bunte Farbtöne insofern eine höhere Lebenserwartung, als hier die Licht- und Wetterbeständigkeit des Basisharzes besser ist als bei PVC.

Lebenserwartung der mit Melaminharzverbundwerkstoffen hergestellten Oberflächen

Mit Melaminharz beschichtete Werkstoffoberflächen haben in bunten Farbtönen, insbesondere in Rot- und Braunfarbtönen sowie in hellen Farbtönen eine Bewährungszeit hinter sich, die an 20 Jahre heranreicht. Hier handelt es sich nicht um Fensterprofile, denn dieser Werkstoff wird in erster Linie für Fassadenplatten und Außenmöbel, die auch der Bewitterung unterliegen, verwendet. Die untersuchten Objekte zeigten keine Verfärbungen oder Rißbildungen, jedoch leichte Mattierungen der Oberfläche.

4.3.2 Siliconharze (Siloxane)

Siliconharze sind in bezug auf ihre Endgruppen organische Kunststoffe. Das Gerüst besteht aus Silicium und Sauerstoff und hat anorganischen Charakter. Wir haben es hier mit einem Sonderfall eines anorganisch-organischen Kunststoffes zu tun. In Anbetracht der hervorragenden Bedeutung dieser Stoffgruppe für die Werterhaltung von Baustoffen und Bauwerken muß die Frage der Langzeitwirkung einer Behandlung mit diesen Stoffen sehr gründlich und detailliert behandelt werden.

Siliconharze oder einfach „Silicone" ist die Trivialbezeichnung für die Gruppe der *Siloxane*. Siloxane oder Siloxanharze, das ist die chemisch exakte Bezeichnung für diese Stoffgruppe. Für die Anwendung im Bauwesen sind Siloxane etwa ab 1952 der Öffentlichkeit bekannt geworden. Über Wirkung und Lebensdauer einer Siloxanimprägnierung sind sich viele im unklaren. Die Lebensdauer (= Wirkungsdauer) einer Siloxanharzimprägnierung muß jedoch erörtert werden, weil diese Methode der Fassadenbehandlung heute die wichtigste Schutzmaßnahme bei Baustoffen ist.

Die Wirkung einer solchen Imprägnierung gründet sich auf die Erhöhung der Grenzflächenspannung zwischen Baustoff und des auf ihn auftreffenden Wassers. Die Grenzflächenspannung kann derart erhöht werden, daß die Baustoffoberfläche wasserabweisend wird und die Wassertropfen rund und steil auf ihr stehen und keine Tendenz zum Eindringen in den Baustoff zeigen. Bild 252 zeigt diesen Effekt auf einem mit Siloxan imprägnierten Kalksandstein.

Die Grenzflächenspannung δ in $mN \cdot m^{-1}$ zwischen der Oberfläche des Baustoffes und der des Wassers ist für die Wasserabweisung entscheidend. Je größer die Differenz zwischen den Oberflächenspannungen der Stoffe ist, um so steiler steht der Wassertropfen auf dem Baustoff und um so weniger vermag das Wasser in den Baustoff einzudringen.

Die Oberflächenspannung des Wassers setzt sich aus dem polaren Anteil $\gamma_p = 51\ mN \cdot m^{-1}$ und dem nicht polaren Anteil (Dispersionsanteil) von $\gamma_d = 21{,}8\ mN \cdot m^{-1}$ zusammen. Dieser theoretische Wert von $72{,}8\ mN \cdot m^{-1}$ wird weder von destilliertem Wasser noch vom Regenwasser erreicht; er ist infolge von Verunreinigungen niedriger und liegt in der Praxis um $70\ mN \cdot m^{-1}$.

Die nachstehende Zusammenstellung gibt einen Überblick über die Oberflächenspannungen von Baustoffen, die mit den verschiedensten Kunststoffen und auch Hydrophobiermitteln

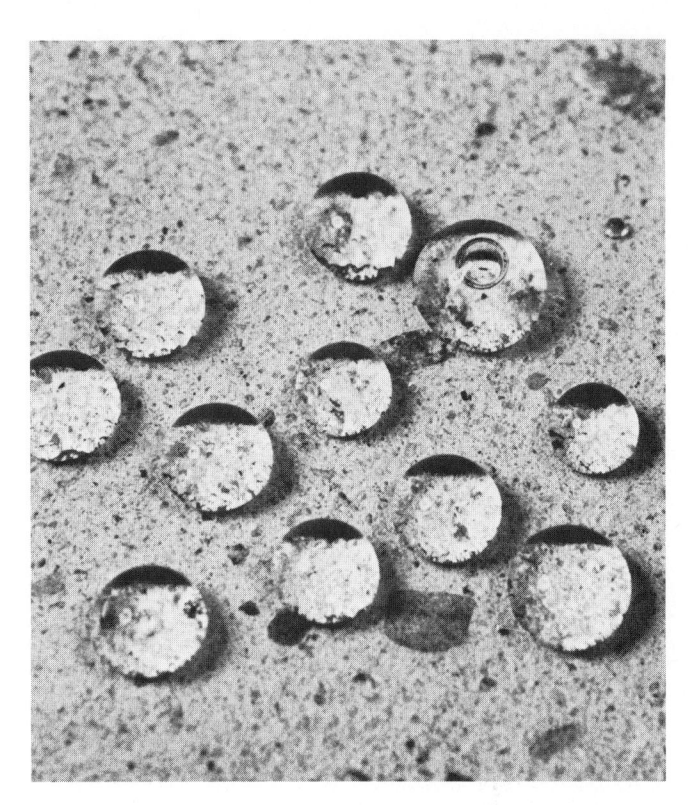

252 Wassertropfen auf einer mit Siloxan imprägnierten Kalksandsteinoberfläche

ausgerüstet sind, wobei in der Übersicht nur das Hydrophobiermittel bzw. der Kunststoff genannt werden, obwohl sicherlich auch ein Einfluß des Baustoffes – des hydrophobierten Untergrundes – besteht.

Für eine Langzeitwirkung der wasserabweisenden Imprägniermittel, von denen praktisch nur die Siloxanharze und nur in Sonderfällen auch bestimmte Metallseifen in Betracht kommen, ist zweierlei erforderlich: eine gewisse Stabilität gegenüber dem alkalischen Baustoff und eine ausreichend dichte Beladung der Baustoffoberfläche, die mindestens zwei bis drei Molekülstärken haben sollte, die wir erfahrungsgemäß nur mit einer mindestens 5 %igen Imprägnierlösung erreichen. Verantwortungsbewußte Hersteller von Imprägniermitteln und Bautenschutzfirmen verdünnen daher die angelieferten konzentrierten Harzlösungen anwendungsbereit auf 6 %ige Lösungen.

Beide Voraussetzungen wurden in den vergangenen Jahrzehnten – etwa von 1958 an – aus mangelndem Verständnis der Zusammenhänge oder aus Gewinnsucht oft mißachtet. Aus den Jahren 1958 bis 1960 sind solche Siliconharzlösungen mit einer Konzentration von 0,9 % Wirkstoff bekannt.

Übersicht über die Oberflächenspannungen von Hydrophobiermitteln, Kunstharzen und silicatischen Baustoffen

Oberfläche	Oberflächenspannung in mN·m^{-1}
Wasser	72,8
Silicate	78
Glas	78
harte Acrylharze	47
harte Methacrylharze	43
Vinylpolymere	40–52
Siliconate vernetzt	ca. 60
Methylsiloxane (Molekulargewicht über 5 000)	20–22
Phenyl-methylsiloxane (Molekulargewicht über 5 000)	20–22
Methylsiloxane mit Methacrylaten im Verhältnis 5:1 gemischt	21–24
Oligomere Methyl-Phenyl- und Methyl-Propylsiloxane	20–22
Silane katalytisch vernetzt	22

Imprägnierungen mit solchen viel zu geringen Konzentrationen wurden nach einigen Jahren wirkungslos. Leider kann man in den ersten Monaten oder auch den ersten zwei Jahren die wasserabweisende Wirkung von Imprägniermitteln zu geringer Konzentration nicht von denen einer ausreichenden Konzentration unterscheiden. Dieser Mangel führte oft dazu, das Vertrauen der Architekten für diese Behandlungssysteme zu untergraben.

Auch die Alkalistabilität der früher fast ausschließlich verwendeten Methylsiloxane war nicht sehr gut. Da in den meisten Fällen beide oben erwähnten Ursachen in einem Anwendungsfall zusammentrafen, sprach man skeptisch von wirkungslosen Siliconimprägnierungen. Hinzu kam, daß manche der Imprägnierfirmen die Imprägnierlösungen auf weiße Klinker, auf helle Spaltplatten oder Waschbeton mit hellem Kiesel aufbrachten und gar nicht wußten, daß man diese Baustoffe nachwaschen muß, damit das Harz nicht auf den dichten, nicht saugenden Flächen aufliegt. Die Siliconharze dieser Jahre erwärmten sich in der Sonne, wurden weich und klebrig. Damit konnten sie Staub binden; die Fassaden vergrauten. Das sind die Ursachen für eine bei manchen Fachleuten tief eingewurzelte Aversion gegen Siliconharze. Die eigentliche und noch tiefer gehende Ursache ist aber die, daß weder Maler noch Architekten es verstehen wollten, wie eine farblose, dünnflüssige, wasserähnliche Imprägnierung überhaupt wirksam sein kann, zumal man sie auf der Fassade nicht sieht. Dies aber ist gerade ein wesentlicher Vorteil der Siloxanimprägnierungen.

Die wesentlichen Faktoren für die Wirksamkeit und Langlebigkeit der Wirkung von Siloxanimprägnierungen seien noch einmal zusammengefaßt:

a) tiefes Eindringen in den Baustoff
b) Alkaliunempfindlichkeit
c) keine Oberflächenklebrigkeit
d) ausreichende Konzentration der Imprägnierlösung
e) ausreichend sattes Aufbringen der Imprägnierlösung.

Bild 253 zeigt das sehr tiefe Eindringen eines mittelmolekularen Siloxans mit dem Molekulargewicht um 3000 in Abmischung mit einem Silan. Silane dringen aufgrund ihres kleinen Moleküls sehr viel tiefer ein als die höher molekularen Harze. Sie werden katalysiert eingesetzt, so daß sie sich im Baustoff zu den Siloxanharzen umsetzen. Wir erkennen die Wirkung der Imprägnierung an der hellen Zone, die trocken bleibt, weil sie kein Wasser aufnimmt.

Lebenserwartung von Siloxanharzimprägnierungen

Sind handliche Voraussetzungen und Materialanforderungen (a–e) erfüllt, dann ist die Dauer der Funktionsfähigkeit einer Siloxanharzimprägnierung verhältnismäßig groß. Einige Beispiele aus der Praxis mögen das zeigen. Bei der Diskussion dieser Beispiele muß bedacht werden, daß uns ältere Objekte zur Verfügung stehen, an denen wir das Langzeitverhalten studieren können. Für die Imprägnierung dieser alten Objekte konnten aber nur die ersten und keineswegs vollkommenen Entwicklungsstufen von Siloxanharzen eingesetzt werden. Diese ersten Entwicklungsstufen von Siloxanharzen erfüllten noch in keiner Weise die Anforderungen a–e, wie sie von den heute verwendeten, gut entwickelten Siloxanharzen erfüllt werden.

Zudem kommt es nicht allein auf die sichtbare Wasserabweisung der Baustoffoberfläche an, sondern auf die *Hydrophobierung des Baustoffinneren*. Die Oberfläche wird durch aufliegenden organischen Staub und Schmutz so irritiert, daß sich eine andere Grenzflächenspannung ergibt als die des noch sauberen, mit Siloxanharz imprägnierten Baustoffes. Dieser Effekt ist jedoch oberflächig und ohne Belang.

253 Eindringtiefe einer Siloxanimprägnierung in Beton

254 Eindringtiefe einer Siloxanimprägnierung in einen Ziegel, Zustand nach 14 Jahren

Bild 254 zeigt an Ziegeln einer Hamburger Kirche sowohl die Eindringtiefe eines Siloxanharzes in den Baustoff als auch die Wirkung im Inneren der Steine noch nach 14 Jahren. Diese ist überhaupt nicht gemindert, es gibt kein Anzeichen dafür, daß diese Wirkung in absehbarer Zeit erlöschen würde.

Bild 255 zeigt das älteste bekannte, mit Methylsiloxanharzen imprägnierte Objekt. Es ist eine Verblendwand aus dem Jahre 1957. Damals wurde das allererste und allereinfachste Siloxanharz verwendet. Wir sehen, wie auf der Oberfläche der Steine die Wasserabweisung zwar etwas irritiert ist: immerhin ist die Imprägnierwirkung noch so gut, daß das Wasser auf der Oberfläche steht und nicht eindringt. Die Mörtelfugen haben dagegen aufgrund ihrer Alkalität im frischen Zustand das Siloxanharz abgebaut. Wir erkennen daraus, daß diese Verblendwand in noch relativ frischem Zustand imprägniert worden ist. Die Methylsiloxanharzimprägnierung auf einem nicht hochalkalischen Untergrund hat danach ihre Wirksamkeit nach 21 Jahren nicht verloren.

Wir können aus diesen beiden Objekten und noch vielen anderen Objekten aus den Jahren 1959 bis 1965 in Hamburg, Bremen, Düsseldorf und Essen schließen, daß bei richtiger Arbeitstechnik, der Anwendung ausreichender Wirkstoffkonzentrationen und unter Verwendung der heute zur Verfügung stehenden wesentlich verbesserten Siloxanharze sowie der Siloxanharz-Silan-Gemische die Wirkungsdauer (= Lebenserwartung) einer Siloxanharzimprägnierung recht hoch ist.

255 Imprägnierwirkung eines Methylsiloxans auf Ziegel und Mörtel nach 22 Jahren

256 Die Aufnahme zeigt die noch vorhandene Wasserabweisung einer Betonoberfläche, die vor drei Jahren mit einer Wasserglas-Silikonatmischung behandelt wurde.

257 Wasserabweisung einer 5 %igen Methylsiloxanlösung auf einem dichten, vorgefertigten Beton nach 5 Jahren

Auch bei dem Beispiel, das uns Bild 255 zeigt, würden wir mit den heute zur Verfügung stehenden Siloxanharzen eine viel deutlichere Wasserabweisung auf den Steinen sehen können, und auch die Mörtelfugen würden Wasser abweisen. Auch die Funktionszeit der Wasserabweisung würde noch länger sein. Ähnliche Schlüsse können wir aus dem Objekt herleiten, das uns Bild 254 zeigt. Die Tatsachen sprechen für sich; die heute noch vorgebrachten Einwände gegen Siloxanharzimprägnierungen beweisen nur Kenntnislosigkeit bzw. Vorurteile der Kritiker.

Silane sind den Siloxanharzen gleichwertig, wenn sie sich im Baustoff zu größeren Molekülen umsetzen. Sie werden im Baustoff, in den sie besser als die Harze eindringen, zu Siloxanharzen, wenn sie katalysiert sind. Man setzt sie daher den Siloxanharzen zu, damit die ganze Mischung besser eindringen kann. Das spielt bei Beton eine sehr große Rolle.

Leider erfolgt diese Reaktion zu Siloxanharzen nicht immer, dann dampfen die monomeren Silane bei Wärme aus dem Fassadenbaustoff heraus, und die wasserabweisende Wirkung verschwindet.

Die höhermolekularen Siloxanharze (MG über 3000) dringen in einen normalen Beton guter Festigkeit maximal 0,9 mm tief ein, Silane dagegen bis zu 10 mm. Die unabdingbare Voraussetzung ist allerdings, daß diese Silane gut katalysiert sind, damit sie sich sicher im Baustoff zu Siloxanharzen umsetzen. Fehlt die Katalysierung, dann dampfen sie unter dem Einfluß der Sonnenwärme wieder heraus, weil sie einen noch relativ hohen Dampfdruck haben.

Siliconate gehören zur gleichen Stoffgruppe. Man darf sie jedoch nicht mit Silanen und Siloxanharzen verwechseln. Es handelt sich um alkalische, wasserlösliche, niedermolekulare Salze von Siloxangruppen. Diese etwas legere Ausdrucksweise sei erlaubt, damit auch vom Nichtchemiker verstanden wird, welche Eigenschaften diese Stoffgruppe besitzt.

Siliconate reagieren im Inneren des Baustoffes unter dem Einfluß der Kohlensäure zu Siloxanharzen. Die so entstandenen Siloxanharze sind jedoch keineswegs so definiert und haben auch nicht die exakte Struktur der Siloxane. Die fabrikmäßig hergestellten Siloxanharze haben eine genau definierte Struktur, und auch die aus Silanen entstehenden Siloxanharze sind weitgehend definiert. Siliconate ergeben nur ungeordnete und unvollständig ausreagierte Produkte. Ihre Wirkungszeit sowie ihre Wirkung sind damit wesentlich geringer. Diese ist in der Regel nach 5 Jahren nahezu vollständig erloschen.

Bild 256 zeigt eine 3 Jahre alte Betonoberfläche, die in frischem Zustand mit einer Siliconat-Wasserglas-Mischung behandelt worden ist. Nach diesen knapp 3 Jahren ist die wasserabweisende Wirkung nur noch sehr bescheiden. Dagegen zeigt Bild 257 eine sehr dichte Betonoberfläche, die im Jahre 1974 mit einem modernen, hochmolekularen Siloxanharz imprägniert wurde. Hier ist die Wasserabweisung noch deutlich ausgeprägt.

Manche Hersteller von Wasserglasfassadenanstrichen, den sogenannten Silicatfarbanstrichen, setzen ihren Anstrichmitteln Siliconate zu, damit eine gewisse Wasserabweisung erreicht wird. Das Silicat, welches sich auf der Fassade aus dem Wasserglas bildet, hat überhaupt keine Wasserabweisung, weil die Differenz der Oberflächenspannung zu der des Wassers nur sehr gering ist.

Die *Sauberhaltung* durch eine Siloxan- oder Silanimprägnierung ist ein nützlicher Nebeneffekt. Bild 258 zeigt dafür ein Beispiel. Die Behandlung der Oberfläche bleibt unsichtbar, und doch steht diese Betonoberfläche Mitte 1979 über 8 Jahre in einer Großstadt ohne jede Verschmutzung. Auch relativ frische Betonoberflächen können durch die neuen, weitgehend alkalifesten Siloxanharzimprägnierungen trocken und sauber gehalten werden. Derart ausgerüstete Betonoberflächen bleiben ohne Feuchtigkeitsflecke, Schmutzbeladungszonen und lästige weiße Kalkhydratausblutungen, die sich sonst in Form weißer Läufer zuweilen zeigen.

Nicht unerwähnt soll bleiben, daß durch diesen Schutz gegen eindringendes Wasser der Stahl der Betonbewehrung gegen die Angriffe aggressiver Bestandteile der Luft (z.B. der Schwefeloxide) weitgehend geschützt wird, weil diese Gase erst in Verbindung mit Wasser zu aggressiven Säuren werden, die dann Beton und Stahl schädigen.

Auf waagerechten, begehbaren und befahrbaren Flächen (Garagendecks, Terrassenoberflächen, Dachflächen, Balkonflächen) werden Siloxanharzimprägnierungen nicht ausgeführt. Der einzige Grund dafür ist, daß diese Oberflächen begangen, intensiv mit Schmutz beladen werden, so daß die Oberfläche der Imprägnierung irritiert wird. Das hat allerdings keinen Einfluß auf die Wirkung der Imprägnierung im Inneren des Baustoffes. Grundsätzlich können solche Imprägnierungen sehr nützlich sein, so bei den oben genannten Bauteilflächen und auch bei Flachdächern aus Beton mit unten liegender Dämmschicht. Bild 259 zeigt als Beispiel die Betonfläche eines Bürgersteiges, an der die Tiefenwirkung einer Siloxanimprägnierung noch nach 6 Jahren erkennbar bleibt.

Weiter ist darauf hinzuweisen, daß eine Siloxanimprägnierung auch Risse bis in die Tiefe hinein wasserabweisend ausrüstet, wodurch diese Risse kein Wasser mehr aufnehmen können. Das gilt insbesondere für alle Risse unterhalb von 0,3 mm Breite.

Unter den organischen Baustoffen (Kunststoffen) nehmen Siloxane und Silane insofern eine Sonderstellung ein, als sie zur Hälfte anorganisch sind und aufgrund ihrer hohen Wirksamkeit das wichtigste Bautenschutzmittel sind, das wir heute besitzen. Mit geringem Aufwand und relativ geringen Kosten läßt sich bei richtiger Harzauswahl und Arbeitstechnik ein hoher, langfristig anhaltender Schutz erreichen.

Nach unserem heutigen Wissens- und Erfahrungsstand ist die Wirkungszeit der neuen, verbesserten Siloxane noch nicht vollständig ausgelotet. Wir wissen aber, daß die hochmolekularen Methylsiloxane, welche ja keineswegs ein Optimum an Alkalibeständigkeit und Eindringtiefe aufwiesen, noch nach mehr als 20 Jahren eine nachweisbare Wirkung haben.

258 Eine Strukturbetonoberfläche, die in frischem Zustand mit Siloxan imprägniert wurde. Diese Oberfläche ist vollständig sauber geblieben. Das Bild zeigt den Zustand nach 8 Jahren.

259 Eine Methylsiloxanharzlösung, die zum Imprägnieren und Schützen der keramischen Platten verwendet wurde, ist über die Betonplatten des Bürgersteigs gelaufen. Diese ungewollte Imprägnierung ist noch nach 6 Jahren wirksam. Das Bild zeigt den Bürgersteig nach einem Regen.

4.3.3 Dichtstoffe

Dichtstoffe sind Massen, die zur Abdichtung von Dehnungsfugen, Elementfugen, Anschlußfugen, zur Fenstereindichtung, zur Abdichtung von Isolierglasscheiben sowie zur Versiegelung des Anschlusses von Glas und Metallfensterrahmen oder zur Glashalteleiste eingesetzt werden. Man verwendet sie ferner für die Sanitärabdichtung und auch für Abdichtungen von Ingenieurbauten unter Wasser.

Anfang der fünfziger Jahre begann man derartige Dichtstoffe, die dann später die konventionellen Kitte ablösten, für diese Zwecke herzustellen und einzusetzen. Die Materialgrundlage der Dichtstoffe ist vielfältig, sie reicht von Elastomeren bis zu Kunstharzen.

Wie bei jedem neuen Baustoff traten zunächst Unsicherheiten bei der Herstellung und in der Anwendung auf. Planer und Anwender wußten zunächst nur wenig über die Belastungs- und Anwendungsgrenzen der Dichtstoffe; manche Fuge wurde zu schmal ausgelegt und mit einem für den Anwendungszweck falschen Dichtstoff abgedichtet. Hersteller ebenso wie Abdichtungsfirmen konnten mangels Grundlagenwissens und praktischer Erfahrung zunächst keine klaren und richtigen Hinweise geben. Dichtstoffe wurden damals nicht richtig hergestellt und überbeansprucht; so kam es zu Schäden.

1965[1]) wies der Autor erstmalig in einem Grundsatzreferat darauf hin, daß die Konservierung der Kräfte im Dichtstoff infolge zu strammer und zu hoch rückstellfähiger Dichtstoffe zum Abriß vom oder zum Einriß im Dichtstoff führt. Seit dieser Zeit bemüht man sich, Dichtstoffe herzustellen, die solche in der Fuge auftretenden Zug- und Druckkräfte schadlos aufnehmen. Dichtstoffe wurden weicher und erhielten mehr plastische Anteile.

So entstanden die modernen Dichtstoffe, und zugleich wurde auch ihr Anwendungsbereich größer. Dennoch wurden auch bei den neuen Typen noch Schäden verzeichnet, so daß das Vertrauen in die Fugenabdichtung zuweilen gemindert wurde. Unsicher blieb man auch in bezug auf die Lebensdauer von Dichtstoffen.

In einer Forschungsarbeit* konnten Aussagen über die Langzeitbeständigkeit (Lebenserwartung) aller wesentlichen auf dem Markt befindlichen Dichtstoffe gemacht werden. Die 1975 und 1976 untersuchten Objekte wurden in drei Gruppen eingeteilt:

A. ältere Objekte von 1956 bis 1965
B. Objekte von 1966 bis 1969
C. Objekte mit den neuen Dichtstoffen von 1970 bis 1975

Die Unterlagen des Instituts des Autors wurden dabei verwertet. Außerdem stellten Firmen, Verfuger und weitere Gutachter, die auf diesem Gebiet tätig waren, ihr Material zur Auswertung zur Verfügung. Viele der gemeldeten Objekte, vor

[1]) Grunau, Fugenmaterialien im Hochbau, DB, Heft 6/1965

* Resultate publiziert in: Das Baugewerbe, Heft 5/1976

Tabelle 17 Aufstellung der erfaßten Fugen

Jahr	Außenwand m	Fenster m	Polysulfid m	Butylkautschuk m	Silikonkautschuk m	Polyurethan m	Acrylharze plastisch m	Acrylharze teilelastisch m
1956	150						150	
1957	2 500			2 500				
1958	2 700			2 700				
1959	37 700	6 000	42 200	800			700	
1960	17 500		17 500					
1961	9 800		9 800					
1962	57 500	1 800	56 300	1 800			1 200	
1963	50 450	3 400	49 350	3 000			1 500	
1964	147 600	28 850	173 250	1 600			1 600	
1965	254 250	64 000	311 300	5 600			1 350	
1966	88 150	18 000	103 750				2 400	
1967	158 900	24 600	183 500					
1968	78 400	16 200	79 800		9 000		5 800	
1969	94 600	19 450	104 550		2 100	2 100	400	4 900
1970	28 200	23 300	31 900	3 000	12 200			4 400
1971	63 900	19 750	60 600	500	9 500	6 000		7 050
1972	35 500	34 850	39 600		17 700	200		12 850
1973	58 750	42 600	56 500		24 550			20 300
1974	316 600	412 400	357 100	2 100	172 200	7 400	6 600	183 600
1975	210 400	182 800	278 500	700	52 300	1 200		60 500
	1 713 550	898 000	1 955 500	24 300	299 550	16 900	21 700	293 600

Quelle: Forschungsbericht „Lebenserwartung von Dichtstoffen", aus: Das Baugewerbe, Heft 5/1976

Tabelle 18 Schadenshäufigkeit insgesamt

Anwendungsgebiet	1958–1965 in %	1970–1975 in %
Außenwand	31	11
Fensterversieglung	15	6

Tabelle 19 Aufteilung der Schäden in Schadensursachen

Schadensursache	1958–1965 in %		1970–1975 in %	
	Außenwand	Fenster	Außenwand	Fenster
Planungsfehler	31	30	20	13
Materialfehler	24	39	18	14
Verarbeitungsfehler	32	31	54	73
Ausführungsfehler im Rohbau	13	–	8	–
	100	100	100	100

Die Schadensfälle der Jahre 1958 bis 1965 umfassen viele Schäden von Butylkautschukmassen und Dichtstoffen auf der Basis härtender Öle. Die letzten Dichtstoffe sind in der Auflistung aber nicht mehr berücksichtigt, da sie ab spätestens 1970 keine Anwendung mehr finden.

Tabelle 20 Relative Schadenshäufigkeit

Schadensursache	1958–1965		1970–1975	
	Außenwand	Fenster	Außenwand	Fenster
Planungsfehler	9,61	4,4	2,2	0,78
Materialfehler	7,44	5,85	1,98	0,84
Verarbeitungsfehler	9,92	4,65	5,94	4,38
Ausführungsfehler im Rohbau	4,03	–	0,88	–

Die oben angeführten Relativwerte werden durch die Multiplikation des Gesamtschadenanteils mit dem jeweiligen Prozentsatz gebildet. (So z.B. 0,31 × 31 = 9,61)

Quelle: Forschungsbericht „Lebenserwartung von Dichtstoffen", aus: Das Baugewerbe, Heft 5/1976

allem die aus älterer Zeit (1956 bis 1965), wurden untersucht, Materialproben wurden entnommen.
Auch die von der Dokumentationsstelle für Bautechnik nachgewiesene Fachliteratur, Publikationen des In- und Auslandes wurden mit einbezogen. Hier wurden aber exakte Schadensquoten sowie Hinweise auf die Lebenserwartung nicht gefunden. Nur die Berichte des Instituts für Fenstertechnik e.V. enthalten in den Forschungsberichten 1/1967, 1968 und im Abschlußbericht 1969 nützliche Zahlenangaben.
Insgesamt sind mehr als 2 611 000 lfdm Fugen erfaßt worden, davon 65,6 % Außenwandfugen (s. Tabelle 17). In Tabelle 18 sind die Schadensfälle für zwei Zeitperioden nach Schadensursachen gegliedert. Dabei sind die Zeitperioden von 1956 bis 1965 und von 1970 bis 1975 gewählt worden. Die Spanne von 1966 bis 1969 betrifft Jahre der Umstellung und ist für ein klares Bild statistisch nicht verwertbar.
Bis etwa 1965 stützte sich die Dichtstoffproduktion auf die alten Rezeptierungen, die alle relativ rückstellfähige, stramme und harte Dichtstoffe ergaben. Die Umstellung auf weichere, sowohl rückstellfähige als auch plastische Dichtstoffe, die weder kraftübertragend waren noch die Spannungen konservierten, war eigentlich – von einigen Nachläufern abgesehen – 1970 beendet. Ab 1970 herrschten dann die neuen Rezeptierungen vor. Die *Schadensursachen* sind in *Planungsfehler* (wobei Planungsfehler nach VOB, B §§ 4 (3), 13 (3) nicht auf die ausführende Firma übertragen und dieser zugerechnet wurden), *Materialfehler* (unzureichende, falsche Rezeptierungen und Herstellungsfehler), *Verarbeitungsfehler* und *Ausführungsfehler* beim Rohbau gegliedert. Eine stärkere Differenzierung war nicht möglich, sie wäre mit zu viel Unsicherheit belastet gewesen.
Diese Gliederung entspricht auch etwa dem Sinn der Gliederung der DIN 18 540; wir finden diese Gliederung in den Tabellen 19 und 20.
Die relative Schadenshäufigkeit ergibt sich aus der Multiplikation des Gesamtschadensanteils mit dem jeweiligen Schadensprozentsatz. Dieses Verfahren ist deshalb nowendig, weil man anders keine vergleichbare Werte erhält. Das Absinken der relativen Schadenshäufigkeit zwischen den beiden Zeitperioden ist offensichtlich, die Materialfehler gehen stark zurück, ein Beweis dafür, daß seit 1965 (bzw. 1966) bekannt gewordene Konzeptionen richtig waren. Ebenso gingen die Rohbauausführungsfehler stark zurück, die Maßtoleranzen in den Fugen wurden kleiner. Dieses Bild hatte sich dann ab 1977 leider wieder verändert: Montagefehler bei Fertigteilen und Maßtoleranzen nahmen allgemein wieder zu.

Leider blieben die Verarbeitungsfehler nahezu konstant. Das ist darauf zurückzuführen, daß sehr viele Kleinunternehmer sich auf das Gebiet der Fugenabdichtung begeben haben, ohne die notwendige Vorbildung und Fachkenntnis zu besitzen. Diese Unternehmen, die nicht in einer Fachorganisation im Zentralverband des Deutschen Baugewerbes zusammengefaßt sind, erhalten in vielen Fällen nur deshalb die Aufträge, weil sie billig anbieten. Einige Hersteller von Dichtstoffen stellen sogar Produkte her, die viel zu wenig Bindemittel enthalten und entsprechend schlechter (und auch billiger) sind.
Zu Tabelle 17 ist noch zu bemerken: Bei den Außenwandfugen dominieren die Polysulfidmassen. Dieses Bild spiegelt sich auch bei den Fensteranschlüssen und Fensterabdichtungen wider, obwohl hier Silikonkautschuk- und elastische Acrylterpolymere mit Eingang gefunden haben. Damit ist auch zu erklären, daß man bei den Polysulfiddichtstoffen auf die längste Erfahrungszeit zurückblicken kann. Allein 1959 ist die beachtliche Menge von ca. 40 000 lfdm. Fugen nachzuweisen, die mit Polysulfiddichtstoffen abgedichtet wurden und heute noch überwiegend intakt stehen.

Die Bilder 260, 261 und 262 zeigen entnommene Proben solcher Dichtstoffe aus den ersten Jahren der Anwendung. Es sind Polysulfidmassen. Es sei hier die Anmerkung erlaubt, daß es die Firmen Mecklenbeck (Essen) und Dietz (Dortmund) waren, die diese ersten Abdichtungen vornahmen. Das Material lieferte die Formflex-Gesellschaft aus Ludwigshafen. Bewußt wurde die Stoffgruppe untersucht, weil Polysulfide (bekannt unter dem Warenzeichen „Thiokol") in den folgenden Jahren die wichtigste Rolle in der Abdichtungstechnik zu übernehmen begannen.

Untersuchungen erfolgten zusätzlich im Rasterelektronenmikroskop (REM) bei 2000- bis 20000-facher Vergrößerung. Alte Dichtstoffe, die am Bau entnommen wurden (so aus dem Jahre 1959), wurden mit neuen Dichtstoffen, die erst vor wenigen Monaten eingebaut worden waren (1977), verglichen. Dabei wurde jeweils die Ebene in 0,3 mm Tiefe unter der Oberfläche zugrunde gelegt; die Proben wurden entsprechend präpariert.

Die Bilder 263 bis 266 zeigen diese REM-Aufnahmen, je zwei aus den Jahren 1959 und 1977. Wir erkennen, wie nach 18 Jahren die Matrix etwas abgebaut ist und die Füllstoffkörper freier liegen als bei den Dichtstoffen aus dem Jahre 1977. Eine Zerstörung ist in dieser Tiefe auch nach 18 Jahren nicht nachweisbar. Setzt man eine Mindestdichtstofftiefe von 5 mm einschließlich aller möglichen Toleranzen voraus, so wird man damit auf eine sehr viel höhere Lebenserwartung extrapolieren dürfen.

Die Lebenserwartung von Dichtstoffen wird durch Material-, Planungs- und Verarbeitungsfehler merklich verkürzt. Sie ist damit nicht nur als die Erlebenszeit des Dichtungsmaterials selber, sondern auch als Funktionsfähigkeit der Abdichtung des ganzen Systems zu definieren, wobei es im engeren Sinn sicher um die Lebenserwartung des Dichtstoffes selber geht. Die nachstehenden Bilder sollen einen Eindruck davon vermitteln, wie sich die oben aufgezählten Fehler auswirken.

Bild 267 zeigt, daß eine Mörtelfuge nicht in der Lage ist, Bewegungen aufzufangen, sie reißt auf. Bild 268 zeigt einen Verarbeitungsfehler. Hier wurde die Fugenflanke nicht ordnungsgemäß vor dem Abdichten gesäubert. Die Bilder 269 bis 272 zeigen Materialmängel. Solche minder belastbaren Dichtstoffe dürfen im Bereich hoher Belastung nicht eingebracht werden. Typische Verarbeitungsmängel und -fehler zeigen die Bilder 273 und 274.

Ein wesentlicher Faktor, der zum vorzeitigen Verfall führt, ist das Einsparen von Bindemitteln. Um im Preiskampf der Wettbewerber den Dichtstoff möglichst billig herstellen und anbieten zu können, wird am Bindemittel — dem teuersten Bestandteil — gespart. Nach DIN 18 540 werden Dichtstoffe auf ihr Verhalten und ihre Eignung geprüft, doch sagt diese Prüfung nach Teil 2 dieser Norm nicht viel über deren Langzeitverhalten aus. Diese Anforderungen sind lediglich der allerniedrigste Stand, der erfüllt werden muß.

Für eine ausreichende Lebenserwartung ist eine ausreichende Bindung notwendig. Dies ist bei den Polysulfiddichtstoffen erst bei über 30 Gewichtsprozenten Polysulfid gegeben. Das

260 Probe eines intakten Polysulfiddichtstoffes aus dem Jahre 1959

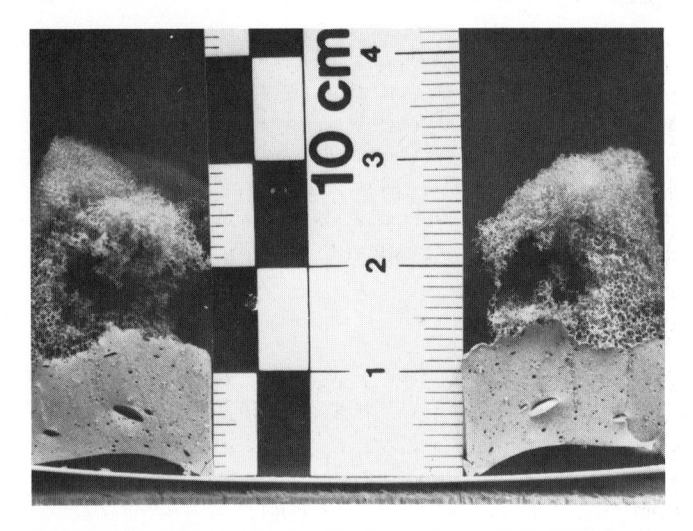

261 Probe eines intakten Polysulfiddichtstoffes aus Köln-Mülheim aus dem Jahre 1959

262 Probe eines intakten Polysulfiddichtstoffes aus dem Jahre 1960

263 REM-Aufnahme in 7500-facher Vergrößerung der Oberfläche eines Polysulfiddichtstoffes in 0,3 mm Tiefe aus dem Jahre 1959

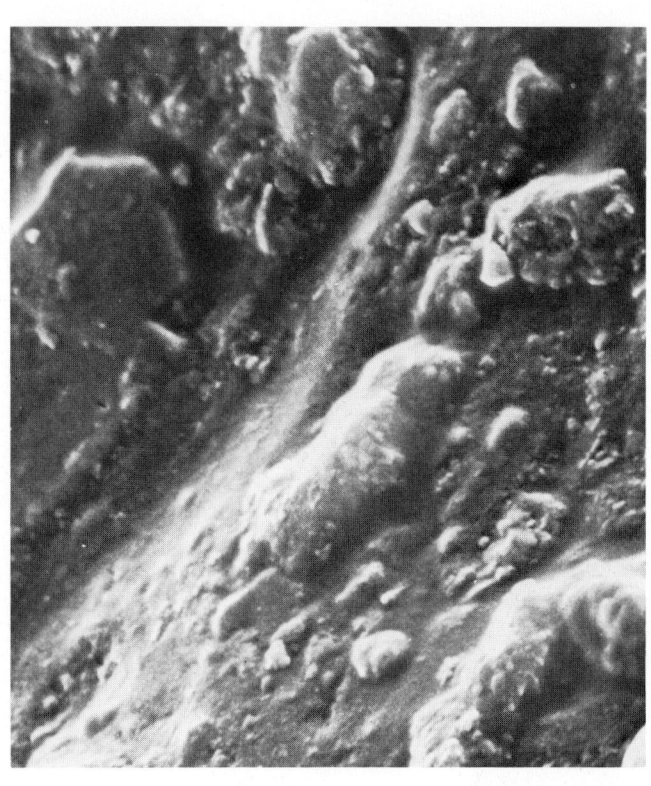

265 REM-Aufnahme in 7500-facher Vergrößerung eines Polysulfiddichtstoffes in 0,3 mm Tiefe aus dem Jahre 1977

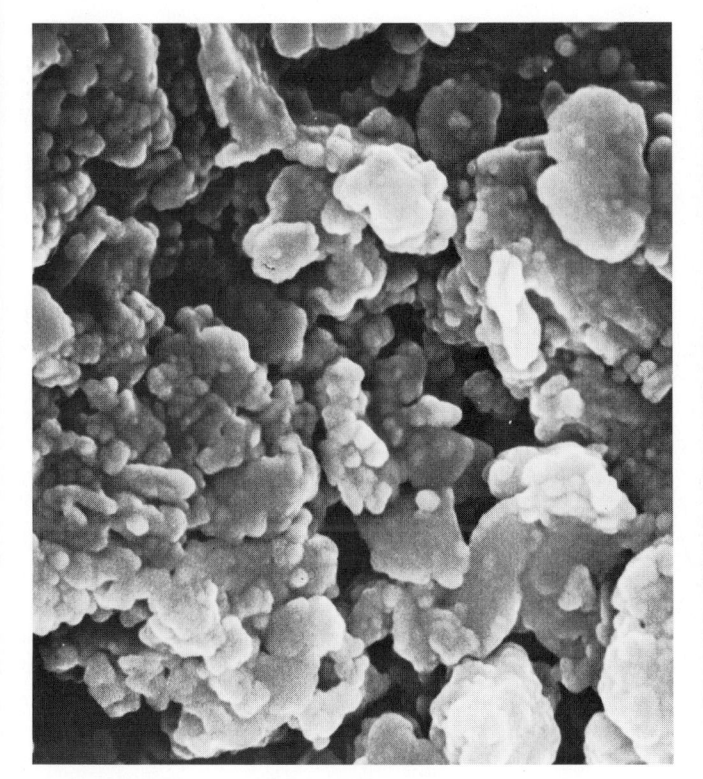

264 REM-Aufnahme in 7500-facher Vergrößerung der Oberfläche eines Polysulfiddichtstoffes in 0,3 mm Tiefe aus dem Jahre 1959

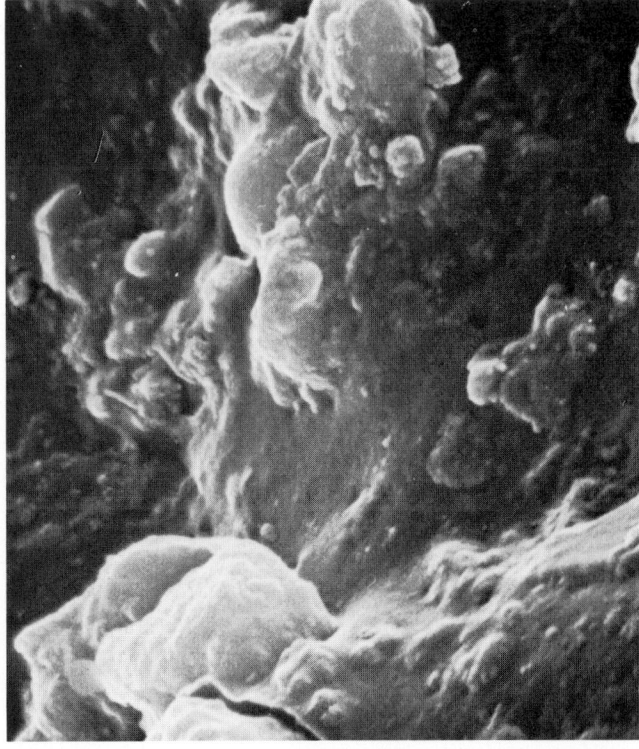

266 REM-Aufnahme in 7500-facher Vergrößerung eines Polysulfiddichtstoffes in 0,3 mm Tiefe aus dem Jahre 1977

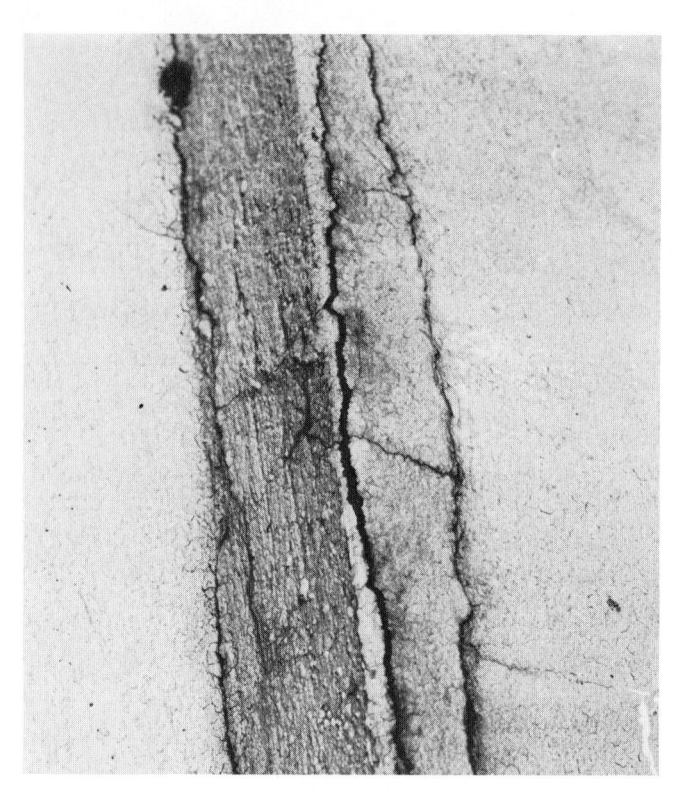

267 Eine Fuge wurde mit Mörtel verfüllt. Da Mörtel keine Bewegungen aufzufangen vermag, reißt die Fuge ständig neu ein.

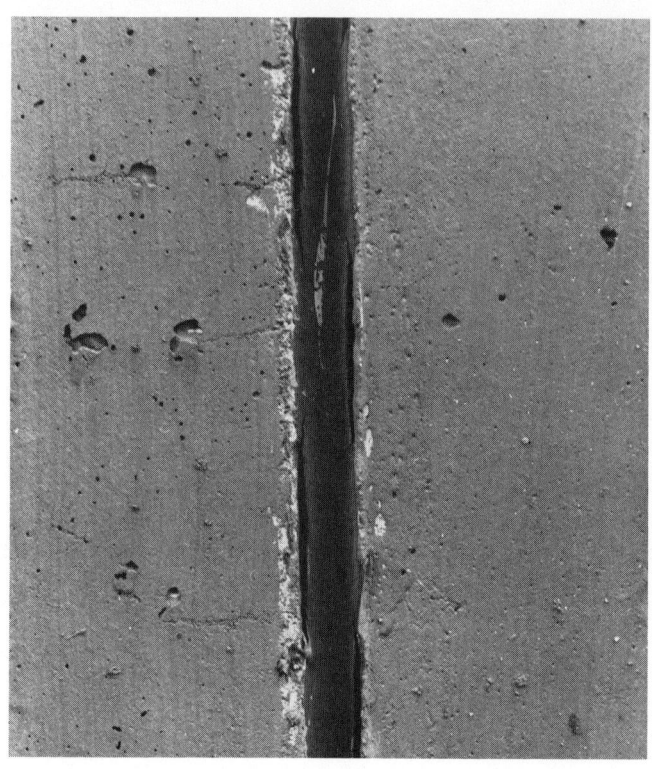

269 Dieser Polyurèthandichtstoff ist in bezug auf die Dehnung überfordert und reißt ab.

268 Der Fugenrand bröckelt heraus, weil er vor dem Verfugen nicht gesäubert wurde.

270 Dichtstoff auf der Basis härtender Öle beginnt schon nach wenigen Wochen zu reißen.

271 Ein teerhaltiger Dichtstoff verfällt bereits nach 15 Monaten.

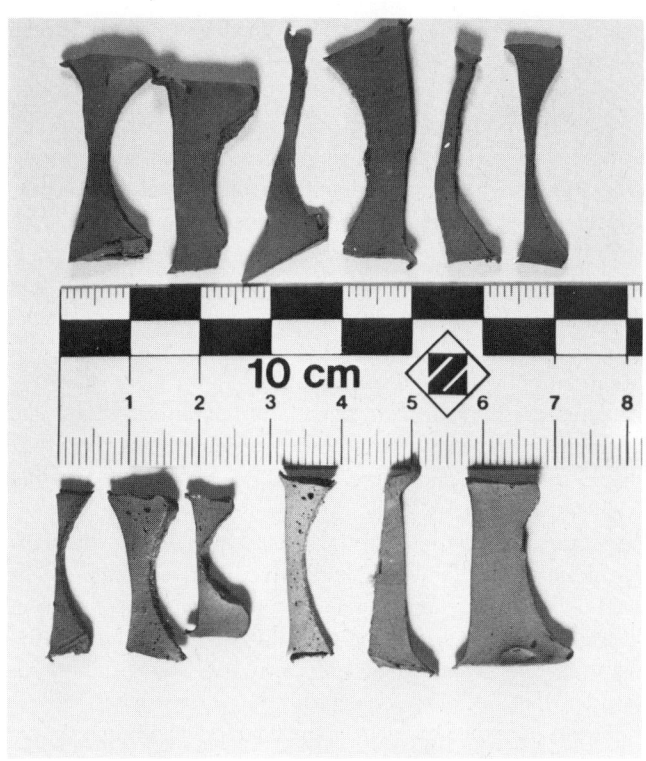

273 Dichtstoffquerschnitte, an einem Objekt entnommen. Viele der Querschnitte sind viel zu dünn, so daß frühzeitige Zerstörung der Abdichtung eintreten wird.

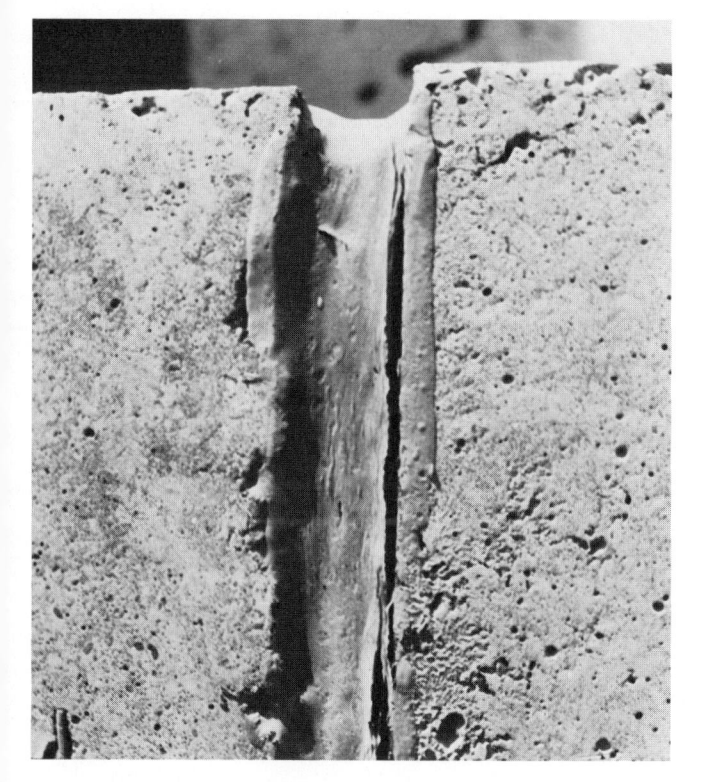

272 Dieser Dichtstoff ist überfordert, weil er zu wenig Bindemittel enthält.

274 Vorzeitige Zerstörung einer Fugenabdichtung, weil die Dichtstoffstärke nur 1 mm beträgt

gleiche trifft für die Polyurethane zu. Diese jeweils 30 Gewichtsprozente Bindemittel sind jedoch die unterste Grenze; besser ist es, einige Prozente an Bindemittel mehr zuzusetzen; eine Reihe von Herstellern produziert dementsprechend auch konsequent mit 33 bis 36 Gewichtsprozenten Bindemittel. Nur diesen Dichtstoffen kann eine ausreichende Lebenserwartung zugesprochen werden. Schwach gebundene Dichtstoffe verfallen sehr viel früher.

Bei den Silikonkautschuken liegen die Verhältnisse ähnlich. Manche Silikonkautschuksysteme haben ihre Grenze bei 70 % Bindemittelanteil, andere bei 50 %. Unter 50 % — d.h. durch zu hohe Zugaben von Extendern und Weichmachern — verlieren diese Dichtstoffe schnell ihre guten Eigenschaften. Bei den Acryldichtstoffen — gleich welcher Systeme — liegt diese Grenze ziemlich genau bei 50 Gewichtsprozenten an Bindemittelanteil.

Die *Dauerbelastbarkeit* der Dichtstoffe ist das eigentliche Kriterium der Dichtstoffqualität und Verwendbarkeit. Sie kann experimentell durch eine Prüfung nicht vorherbestimmt werden. Sie setzt sich zusammen aus dem Verhalten bei Belichtung und Bewitterung, aus dem Alterungsverhalten des Dichtstoffes, der Beständigkeit des Haftvoranstriches und der richtigen Fugenauslegung bei Planung und Ausführung.

Die Art des Unterstopfungsmaterials (Schaumstoffstränge) geht weniger in die Beständigkeit des Systems ein. Diese Schaumstoffstränge sind für ein Gegendrucklager beim Dichtstoffeinspritzen und für eine konkave Formgebung des Dichtstoffes notwendig.

Wie schon erwähnt, besitzen wir keine Möglichkeit, die Lebenserwartung von Dichtstoffen vorherzubestimmen. Eine Voraussage wäre aber äußerst wichtig. Prüfspezifikationen nützen nur wenig, wenn sie keine Aussage über die Lebenserwartung des Dichtstoffes und des Abdichtungssystems zulassen.

Die längsten Erfahrungszeiten haben wir bei den Dichtstoffen Polysulfid, Butylkautschuk und Acrylpolymer. Während sich die Butylkautschuke im großen und ganzen als nur wenig belastbar erwiesen und die Acrylester ihre Anwendungsgebiete gefunden haben, in denen sie ihre Qualitäten beweisen, haben sich die Polysulfide auf der ganzen Anwendungsbreite durchsetzen können. Heute blickt man bei den Polysulfiden auf 20 Jahre Erlebenszeit zurück, wobei die nicht genau nachprüfbaren amerikanischen Angaben über noch längere Erlebenszeiten nicht berücksichtigt sind.

Die neueren Dichtstofftypen, Polyurethane und Silikonkautschuke, sowie wenig bekannte Entwicklungen auf dem Gebiet der Chloroprene und noch andere Basisrohstoffe, die allerdings nie zum Tragen kamen, haben eine derart lange Bewährungszeit nicht. Das kann man diesen Dichtstofftypen nicht zum Nachteil anrechnen, denn es sind schließlich neue Entwicklungen. Die Silikonkautschuke haben je nach ihrem System Anwendungsgebiete gefunden, in denen sie sich bewähren. Von diesen haben sich die Essigsäure- und aminabspaltenden Systeme als am beständigsten erwiesen.

275 Polysulfiddichtstoff mit 19 Gewichtsprozenten Bindemittelgehalt nach 27 Monaten

Belastbarkeitsgrenzen von Dichtstoffen

Für eine hohe Lebenserwartung ist es wichtig, daß die spezifische Belastbarkeitsgrenze eines Dichtstoffes nicht überschritten wird. Nach dem heutigen Stand des Wissens und dem gegenwärtigen Entwicklungsstand der Dichtstoffsysteme liegen die Dauerbelastbarkeiten zwischen 0 und 25 % der Fugenbreite. Der Wert von 25 % ist nur für wenige, sehr gut hergestellte Dichtstoffe mit hohem Bindemittelgehalt realistisch. Man darf aber selbst bei den Polysulfiden, die sich über lange Zeit gut bewährt haben, die Aussage nicht ohne die Einschränkung auf die Qualitätsgrenzen machen. Der Rechenwert sollte aber auch bei guten Dichtstoffen 20 % nicht überschreiten.

Es sei auch ausdrücklich davor gewarnt, zu hohe Belastbarkeitsgrenzen zu propagieren. Der Planer stützt sich auf Angaben aus den Firmenunterlagen. Wenn dort — beispielsweise — Belastbarkeitsgrenzen von 50 oder gar 200 % — zuweilen auch 600 % — offeriert werden und der Planer diese Daten in seine Fugenberechnungen einsetzt, kommt es mit Sicherheit zu Schäden. Auch der Laie wird erkennen, daß man mit einer 1 mm breiten Fuge nicht 2 mm Bewegung abfangen kann.

Der Planer weiß heute aus der Fachliteratur, daß er allenfalls mit einer Belastung von 25 % über die Zeit rechnen darf. Darüber hinausgehende Angaben von Herstellern können den Tatsachen nicht entsprechen. Der Hersteller allein trägt die Verantwortung für Schäden, die aus seinen unrichtigen Angaben entstehen; hier gilt die Produktenhaftung.

Die Belastbarkeit der Dichtstoffe ist eine der Rechengrößen für die Auslegung des Fugenrasters und der Fugenbreiten.*

---

* Vgl. dazu Grunau, Berechnungsgrundlagen für die Auslegung von Fugen, in: Das Baugewerbe, Heft 21, 1971 sowie Fugen im Hochbau, Köln 1973.

276 Polysulfiddichtstoff mit 27 Gewichtsprozenten Bindemittelgehalt nach 27 Monaten

277 Polysulfiddichtstoff mit 35 Gewichtsprozenten Bindemittel nach 27 Monaten

Jeder Dichtstoff ist nur in den Grenzen seiner Dauerbelastbarkeit funktionsfähig. Wird diese Grenze überschritten, so kommt es unweigerlich zu Schäden und zum Verlust der Abdichtungsfunktion. Die Lebenserwartung hängt damit auch von der Einhaltung dieser Grenze ab.
Dauerbelastbarkeit (Belastungsgrenze), Dichtstoffqualität und handwerkliche Verarbeitung bestimmen die Lebenserwartung von Dichtstoffen und Abdichtungssystemen. Als Beispiel für den Einfluß der Dichtstoffqualität soll über Versuche mit Polysulfiddichtstoffen bei verschiedenen Bindemittelgehalten in einem Dehnungs-Stauchungs-Prüfgerät berichtet werden. Hier wurden Polysulfiddichtstoffproben mit 19, 27 und 35 Gewichtsprozenten Bindemittelgehalt über 27 Monate lang unter Freibewitterung geprüft, wobei im Gerät durch thermische Einflüsse die Stauch- und Dehnbewegungen erzeugt wurden. Die Bilder 275, 276 und 277 zeigen das Ergebnis. Während sich der Dichtstoff mit 35 Gewichtsprozenten Bindemittel nicht veränderte, begannen bei 27 Gewichtsprozenten die ersten Schäden, und bei 19 Gewichtsprozenten Bindemittel war der Dichtstoff bereits vom Fugenrand abgerissen.

Die Belastungsgrenze hängt damit offensichtlich vom Bindemittelgehalt ab. Wird dieser unter ein vertretbares Maß gesenkt, so sinkt auch die Belastbarkeitsgrenze schnell ab. Es wäre damit verhängnisvoll, den Bindemittelgehalt zu stark zu senken. Wenn der Hersteller dies dennoch macht, muß er die niedrigere Belastbarkeitsgrenze ausdrücklich angeben. Unterläßt er auch dies und kommt es zu Schäden, so muß er nach geltendem Recht (Produkthaftung) in den meisten Staaten für alle Folgen eintreten.

Die Qualitätsgrenze von 30 Gewichtsprozenten an Bindemittel ist bei Polysulfiden (wie — sinngemäß — auch bei anderen Dichtstoffen) im Hinblick auf die Überstreichbarkeit mit Farbanstrichen von Bedeutung. Man erkennt aus Tabelle 21,

daß das Klebrigwerden von Farbanstrichen auf dem Dichtstoff bereits bei 31, im Einzelfall erst bei 39 Gewichtsprozenten Bindemittel beginnt, speziell wenn man einen sehr schnell auswandernden Weichmacher — wie Dibutylphtalat — einsetzt. Bei dem normalen Extender Chlorparaffin liegt die

Tabelle 21 Weichmacherwanderung in Acrylat- und Methacrylatlacken in Abhängigkeit vom Thiokol-Gehalt und vom Weichmachertypus der Fugendichtstoffe

Acrylatlacke Weichmachertyp	Klebrigwerden bei Thiokolgehalt von weniger als	bei Weichmachergehalt von mehr als
Benzylbutylphtalat	39 Gew. %	23,5 Gew. %
Chlorparaffin mit 56 % Chlor	31 Gew. %	24 Gew. %
Chlorparaffin mit 63 % Chlor	27 Gew. %	25 Gew. %
Methacrylatlacke Weichmachertyp	Klebrigwerden bei Thiokolgehalt von weniger als	bei Weichmachergehalt von mehr als
Benzylbutylphtalat	31 Gew. %	24 Gew. %
Chlorparaffin mit 56 % Chlor	30 Gew. %	24 Gew. %
Chlorparaffin mit 63 % Chlor	26 Gew. %	25 Gew. %

Aus dieser Untersuchung geht hervor, daß Methacrylatlacke sehr viel weniger empfindlich sind als Acrylat- oder Acrylat-Copolymer-Lacke. Dies geht auch daraus hervor, daß bei Verwendung des höher chlorierten Chlorparaffins kaum noch ein Risiko besteht, weil die Grenze von 27 und 26 Gewichtsprozenten Thiokol bei den Qualitätsdichtstoffen, die ohnehin mindestens 30 Gewichtsprozente an Thiokol enthalten müssen, nicht unterschritten wird.

Tabelle 22 Nachgewiesene und voraussichtliche Lebenserwartung von Dichtstoffen unter der Voraussetzung einwandfreier Qualität, richtiger Fugenauslegung und guter handwerklicher Verarbeitung

Dichtstofftyp	Bemerkungen	Lebenserwartung in Jahren nachgewiesen	zu erwarten	Dauerbelastbarkeit in % der Fugenbreite
Polysulfide	–	20	30	20
Polyurethane	sehr verschiedene Typen von unterschiedlicher Qualität	3–10	3–10	10
Siliconkautschuk	verschiedene Systeme	10	>15	10–20
Acrylcopolymere	plastisch aus der Dispersion	15	15	5–10
Acrylcopolymere	gelöste Harze überwiegend plastisch gelöste Harze, weitgehend elastisch	15	>15	15
Butylkautschuke		16	16	2–3
Kitte aus härtenden Ölen, vergütet			6	ca. 1

Grenze bei 30–31 Gewichtsprozenten. Für die Weichmacherbindung ist stets ein Äquivalent an Bindemittel erforderlich. Ähnlich liegen die Verhältnisse bei den Polyurethanen und den Siliconkautschuken, bei denen auch Siliconkautschuk und Siliconöl in einem bestimmten Verhältnis zueinander stehen müssen.

Die nachgewiesene und voraussichtliche Lebenserwartung von Dichtstoffen

Manche Dichtstoffgruppen sind verhältnismäßig homogen. Das trifft z.B. für die Gruppe der Polysulfide und die der Butylkautschuke zu. Polyurethane, Siliconkautschuke und Acrylharze streuen in ihrer chemischen Zusammensetzung und Konfektionierung dagegen sehr. Hier sind gleitende Grenzen zu setzen.

Unter der Voraussetzung, daß die Fugenauslegung in der Planung, die Dichtstoffqualität und die handwerkliche Ausführung der Abdichtung in Ordnung sind, kann man die Lebenserwartung der einzelnen Dichtstoffe ermitteln und für eine übersehbare Zeitspanne vorhersagen. Darunter ist wieder die Zeit zu verstehen, in der die Fugenabdichtung ihre Funktion erfüllt.

Tabelle 22 gibt einen Überblick über diese Erlebenszeiten nach dem Stand unseres heutigen Wissens. Gleichzeitig sind in dieser Tabelle auch die Belastbarkeitsgrenzen der einzelnen Dichtstoffgruppen aufgeführt.

4.3.4 Dämmstoffe

Es ist zwischen den anorganischen und den organischen Dämmstoffen zu unterscheiden. Dabei darf für organische Dämmstoffe nicht der gleiche Maßstab für das Langzeitverhalten und die Brandsicherheit angelegt werden wie für anorganische Dämmstoffe.

Geschichtlicher Überblick

Der Bedarf an Dämmstoffen war in der Antike wie im Mittelalter sicher in gleicher Weise wie heute vorhanden, jedoch wurden Dämmstoffe aus Mangel an Kenntnis und dafür geeignetem Material nur in bescheidenem Umfang verwendet. In den alten Kulturzentren der Menschheit spielte die Wärmedämmung auch nicht die Rolle, wie sie sie heute in Nordeuropa spielt.

Nachstehend ein Überblick über die Entwicklung der Dämmstoffe.

Zeit	anorganische	organische
Altertum und Antike	pulver- und faserförmige Substanzen, Mineralfaser (Asbestfaser), Asche, Sand, Lehm	Felle, Stroh, Gras, Schilf, Heidekraut, Torf, Sägespäne, Korkeichenrinde
1840–1900	Kieselgur, Hütten- und Schlackenwolle, gebrannte Kieselgursteine	Korkschrot, pechgebundener Korkschrot und Holzspäne
nach 1900	Hochofengichtstaub, Magnesiamassen, Vermiculit, Perlit, Perlit expandiert, Mineralfasermatten (Glasfaser- und Steinwolle) Glasschaum	expandierter Kork, bitumengebundener Kork und Kork kunstharzgebunden, Holzfaser und Holzwolle zement- und magnesitgebunden, Hanf, Schaumgummi, Zellkautschuk, Schaumstoffe aus

Formaldehyd (1937)
Phenolharz (1940)
Polyurethan (1940)
PVC (1953)
Polystyrol (1948)
Polyisocyanurat (1973)

Allen diesen Stoffen gemeinsam ist ihre nicht kristalline Struktur unter Einschluß fein verteilter Luft.

Zu den Dämmstoffen gehören eigentlich auch

> Leichtbetone,
> Gasbetone,
> Schaumbetone,
> Kunststoffschaumbetone und
> Dämmputze,

obwohl diese Baustoffe im engeren Sinne nicht den Dämmstoffen zugerechnet werden. Es handelt sich um zementgebundene Baustoffe, die in den Abschnitten Beton (2.8) und Mörtel (2.2) abgehandelt werden.

Mineralische Dämmstoffe

Die Langzeitbeständigkeit mineralischer Dämmstoffe steht außer Frage. Sie sind sehr langlebig, sofern sie nicht durch mechanischen Einfluß (Druck) oder durch chemische Angriffe (Alkalien) zerstört werden.

Die wichtigsten mineralischen Dämmstoffe — Glas- und Mineralfasern, sowie Perlit und Vermiculit — sind sehr beständig, sofern sie nicht den oben angeführten Erosions- und Korrosionsangriffen ausgesetzt sind. Es sind anorganische Dämmstoffe aller vier erwähnten Gruppen bekannt, die seit 30 Jahren ihre Funktion erfüllen, wobei diese 30 Jahre keine zeitliche Begrenzung darstellen, sondern lediglich eine Zeit der Bewährung bei bekannten Objekten sind. Bei Gesteinswollen liegt die nachgewiesene Erlebenszeit bei ca. 120 Jahren.

Sehr ähnlich sind die Schaumgläser zu bewerten, die eine gewisse Sonderstellung einnehmen. Durch ständige und zu hohe Druckbelastung (mehr als $0,7 \text{ N/mm}^2$) können die dünnen Glaslamellen brechen. Dann kann Wasser in den Glasschaum eindringen. Wasser kann auch in die oberen, angeschnittenen Zellen einer solchen Tafel oder Platte eindringen und bei Frost den Glasschaum von dieser Stelle ausgehend zerstören. Angeschnittene Zellschichten müssen deshalb gegen Wasser geschützt — versiegelt — werden.

Bei allen diesen Dämmstoffen entspricht die Erlebenszeit der Zeit der Funktionsfähigkeit der Stoffe.

Organische Dämmstoffe

Die Zahl der organischen Dämmstoffe ist groß, und diese Dämmstoffe sind auch in ihrer chemischen Zusammensetzung und Struktur sehr verschieden. Zunächst die wichtigsten Typen.

Polystyrolschäume werden als formgeschäumte und extrudierte Schäume hergestellt. Die extrudierten Polystyrolschäume nähern sich in ihrer Härte den mineralischen Schäumen (Glasschäumen), weshalb sie zuweilen auch als „Hartschäume" bezeichnet werden. Den Polystyrolschäumen sehr ähnlich sind Polyurethan- und Polyisocyanuratschäume. Alle diese Schäume sind sehr leicht, sie enthalten sehr viel Luftporen und besitzen sehr kleine Wärmeleitzahlen.

Polystyrolschäume sind als Dämmstoffe noch vergleichsweise jung. Wir kennen eingebaute Polystyrolschäume in größerer Menge aus den Jahren 1958—1959, die heute noch ihre Funktion erfüllen. Es sind auch ältere Bauten bekannt, die jedoch nicht exakt kontrolliert wurden. Wir müssen hier eine *nachgewiesene Erlebenszeit von 20 Jahren* ansetzen.

Dem Autor sind auch einzelne ältere, eingebaute Dämmschichten aus Polystyrolschaum bekannt. Diese hatten sich teilweise mit Wasser angefüllt, teilweise waren sie aber auch völlig intakt geblieben. Hinsichtlich der Lebenserwartung und Funktionsfähigkeit dieser Dämmstoffgruppe muß darauf verwiesen werden, daß der Einbau auch in diesem Fall bauphysikalisch richtig zu erfolgen hat. Die Schichtstärke des Dämmstoffs muß ausreichend dimensioniert werden, und es muß entweder eine ausreichende Belüftung des Dämmstoffes zum Austrocknen oder eine sichere Dampfsperre gewährleistet sein, wenn er über lange Zeiträume seine Funktion erfüllen soll. Probleme bereitet das Nachschwinden dieser Schaumstoffe in den ersten Jahren.

Polyurethanschäume und Polyisocyanuratschäume sind ähnlich wie Polystyrolschäume zu beurteilen. Polyurethanschäume waren in den ersten Jahren ihrer Anwendung noch nicht so brauchbar, wie sie es heute sind, sie veränderten ihr Volumen zuweilen unter dem Einfluß von Feuchtigkeit und Wärme.

Diese Schwächen sind inzwischen weitgehend beseitigt. Die Polyisocyanuratschäume sind eine neuere Entwicklung; sie sind härter und zeigen, verglichen mit Polyurethanschäumen, ein besseres Brandverhalten.

Die nachgewiesene Lebenserwartung guter Polyurethanschäume liegt im Bereich von ca. *15 Jahren*, wobei diese 15 Jahre wiederum keine Begrenzung der Erlebenszeit bilden. Polyisocyanuratschäume haben keine über eine derart lange Zeit nachgewiesene praktische Bewährung, weil sie wesentlich später entwickelt wurden, doch ist die Erlebenszeit mindestens so hoch wie bei Polyurethanschäumen einzuschätzen.

Die *Harnstoffschäume* sind altbekannt. Diese Schaumstoffgruppe neigt insbesondere bei den niedrigen Dichten in bezug auf das Volumen zu schnellem Verfall. Sie hat keine nachgewiesenen langen Erlebenszeiten; lange Zeiten sind wohl auch nicht zu erwarten.

Polyvinylchloridschäume (PVC-Schäume) sind bisher nur in geringem Umfang als Dämmstoffe verwendet worden. Ihre Dichten liegen höher als bei den bisher behandelten Kunststoffschaumgruppen. Es liegen keine exakten Erfahrungszeiten vor, doch handelt es sich bei dem Grundstoff um ein recht beständiges Material.

Phenolharzschäume sind sehr beständig. Hier liegen Erfahrungszeiten im Bereich zwischen *35 und 40 Jahren* vor. Dabei haben sich diese Schäume nur in den speziellen Anwendungsbereichen, in dem sie überhaupt eingesetzt werden, bewährt.

Die *Polyolefinschäume* haben bisher noch keine breite Anwendung gefunden. Es liegen inzwischen neue Produkte vor, die als dünne Schaumstoffmatten (5—8 mm) für wärmedämmende Abdeckungs- und Schutzschichten sowie als Matten zur Verbesserung der Wärmedämmung auf den Markt gebracht werden. Erfahrungszeiten liegen nicht vor, jedoch kann der Autor auf Erfahrungszeiten mit Polyaethylenschaumbahnen

278 Struktur eines Glasschaumes in der Vergrößerung 2:1

279 Struktur eines Polyurethanschaumes — an der Baustelle geschäumt — in der Vergrößerung 2:1

bei Verwendung als eingelegter Bahn unter dem Estrich einer Bodenheizung von drei Jahren verweisen.
Gebundener Korkschrot und *expandierter Korkschrot* sind alte, bewährte und konventionell gewordene Dämmstoffe. Die nachgewiesene Zeit der Funktionstüchtigkeit liegt im Bereich von *50 Jahren*. Beim Schlachthof in München, wo Kork unter recht schwierigen Verhältnissen als Dämmstoff eingesetzt wurde, hat sich dieses Material über *40 Jahre* bewährt.
Der Autor hatte — um ein weiteres Beispiel zu nennen — auf einem Flachdach eine neun Jahre alte, völlig durchfeuchtete Korkschicht vorgefunden, aus der das Bindemittel durch Wasser herausgelöst war. Hier war der Kork noch völlig intakt und funktionsfähig.
Holzwolleleichtbauplatten werden mit Zement oder Magnesit gebunden. Sie sind ausgesprochen wasserfreundlich. So kann 1 m³ einer Holzwolleleichtbauplatte ohne Berücksichtigung des abtropfenden Wassers bis zu 524 Liter Wasser aufnehmen. Durch Quellen verändern Holzwolleleichtbauplatten ihr Volumen, womit ihre Funktionsfähigkeit von Beginn an begrenzt ist. *Hydrophobierte Holzwolleleichtbauplatten* nehmen immerhin noch 50–60 Liter Wasser pro m³ auf.
Wir kennen Holzwolleleichtbauplatten, die richtig und wassergeschützt eingebaut wurden und rund 25 Jahre (in einem Einzelfall 31 Jahre) ihre Funktion erfüllt hatten.

Die Bilder 278 bis 281 zeigen Strukturen verschiedener Dämmstoffe.
Das *Brandverhalten der Dämmstoffe* darf nicht unerwähnt bleiben; denn es ist wichtig zu wissen, welche Dämmstoffe durch Brand zerstört werden können. Die Bilder 282 bis 285 zeigen den Zustand von drei organischen Dämmstoffplatten und einer anorganischen (mineralischen), allerdings durch organische Stoffe gebundene Dämmstoffplatte nach dem Brandschachttest. DIN 4102 wurde zugrunde gelegt. Die untersuchten Baustoffe entsprechen der Baustoff-(Brand-) Klasse B1 dieser Norm. Wir erkennen hier bei einer einzigen Untergruppe ein sehr unterschiedliches Verhalten von Dämmstoffen.
Die nicht brennbaren — mineralischen — Dämmstoffe sind in der Baustoff-(Brand-)Klasse A zusammengefaßt. Diese sind hinsichtlich ihrer Lebenserwartung sowie ihres Verhaltens während eines Brandes gleich beständig.
Die Bilder 286 und 287 zeigen ergänzend noch einen Schnitt durch eine Korkplatte und den Einbau einer Polystyrolschaumplatte an einer Außenwandecke. Die Bilder 288 und 289 zeigen das ausgezeichnete Brandverhalten von anorganischen Dämmstoffen.

280 Struktur einer Holzwolleleichtbauplatte, im Inneren hydrophobiert. Vergrößerung 2:1

281 Struktur einer Perlitdämmplatte

282 Polystyrolschaum extrudiert nach dem Brandschachttest

145

283 Polystyrolschaum formgeschäumt nach dem Brandschachttest

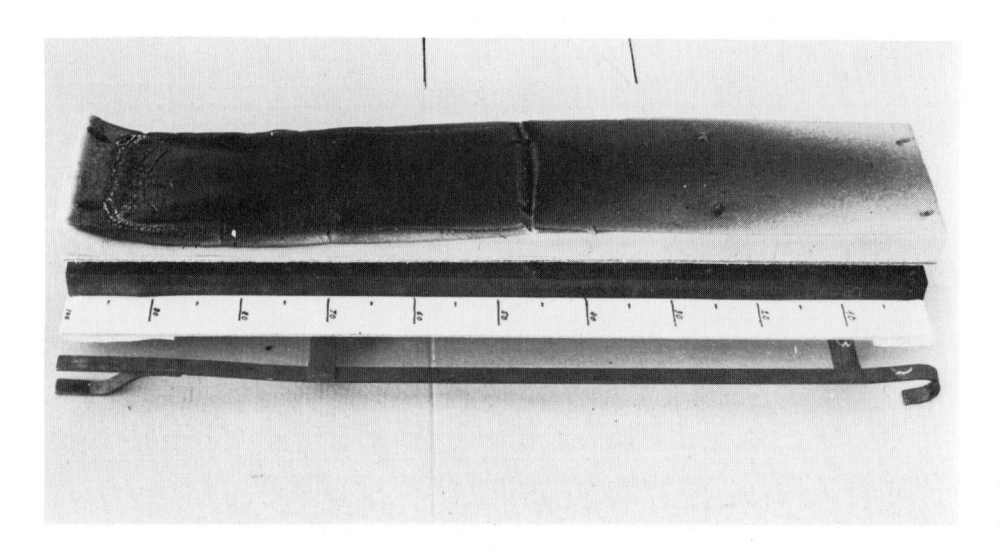

284 Polyisocyanurat nach dem Brandschachttest

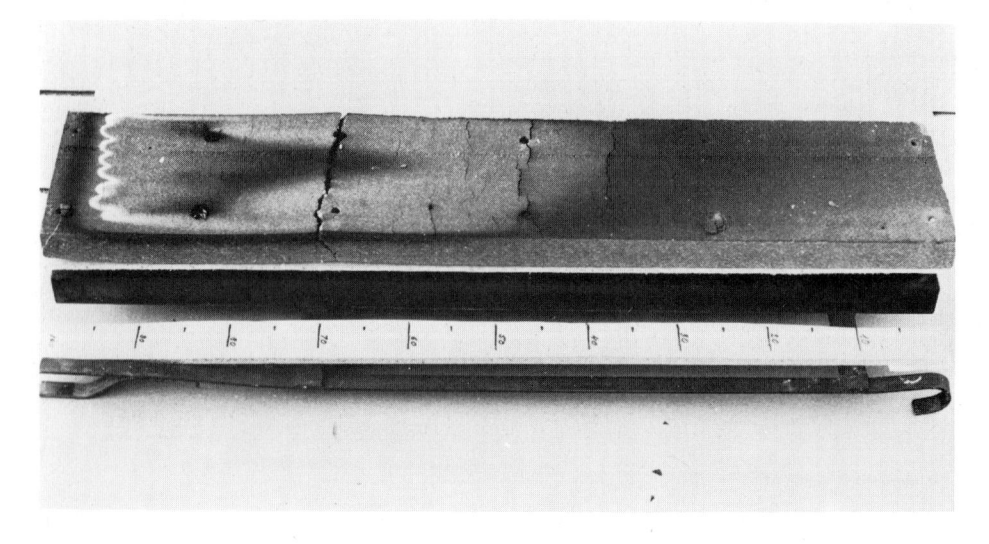

285 Perlitplatte nach dem Brandschachttest

286 Schnitt durch eine Platte aus expandiertem Kork. Vergrößerung 2:1

288 Zustand eines Perlit-Dämmputzes nach 60-stündiger Beflammung

287 Einbau einer Polystyrolschaumplatte mit Eckleiste an einer Außenwand

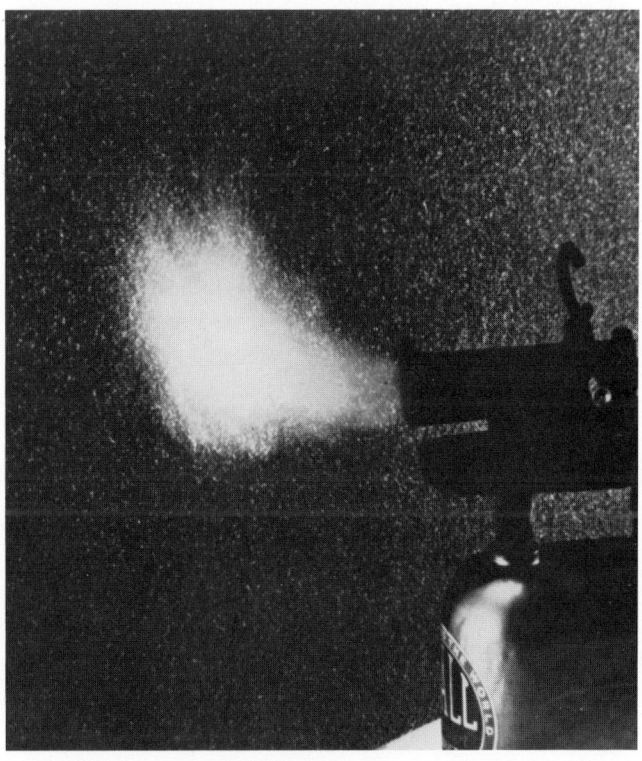

289 Zustand von Glasschaum nach 60-stündiger Beflammung

4.3.5 Kunstharzputze (Kunstharzplastiken)

Der Begriff *Kunstharzputze* umfaßt relativ dünne Beschichtungen für Innen- und Außenwände aus Kunstharzdispersion/Sand-Gemischen. Vor noch nicht langer Zeit nannte man dieses Beschichtungsmaterial *Kunstharzplastiken*. Die Entwicklung der Kunstharzputze ist noch keineswegs als abgeschlossen zu betrachten.

Die Erlebenszeit ist in diesem Falle mit der Überdeckungsfunktion der Kunstharzputze gleichzusetzen. Für Beständigkeit oder Verfall sind folgende Faktoren entscheidend:

1. die chemische Beständigkeit des Bindeharzes gegenüber der Hydrolyse und gegenüber den aggressiven Bestandteilen der Atmosphäre. Der Einfluß des Lichtes ist von geringer Bedeutung;
2. die Wasserquellung der Kunstharze. Je höher sie ist, um so wasserfreundlicher und anfälliger sind die Kunstharzputze;
3. die Wasserdampfdurchlässigkeit der Putzlage in trockenem und in nassem Zustand. Je wassersperrender eine solche Schicht ist, um so eher wird sie vom Untergrund abgestoßen;
4. die Grenzflächenhaftung des Putzes auf dem Untergrund in trockenem und nassem Zustand;
5. das thermoplastische Verhalten bei Erwärmung.

Die Bindemittel waren zunächst Copolymere des Vinylacetats. Diese Harze sind heute seltener vorzufinden. Man verwendet jetzt die wesentlichen beständigeren Copolymere der Acrylsäureester und der Methacrylsäureester.

Die zuerst auf den Markt gebrachten Typen waren mit nicht sehr beständigen Harzen gebunden. Diese Harze unterlagen der chemischen Umwandlung und veränderten im Verlauf dieser Umwandlung ihr Volumen, ihr Bindevermögen, ihre Haftung auf dem Untergrund und ihre Flexibilität. Manche Harze bewirkten im Zuge der Veränderung eine erhebliche Schrumpfung des Putzes.

Bild 290 zeigt einen solchen Schrumpfvorgang einer Kunstharzbeschichtung, der sich bereits nach drei Jahren einstellte (Entwicklungsstand: etwa 1966). Die Bilder 291 und 292 zeigen das durch Erweichung infolge starker Wasserquellung und Erwärmung bewirkte Abrutschen relativ dicker Kunstharzputzschichten.

Die Bilder 293 und 294 zeigen das Verhalten eines schwach sowie eines gut gebundenen Kunstharzputzes, der aber sehr viel Wasser aufnimmt. Die Bilder 295 und 296 zeigen Rissebildung durch die chemische Veränderung des Harzes. Hier ist der ganze Putz unter Spannung gesetzt worden und ist gerissen. Als Untergrund diente Beton, die Schrumpfung setzte nach vier Jahren ein. Das Bild zeigt den Zustand nach sechs Jahren.

Bild 297 zeigt das typische Aufreißen eines Kunstharzputzes über den feinen Rissen in einem Putz. Damit folgte auch ein Kunstharzputz, der ja fast so wie ein dicker Kunstharzdispersionsanstrich aufgebaut ist, auch dieser Gesetzmäßigkeit. So-

290 Absetzen und Aufreißen der Kunstharzputzschale durch starkes Nachschrumpfen des Putzes infolge chemischer Veränderungen

291 Kunstharzputz, der durch erhöhte Temperatur und Wasserbelastung erweichte und von der Betonfläche abrutschte, Zustand nach 3 Jahren

292 Kunstharzputz, der durch erhöhte Temperatur und Wasserbelastung erweichte und von der Betonoberfläche abrutschte. Zustand nach 3 Jahren

294 Gut gebundene Kunstharzplastik, die sich von einer Außenwand löst, weil sie in hohem Maße Wasser aufnimmt

293 Schwach gebundene Kunstharzplastik, die sich von einer glatten Oberfläche nach 16 Monaten löste

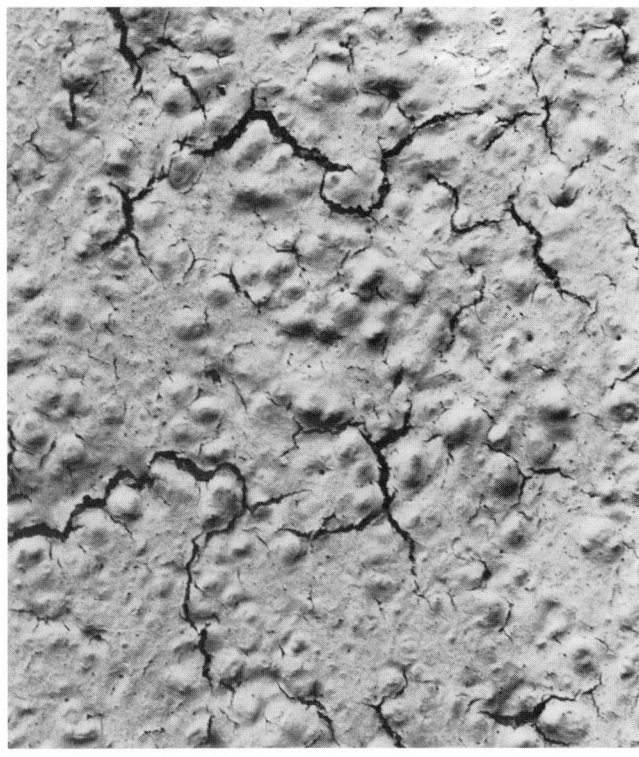

295 Kunstharzputz, der im Laufe von 4 Jahren versprödet ist und schrumpft

296 Kunstharzputz über Beton im Zustand von 6 Jahren. Durch die chemische Veränderung entstanden Volumenveränderungen, die zu einer Vielzahl paralleler Risse führten.

298 Kunstharzdispersionsputz mit rauher Oberfläche bindet stark den Schmutz.

297 Ein Kunstharzputz (kunstharzdispersionsgebundener Putz) erreicht auf einer glatten Betonoberfläche keine ausreichende Haftung und platzt über feinen, kaum wahrnehmbaren Haarrissen im Beton ab.

299 Regen hatte aus diesem Kunstharzputz die Bindemittel herausgewaschen, die über die Fassade laufen.

fern der Film von Wasser unterlaufen wird, reißt er an diesen Stellen auf.
Die Risiken sind bei Kunstharzputzen vielfältig. Durch die organische Bindung neigen sie zum Verschmutzen, sofern die Bindeharze wasserquellend sind. Wenn der Putz Wasser aufnimmt, besitzt er keine Schutzfunktion für den darunter liegenden Baustoff der Fassade; die Bindeharze können sich chemisch verändern, so daß es zu Schrumpfprozessen kommt. Bild 298 zeigt einen solchen stark verschmutzten und rissehaltigen Kunstharzputz. Bei zu früher Belastung durch Regen oder auch nur Nebel kommt es zuweilen zur Auswaschung des Bindemittels, das dann in Läufern von der Fassade herabläuft. Bild 299 zeigt diesen Vorgang.
Kunstharzputze sind mit 5 bis 12 Gewichtsprozenten Harz gebunden. Das Harz alleine bestimmt die Lebenszeit solcher Beschichtungen. Kunstharzputze haben eher eine überdeckende als eine schützende Funktion; noch ist es nicht gelungen, diese Putze wasserabweisend auszurüsten.
Die Lebenserwartung der ersten Kunstharzputze bis etwa 1968 war relativ gering. Inzwischen wurde aus Rezeptierungsfehlern gelernt. Für die neuen Kunstharzputze wurden beständigere Harze eingesetzt, und schließlich wurden auch ganz neue Bindeharze für den speziellen Anwendungszweck entwickelt.
Es wäre wenig sinnvoll, vom Verhalten dieser ersten Entwicklungsstufen Beständigkeitsaussagen abzuleiten. Die Schlußfolgerungen würden auch gar nicht mehr den Eigenschaften der heute hergestellten Kunstharzputze entsprechen.
Entwicklungsschwächen dürfen ohnehin nicht verallgemeinert werden. Würde man neue Baustoffe nach ihren Kinderkrankheiten beurteilen, so würde eine Entwicklung, die möglicherweise zu sehr guten Endprodukten führt, schon zu Beginn abgewertet.
Befassen wir uns abschließend mit dem heutigen Stand der Entwicklung von Kunstharzputzen. Die beständigsten Produkte sind auf Harzen aufgebaut, die Co- oder Terpolymere der Methacrylsäureester sind. Das beste zur Zeit für diesen Zweck entwickelte Harz hat eine Wasseraufnahme von nur knapp 6 Gewichtsprozenten — beidseitig in Wasser getaucht innerhalb von 48 Stunden. Manche der früheren Harze hatten bis zu 120 Gewichtsprozenten Wasser aufgenommen. (Eine geringe Wasseraufnahme ist nicht unbedingt nachteilig.)
Versuchsprodukte, die mit Copolymeren von Acryl- und Methacrylsäureestern gebunden sind, liegen aus den Jahren 1966 und 1967 vor. Hier lag die Wasseraufnahme des Harzes zwischen 9 und 10 Gewichtsprozenten. Die meisten der Versuchsflächen sind heute noch intakt, was einer praktischen Erprobungszeit bzw. Lebenserwartung von elf Jahren entspricht.
Weitere Entwicklungen sowie längere Bewitterungszeiten von Versuchsprodukten müssen abgewartet werden, und es ist zu hoffen, daß sich die nachgewiesene Lebenserwartung der Kunstharzputze noch erhöhen wird. Die neue Rohstoffgruppe der Silicon-Acrylcopolymere verspricht nichtquellende und wasserabweisende Kunstharzputze, die zu der reinen Überdeckungsfunktion noch eine echte Schutzfunktion mitbringen und aufgrund ihrer Unempfindlichkeit gegen Wasser eine sehr viel höhere Lebenserwartung haben.

4.3.6 Organische Anstrichmittel

Wenn wir die Lebenserwartung von Baustoffen untersuchen, haben Anstrichmittel für Fassaden und Innenwände einen ganz besonderen Stellenwert. Einmal muß festgestellt werden, ob sie die ihnen zugeordneten Eigenschaften — Schutz und Erhaltung der Fassade und eine lang andauernde, überdeckende und verschönernde Funktion — wirklich besitzen. Der andere Aspekt ist der, daß wir sie auch selber als Baustoffe ansehen müssen. Damit wird die Frage der Lebenserwartung der Anstriche wichtig, weil man Wartungs- und Erneuerungsperioden mit einplanen muß. Die Frage nach der Lebenserwartung von Anstrichmitteln ist damit für den Bauherrn eine wichtige wirtschaftliche Frage.
Seit dem Entstehen von Farbanstrichen — wir kennen sie seit etwa dem 5. Jahrtausend vor unserer Zeitrechnung — war die dominierende und eigentlich einzige Funktion der Anstrichmittel die „überdeckende" und die „verschönernde" Funktion. Von den konventionellen Anstrichmitteln, die diese Funktionen erfüllten, und die noch vor 25 Jahren allgemein verwendet wurden, sind wir heute zu einer Vielzahl von neuen Anstrichsystemen gekommen. Neue Basisrohstoffe für die Bindeharze sind entwickelt worden; dem Außenstehenden stellt sich eine verwirrende Vielfalt unterschiedlicher Anstrichmittel dar, die in ihrem Aufbau oft gar nicht so unterschiedlich sind und sich nur in technischen Nuancen, vor allem aber nach ihren Bezeichnungen unterscheiden.
Auch die Anstrichsysteme und die Anstrichmittel, wie sie etwa ab 1955 entwickelt wurden, hatten zunächst nur überdeckende und verschönernde Funktion; nur sehr langsam begannen wir unter noch unklaren Vorstellungen zu begreifen, daß Anstrichmitteln auch eine schützende Funktion zukommen könnte. Diese schützende Funktion stellte sich uns nach den damals noch recht simplen Vorstellungen als eine einfache Überdeckung der Baustoffoberfläche mit einem Film dar. Über die Auswirkungen einer Überdeckung hatten wir noch keine exakten Vorstellungen und glaubten, daß ein überdeckender Film auch gegen alle atmosphärischen Angriffe schützen könnte.
Erst ab 1957 lernten wir aus der Erfahrung, daß dichte Überdeckungen Schäden an den Baustoffen der Fassade verursachen können und daß diese Baustoffe in vielen Fällen solche Filme abwerfen. Der Autor untersuchte ab 1955 diese Dampfdiffusionsvorgänge. Im Hause der Deutschen Amphibolin-Werke unter der Leitung von Dr. Robert Murjahn wurden dann von Dr. Murjahn, Herrn Walter Würz und dem Autor diese Zusammenhänge erkannt und für die Anstrichfilme — insbesondere für die damals neu entwickelten Dispersionsanstriche — eine ausreichende Dampfdiffusionsmöglichkeit gefordert. Das war notwendig, damit der Baustoff das in ihm anfallende Wasser nach außen abdampfen kann. Diese Er-

kenntnis wurde allgemein aufgegriffen; man sprach dann von „Atmungsaktivität" der Anstrichfilme. Die oben Genannten bemühten sich, durch Konfektionierungen und Herstellen neuer Polymerisate die Dampfdiffusion dieser Anstrichmittel entscheidend zu verbessern.

Oft aber war man auch zufrieden, wenn der Anstrichfilm den Wasserdampf noch in geringer Menge durchtreten ließ. Oft nahm auch der Anstrichfilm quellend Wasser auf und reichte es sowohl von innen als auch von außen nach innen weiter. Diese damals mehr erfühlten als wirklich erkannten Zusammenhänge wurden erst 20 Jahre später durch neuere und genauere Erkenntnisse aufgrund umfangreicher Praxiserfahrungen, die zu schlüssigen Theorien führten, ersetzt. Heute unterscheiden wir Fassadenanstriche mit:

— überdeckender, verschönernder Funktion,
— den Baustoff schützender Funktion.

Oft lassen sich beide Anforderungen nicht in einem Anstrichsystem unterbringen, zuweilen aber — und das ist besonders bei den ganz modernen Systemen der Fall — kann man in einem System beide Funktionen vereinen. Wir werden diese Systeme in der Folge näher kennenlernen.

Die überdeckende Funktion

Der Anstrichfilm gleicht Unebenheiten der Baustoffoberfläche aus. Dafür ist eine Mindestschichtdicke von etwa 100 micron erforderlich. Der Film überdeckt feine Risse der Baustoffoberfläche; nur Spezialanstriche überdecken auch gröbere Risse in der Fassade. Der Film überdeckt farbliche Ungleichheiten in der Fassade, so Flecke, Läufer und natürlich den nicht mit einem Anstrich versehenen Baustoff. Eine Theorie der Fassadenanstriche dieser Art, die über die oben geschilderten Vorstellungen hinausgeht, gibt es nicht. Nach den Vorstellungen des Handwerkers geht es stets um das Überdecken, das Beschichten. Weil die wissenschaftlichen Grundlagen fehlen, kann auch aus den vorhandenen mageren Vorstellungen die Lebenserwartung nicht abgeleitet werden. Hier gelten praktische Erfahrungen.

Da wir uns hier jedoch sowohl mit der Lebenserwartung der Anstrichmittel selbst als auch mit der Funktion der Anstrichmittel für die Lebenserwartung von Baustoffen befassen müssen, sollte jetzt, rückwirkend betrachtet, zumindest eine Theorie bereitgestellt werden, die die Verfallsursachen von Anstrichfilmen und der Anstrichsysteme erklärt; nur so kommt man zu konkreten Schlüssen, und nur so können bessere Systeme entwickelt werden, die nicht einem schnellen Verfall unterliegen. Zunächst seien Beispiele aus der Praxis gezeigt. Anhand von Beispielen können die Zusammenhänge besser verstanden werden.

Die Bilder 300—303 zeigen unterschiedliche Typen des Verfalls von Anstrichfilmen. Ihnen gemeinsam ist aber, daß der Anstrichfilm über den feinen Haarrissen des Untergrundes aufreißt und von diesen Stellen aus abzurollen oder abzublättern beginnt; weiter, daß der Anstrichfilm deutlich erkennbar nur auf dem Baustoff aufliegt, ohne mit ihm eine Verbindung,

300 Flächiges Abblättern eines Anstrichfilms über einem Putz. Der Film liegt nur auf.

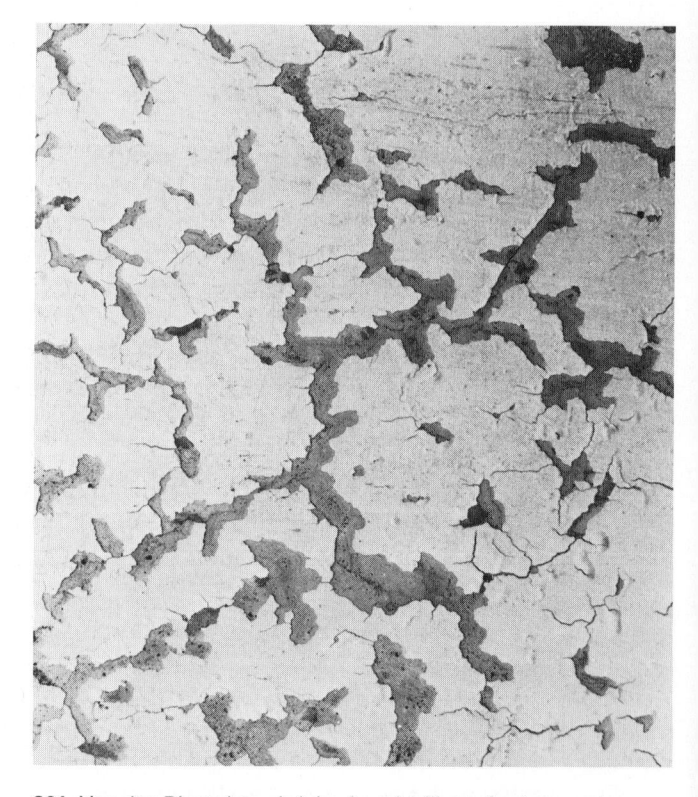

301 Von den Rissen her wird der Anstrichfilm aufgerissen und abgerollt. Untergrund: Beton

302 Über feinen Rissen reißt der Anstrichfilm auf und platzt ab.

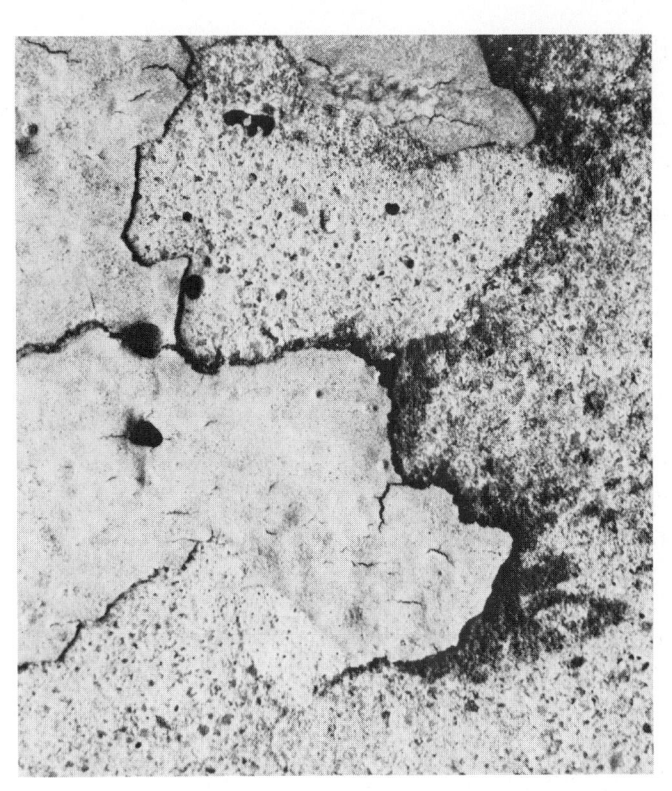

304 Typischer Anstrichschaden, verursacht durch fehlende Vorbehandlung des Betons. Das Bild zeigt einen defekten Kunstharzdispersionsfilm, der auf eine Grundierung aus verdünnter Dispersion aufgebracht wurde, nach 14 Monaten.

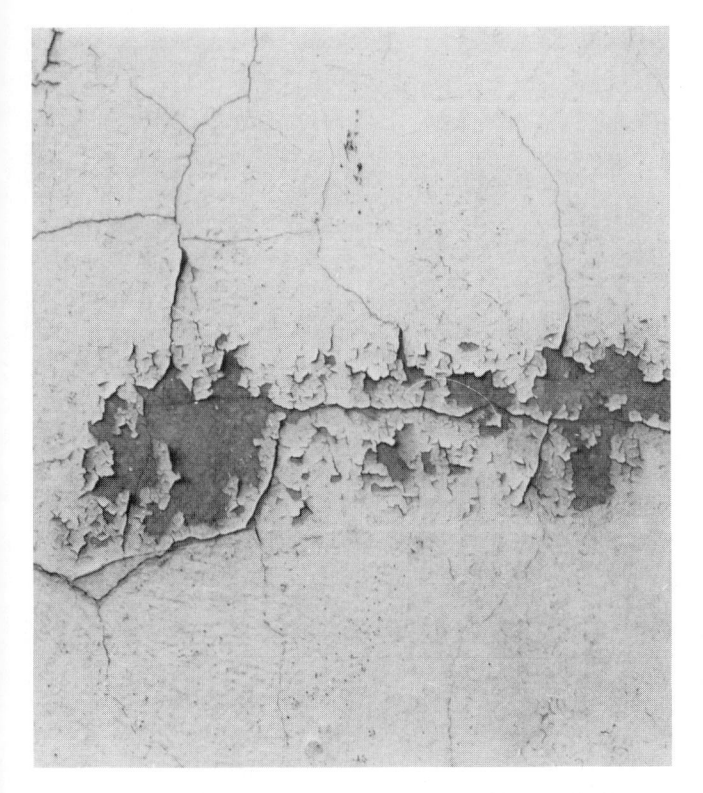

303 Die Risse im Anstrichfilm folgen genau dem Rissenetz im Beton.

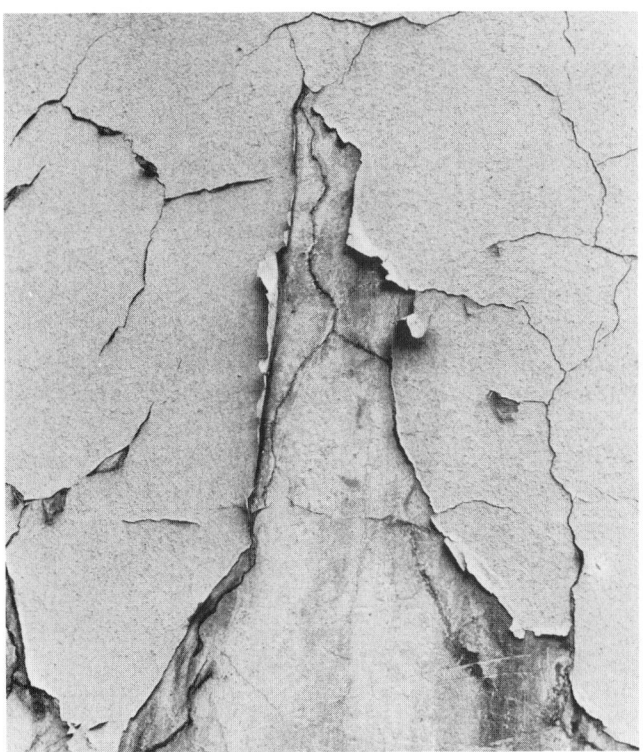

305 Das Wasser folgt den Rissen im Feinputz. Über den Rissen reißt der Anstrichfilm auf und wird flächig abgeworfen.

306 Von einer Klinkerverblendfassade abblätternder Kunstharzdispersionsanstrichfilm

307 Im Detail ist gut zu erkennen, daß der Film auf den Klinkern nur lose aufliegt.

die wir als Haftung, als Adhäsion bezeichnen, einzugehen. Die Bilder 304 und 305 zeigen sehr deutlich, wie gering der Verbund des Anstrichfilms mit dem Untergrund bei den nur überdeckenden Systemen im allgemeinen ist.

Es handelt sich dabei um die konventionellen Systeme, wie sie nach 1955 auf den Markt gekommen sind. Von manchen Anstrichmittelherstellern, die diese Verhaltensweisen noch nicht erkannt haben, wird noch heute kühn behauptet, daß ihre Produkte, ihre Anstrichsysteme eine echte Haftung mit dem Untergrund eingingen. Dabei wird von einer Adhäsion gesprochen und gleichzeitig von einer Verklammerung des Filmes an den Spitzen des Baustoffes im Mikrobereich. Das ist nicht richtig, und außerdem werden hier zwei ganz verschiedene Vorgänge miteinander vermischt. Die Bilder 300 bis 305 zeigen, wie sich diese Anstrichmittel tatsächlich verhalten. Noch deutlicher lassen dies die Bilder 306 und 307 erkennen. Hier zeigt sich so deutlich, wie lose ein Anstrichfilm auf dem Untergrund liegt, daß darüber keine Diskussion mehr nötig sein sollte.

Auch die Differenzierung in einzelne Gruppen von Anstrichmitteln oder Rohstoffgruppen der Bindeharze ist mehr für den Hersteller von Interesse als für den Maler, den planenden Architekten oder den Bauherrn. Der im Baugeschehen Tätige, der Farbanstriche vorsieht und diese entweder zur Verschönerung oder zum Schutz der Fassade einzusetzen gedenkt, ist eher an Aussagen über die Schutzfunktion und über die Lebenserwartung der einzusetzenden Anstrichmittel interessiert. Auch der Maler muß daran interessiert sein, diese Zusammenhänge in der Verhaltensweise und Lebenserwartung der Anstrichmittel zu kennen, weil er ja den Bauherrn sachkundig beraten muß. Sein eigenes Interesse liegt jedoch eher im Bereich der guten Verarbeitbarkeit der Anstrichmittel und des kostengünstigen Einkaufs. Das sind aber Dinge, die den Bauherrn und den Architekten nur am Rande interessieren.

Sehen wir uns die Bilder 300—307 noch einmal an. Bei vielen der Bilder werden wir erkennen, daß unter den Anstrichfilm — vornehmlich im Bereich der feinen Risse — Wasser gelaufen ist. Dieses Wasser konnte den Anstrichfilm nur deswegen hinterlaufen, weil sich zwischen Baustoff und Anstrichfilm ein sehr kleiner Zwischenraum befand. Es war damit nicht möglich, beim Anstrichvorgang das Anstrichmittel so nahe an den Untergrund heranzubringen, daß es zu diesem eine echte Adhäsion erreicht hätte. Das ist die eigentliche Ursache so gut wie aller Anstrichfilmprobleme. Diesen Zusammenhang hatte Karl Possekel 1960 erkannt und im Laufe von 3 Jahren ein Anstrichsystem entwickelt, bei dem eine echte Adhäsion mit dem Untergrund erreicht und der Untergrund zugleich hydophobiert wurde. Dadurch wurde die Lebensdauer der Anstrichsysteme etwa verdoppelt. Dies war die Basis für alle weiteren Entwicklungen und die modernen Anstrichsysteme, wie wir sie heute kennen. Nach dem Tode Possekels hat der Autor diese Entwicklung weiter getrieben.

Sofern es beim Anstrichvorgang nicht gelingt, eine Distanz von etwa 4 Ångström zum Untergrund zu überbrücken, können die elektrochemischen Kräfte zwischen Baustoff und Anstrichmittel nicht wirksam werden, sie können nicht greifen, und eine echte Adhäsion tritt nicht ein. Bleibt diese Distanz bestehen, ohne daß die elektrochemische Bindung eintritt, können wir nur von einem Aufliegen des Anstrichfilms sprechen. Das ist auch der Vorgang, den uns die Bilder 300—307 gezeigt haben. Um diese kleine Distanz von 4—8 Ångström zu überbrücken, darf auf der Oberfläche des Baustoffes kein Gas- und kein Dampfpolster liegen; er muß also trocken sein.

Die schützende Funktion

Die Schutzfunktion, wie wir sie heute von einem Anstrichsystem fordern, besteht in der Trockenhaltung der Außenwand. Die Schutzsysteme dringen bei den modernen Anstrichmitteln in den Baustoff der Fassade ein, machen diesen kapillar inaktiv und halten ihn einschließlich seiner Poren und Risse trocken. Auch die Deckanstriche über solchen tief eindringenden Grundierungen sind nach dem heutigen Stand der Technik strikt wasserabweisend und ausreichend dampfdiffusionsfähig.

Im Einzelfall, wie z.B. bei schützenden Anstrichen auf Betonen, dürfen diese Anstrichfilme auch in hohem Maße dampf- und gassperrend sein. Solche Sperren sind immer dann vertretbar, wenn der Baustoff keinen merklichen Wasserhaushalt aufweist.

Anstrichsysteme

Abgesehen von den Funktionen der Anstrichsysteme müssen wir auch verschiedene Anstrichtypen unterscheiden, wobei diese Typen auch verschiedene Funktionen haben. Die konventionellen Anstrichsysteme älterer Zeiten sind auf zwei Grundtypen zurückzuführen:

Typ 1   Baustoffüberdeckung mit einem filmbildenden und stark dampfbremsenden Anstrichfilm

Typ 2   Baustoffüberdeckung mit einem nichtfilmbildenden und gut dampfdurchlässigen anorganischen Anstrichsystem

Bild 308 zeigt einen Anstrichfilm des ersten Typus. Wir erkennen hier das Verhalten eines Ölfarbenanstrichs über die Zeit. Typ 2 entsprechen die Mineral- und Silicatanstriche, wobei darunter nur die reinen Silicatanstriche ohne organische Zusätze verstanden werden. Beim Typ 1 hat das Anstrichmittel ohne eine Untergrundvorbehandlung keine Chance, den Fassadenbaustoff nahe genaug zu erreichen oder gar in ihn einzudringen. Auch die früher oft praktizierten Halbölanstriche bewirkten lediglich eine Porenverstopfung.

Bei den anorganischen Anstrichen des Typs 2 wird der Baustoffuntergrund infolge von deren hoher Alkalität erreicht; bei Kalkanstrichen verbindet sich das Anstrichmittel im Laufe der Zeit unter dem Einfluß von Wasser und Kohlensäure durch Umkristallisation und Verfilzung der Kristallite mit dem Untergrund. Dieser Anstrichtyp ist jedoch nicht Gegenstand der Darstellung organischer Anstrichmittel und sei nur der Vollständigkeit halber erwähnt.

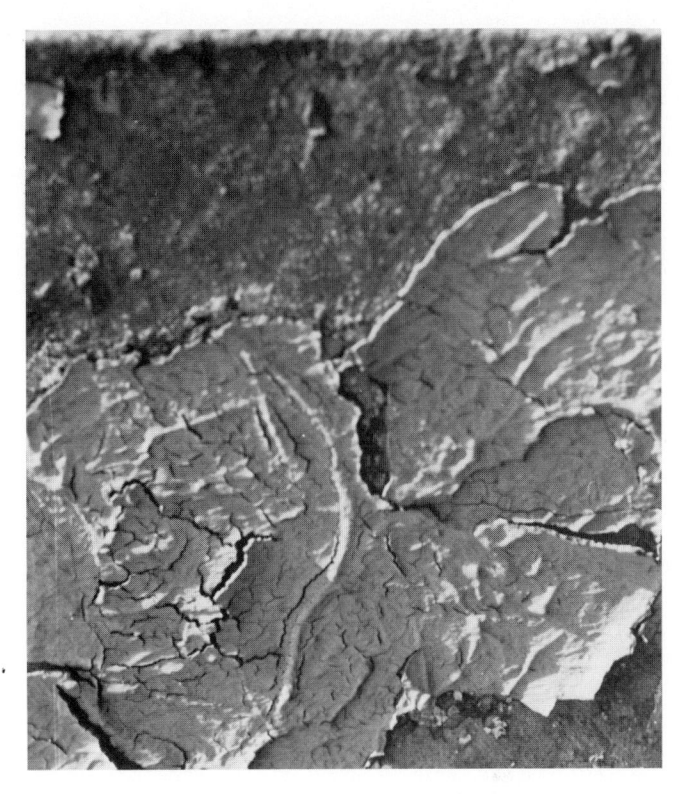

308 Filmbildender Ölfarbenanstrichfilm im Zustand des Verfalls

Das Heranbringen des Anstrichmittels so nahe an den Baustoff, daß die elektrochemischen Kräfte wirksam werden, ist ein spezifisches Problem organischer Anstrichmittel. Wenn wir dieses Problem im Mikrobereich betrachten, so wissen wir — und jeder Maler kennt diese Erscheinung — wie schwer Luftpolster und Dampfpolster wegzudrücken sind. Man kann eine Pore (oder einen Riß) mehrfach überstreichen oder überrollen, sie kommt aber meist immer wieder zum Vorschein.

Die neu entwickelten Anstrichsysteme sind nach folgenden Typen zu unterscheiden:

Typ 3   Überdeckende Anstrichfilme ohne Verbund mit dem Fassadenbaustoff und ohne Hydrophobierung

Typ 4   Überdeckende Anstrichfilme mit Verbund mit dem Fassadenbaustoff infolge einer wirksamen Grundierung, aber noch ohne Hydrophobierung und Wasserabweisung

Typ 5 a) Überdeckende Anstrichfilme mit gutem Verbund mit dem Fassadenbaustoff, Hydrophobierung des Fassadenbaustoffes, aber noch keiner Wasserabweisung des Deckanstrichs

   b) Überdeckende Anstrichfilme mit gutem Verbund mit dem Fassadenbaustoff, Hydrophobierung des Fassadenbaustoffes und guter Wasserabweisung des Deckanstrichs infolge erhöhter Grenzflächenspannung zum Wasser

309 Aufreißen einer faserarmierten Beschichtung infolge Spannungen in der Wand und Unverträglichkeit der einzelnen Anstrichschichten

310 Ein (230 micron) dicker Anstrichfilm, der längs der Risse aufreißt und flächig abblättert. Der Film liegt, wie gut zu erkennen ist, nicht auf dem Untergrund auf.

Diese Systeme stellen zugleich Entwicklungsstufen dar. Die modernen, zuletzt entwickelten Systeme haben sich zwar von der Sache her durchgesetzt, doch werden aus reiner Bequemlichkeit in großem Umfang auch noch ältere Systeme hergestellt und verwendet.

Diese Anstrichtypen haben unterschiedliche Funktionen. Typ 3 ist ein reiner Verschönerungsanstrich mit geringer Lebenserwartung und ohne Schutzfunktion. Er ist mit Typ 1 vergleichbar, nur mit dem Unterschied, daß er eine bessere Dampfdiffusion von innen nach außen zuläßt.

Physikalisch sind die Typen 1 und 3 dadurch gekennzeichnet, daß sie nicht den Baustoff durchdringen – auf ihm in einer gewissen Distanz aufliegen – von Wasser unterlaufen und so leicht abgeworfen werden. Typisch sind dafür die Bilder 304 und 305 und, sofern es sich um dickere Beschichtungen handelt, die Bilder 309 und 310. Hier ist keine bzw. eine unwirksame Grundierung erfolgt. Solche nutzlosen und unwirksamen Grundierungen des Fassadenbaustoffes sind unter anderem verdünnte Kunstharzdispersionen oder in Lösungsmitteln verteilte, große Kunstharzagglomerate. Alle diese großen Teilchen werden wie von einem Sieb auf der Oberfläche des Baustoffes festgehalten; nur das Wasser dringt in diese ein.

Typ 4 wird mit molekular gelösten Harzen grundiert, so daß diese tief in den Untergrund eindringen und das ganze Anstrichsystem einen Verbund mit dem Untergrund eingeht. Der bedeckende Film dieses Typus 4 wird deshalb nicht von Wasser unterlaufen. Ausschlaggebend ist dafür die Grundierung, die – wie oben erwähnt – mit echt gelösten Harzen (bzw. echt löslichen Harzen) oder mit sehr feinen Hydrosolen durchgeführt wird. Als Harze kämen in Betracht: Co- und Terpolymere der Acrylate, der Methacrylate, der des Vinyltoluols und noch vieler anderer Ester ungesättigter Carbonsäuren.

Die Schutzfunktion ist schon gegeben, aber nicht sehr ausgeprägt, die Lebensdauer des Anstrichsystems wird etwa verdoppelt. Von entscheidender Bedeutung für Typus 4 ist die Beständigkeit der Grundierharze sowie der Bindeharze des überdeckenden Anstrichfilms gegenüber Wasser und der Alkalität des Baustoffes. Das ist beim Typus 5 wiederum weniger wichtig. Wir verfügen jedoch heute über recht beständige Kunstharze für Grundierung und Bindung, die der alkalischen Hydrolyse lange widerstehen, doch ist schließlich kein Carbonsäureester gegen die Alkalität vollständig und ewig beständig. Auch die Wasserdampfdiffusion durch den Film wird bei Typ 4 ausreichend gut eingestellt, was durch die Konfektionierung des Anstrichmittels möglich ist.

Typ 5 entspricht dem Stand der Bautenschutz- und Malertechnik von heute. Er wurde in den Jahren 1960 bis 1974 entwickelt und erprobt; wir stehen hier auf sicherem Boden, mit einem fast 15-jährigen Wissen an praktischer Erfahrung. Es war wiederum Karl Possekel, der diese Entwicklung einleitete. Beim Typ 5a ist das Anstrichmittel selber noch nicht wasserabweisend, jedoch wird mit Siloxanharzen grundiert (imprägniert), die den Baustoff gegenüber Wasser mit einer Grenzflächenspannung von ca. $50\ mN \cdot m^{-1}$ ausrüsten, mehr als genug, um den Baustoff kapillar zu inaktivieren und seine Oberfläche (die innere wie die äußere Oberfläche) wasserabweisend zu machen. Das wesentliche Merkmal ist die tief eindringende Imprägnierung, die den Baustoff in den äußeren Schichten trockenlegt. Durch diese imprägnierten Zonen kann kein Wasser gelangen, nur der Dampf kann ungehindert durchtreten. Ein Unterlaufen des Deckfilms ist damit auch unmöglich geworden. Zudem sind alle Röhren- und Blattkapillaren nicht mehr wasseraufsaugend, sie sind inaktiviert und anstelle des Wasseraufsaugvermögens entsteht gegenüber dem Wasser ein Kapillarwiderstand. Auch die feinen Risse sind mit imprägniert; Wasser kann in ihnen nicht fließen. Damit besteht auch keine Gefahr, daß Wasser an die Unterseite des Anstrichfilms gelangt, diesen abdrückt oder sich unter ihm ansammelt und das eluierte Kalkhydrat ablädt. Alle diese Risiken, welche normalerweise den Verfall eines Anstrichsystems bewirken, entfallen.

Die Hauptfunktion ist jetzt der Schutz der Außenwand gegen die Wasserbelastung. In den meisten Fällen wird durch die Verwendung dieses Systems auch erheblich an Heizkosten eingespart. Nach Großversuchen, die Possekel in den Jahren 1960 bis 1962 durchführte, wurden bei gemauerten und verputzten Wänden bei dreigeschossigen Bauten im Schnitt bei 2 Heizungsperioden rund 25 % Heizkosten eingespart. Das ist ein zwar bekannter Effekt, der aber in der Zeit des Überschusses an billigem Rohöl nicht zur Kenntnis genommen wurde.

Durch diese Art der Grundierung des Baustoffes der Fassade überbrückt der Deckanstrich die kritische Distanz von ca. 4 Ångström und verbindet sich mit dem Baustoff unter Ausnutzung der elektrochemischen Adhäsion. Anstrichmittel und Grundierung sind stoffgleich oder ähnlich, so daß sich ein nahezu homogener Verbund ergibt.

Noch wirksamer schützt Typ 5b die Außenwand. Hier handelt es sich um einen reinen Schutzanstrich mit nützlichen Nebeneffekten hinsichtlich der Verschönerungswirkung. Auch hier wird der Baustoff — der Untergrund — mit einer 5–6 %igen Siloxanharzlösung tief eindringend imprägniert; dieser Lösung werden oft auch 0,5–1,5 % Methacrylharze zugesetzt, die sich in den verwendeten Lösungsmitteln vollständig lösen. Der Deckanstrich ist mit Siloxanharz gebunden und ist damit jetzt selber stark wasserabweisend. Bei diesem System entstehen keine Grenz- und Trennflächen, alles geht im Baustoff und auf dem Baustoff homogen ineinander über.

Die Charakteristika und Vorzüge dieser letzten Entwicklung sind:

— Verbund und Durchdringung des Baustoffes der Fassade mit dem Anstrichsystem;
— dadurch Vermeidung von Grenz- und Trennflächen;
— Wasserabweisung und Kapillarinaktivierung des Fassadenbaustoffes und Wasserabweisung des Deckfilms;
— kein oder nur sehr geringes Verschmutzen des Anstrichs;
— kein Unterlaufen des Anstrichfilms durch Wasser, weil alle Risse und Kapillaren inaktiviert sind und sich auch keine offenen, wasserführenden Flächen mehr ergeben;

311 Dieser Verblendstein ist im Juni 1962 mit Siloxanfarbe gestrichen worden. Die Umgebung des Steines wurde nicht imprägniert, der Stein selber wurde imprägniert. Das Bild zeigt den Zustand im Mai 1979.

— lange Lebenserwartung dieses Anstrichsystems bei kaum höheren Kosten als die konventionellen Systeme und damit Fortfall vieler Wartungsperioden und eine erhebliche Kosteneinsparung über die Zeit.

Der gleichzeitig anfallende Nebeneffekt der Sauberhaltung der Fassade fällt beim Typ 5b am Rande ab. Das den Schmutz mitführende, von der Fassade ablaufende Wasser dringt nicht mehr in den Baustoff ein und kann den Schmutz dort nicht absetzen. Es dringt auch nicht den Anstrichfilm aufquellend in diesen ein, weil es abgewiesen wird und kann den Schmutz auch auf dem Film nicht absetzen. Da der Anstrichfilm trocken bleibt, vermag er den Schmutz nicht zu binden und zu fixieren.

Einige Beispiele aus der Praxis: Bild 311 zeigt einen interessanten Langzeitversuch. Inmitten einer völlig unbehandelten und gegen Wasser nicht geschützten Ziegelmauerwerkswand ist eine Ziegelsteinfläche mit einem weißen Siloxanstrich versehen worden. Dieser entspricht Typ 5b. Nach 17 Jahren ist noch keine Schädigung, kein Abkreiden, keine Verschmutzung oder Farbänderung des Anstrichs erfolgt. Auch im Jahre 1979 ist dem Anstrich nicht anzusehen, wann ein solcher Verfall eintreten könnte. Ein weiteres Beispiel zeigt das Bild 312. Hier ist eine Asbestzementplatte künstlich intensiv verschmutzt worden. Es wurden ein handelsüblicher weißer

312 Auf der linken Seite der Asbestzementplatte wurde ein handelsüblicher, weißer Kunstharzdispersionsanstrich aufgebracht, auf der rechten Seite Siloxananstrich in weiß. Nach dem Verschmutzungstest ergibt sich dieses Bild.

Kunstharzdispersionsanstrich und ein weißer Siloxananstrich verglichen. Der Versuch wurde so durchgeführt, daß von Balkonflächen und Dachrinnen in Bochum und Dortmund Schmutz gesammelt wurde. Dieser wurde dann zu einer schwarzen Dispersion aufgeschlämmt, in die die Platte dann mehrere Tage gelegt wurde. Der Schmutz setzte sich auf der Oberfläche der gestrichenen Platte ab. Dann wurde die Platte vorsichtig herausgehoben und für 48 Stunden im Trockenschrank bei 55 °C belassen. Anschließend wurde die Platte abgeduscht, und es zeigte sich das vorliegende Bild. Der Schmutz wurde nur dort fixiert, wo das Anstrichmittel wasserfreundlich war, etwas aufquoll, weich wurde und den Schmutz gebunden hatte.

Anstrichmittel beeinflussen die Lebenserwartung von Baustoffen der Fassade

Durch das Fernhalten von Wasser werden sehr viele Risiken für die Baustoffe der Außenwand vermindert oder ganz vermieden. Diese Funktion ist mehrfach diskutiert, so daß der Hinweis auf den positiven Effekt wasserabweisender Fassadenanstrichsysteme genügt. Diese schützende und die Lebensdauer verlängernde Funktion sollen die Bilder 313 und 314 demonstrieren. Hier ist eine stark gerissene Putzfassade zunächst tief eindringend mit einer Siloxanharzlösung imprägniert worden, so daß der Fassadenbaustoff trockengelegt wurde. Darauf wurde dann ein deckender Siloxananstrich aufgebracht. Es zeigt sich, daß die trockengelegten Risse nicht mehr arbeiten und nach der Sanierung auch nicht mehr durch den Anstrichfilm durchtraten. Damit wurde ein wesentliches Risiko für die Lebensdauer von Wand und Anstrich ausgeräumt.

Die negativen Effekte – das Hervorrufen von Schäden durch Anstrichmittel – sind weniger bekannt oder – anders formuliert – sie dringen nicht oder nur wenig in das Bewußtsein der Planer und der Handwerker. Wasserdampfabsperrende Anstrichfilme zerstören nicht nur sich selber, in vielen Fällen zerstören sie auch den Baustoff der Fassade. Um das glaubhaft zu machen, bedarf es einiger Beispiele. Bild 315 zeigt die Harzbeschichtung (Versiegelung) einer Klinkerfassade. Sie erfolgte, weil der Bauherr meinte, er könne die ständige Durchfeuchtung der Wand durch eine solche Schutzschicht vermeiden, die ihm ein angeblich sachverständiger Bautenschützer eingeredet hatte. Der Erfolg war die Zerstörung der Verblendschale. Das Wasser, das auf irgendeinem Weg stets eindringen kann, und sei es als Taupunktwasser im Winter, konnte nicht ausdampfen. Es sammelte sich in der Wand an und wurde im Winter zu Eis. Das Eis sprengte dann die äußeren Steinscherben einschließlich der Versiegelung ab.

Bild 315 zeigt diese Blasenbildung der Wassersäcke in der Verblendschale, Bild 316 die erfolgte Zerstörung im nächsten Frühjahr. Eine ähnliche Versiegelung zeigt Bild 317. Hier läuft das Harz in dicken Strähnen von der Wand. Eine ebenfalls vollendete Zerstörung der Verblendschale sieht man

313/314 Das obere Bild zeigt eine stark zerrissene Putzfassade, das untere Bild den Zustand nach der Sanierung der Fassade mit dem Siloxansystem (nach 4 Jahren).

315 Blasenbildung unter einer dicken Harzversiegelung auf einer Klinkerverblendfassade durch Wasseransammlung hinter der Versiegelungsschicht

317 Dicke Versiegelungsschicht mit Läufern der Harzlackierung über einer Verblendfassade

316 Diese Ziegelsteinoberfläche ist gegen eindringendes Wasser mit einer Lackschicht versehen worden. Durch diese sperrende Lackschicht konnte das in der Wand befindliche Wasser nicht mehr nach außen abdiffundieren; es blieb im Winter unter der sperrenden Lackschicht und sprengte dann unter Eisbildung die gesamte äußere Steinschicht ab.

Tabelle 23 Lebenserwartung von Fassadenanstrichen

bei nicht vorhandener Grundierung oder wirkungsloser Grundierung durch Kunstharzdispersionen und Molekülagglomeraten in Lösungsmitteln

Anstrichsysteme (Bindung mit)	durchschnittliche Lebensdauer auf Untergründen		
	Betone	Putze	Kalksandsteine
Polyvinylacetat- und Propionat	3*	2*	3*
Copolymere des Vinylacetats und Propionats	4*	4*	3*
Copolymere der Acrylsäureester	5*	5	5
Copolymere der Methacrylsäureester	5	5	6*
Copolymere des Vinyltoluols	6*	6*	6*
Ölfarben und Alkydharzlacke	6*	5	?
Kunstharzdispersion mit Wasserglas	2*	2*	1,5*

bei einer wirksamen Grundierung mit Hydrosolen oder molekular löslichen Grundierharzen — jedoch nicht ohne eine merkliche Erhöhung der Grenzflächenspannung zum Wasser

Anstrichsysteme (Bindung mit)	durchschnittliche Lebensdauer auf Untergründen		
	Betone	Putze	Kalksandsteine
Polyvinylacetat- und Propionat	5*	4	4*
Copolymere des Vinylacetats und Propionats	6	4	5*
Copolymere der Acrylsäureester	7*	6*	6
Copolymere der Methacrylsäureester	10*	7	7
Copolymere des Vinyltoluols	7*	7*	7
Hydrosole (Wasserlacke) auf der Basis von Methacrylsäureestercopolymeren	10	8	7

Bei einer Grundierung mit hydrophoben Harzen, so den Siloxanharzen oder deren Mischungen mit Methacrylsäureestern und deren Copolymeren

Anstrichsysteme (Bindung mit)	durchschnittliche Lebensdauer auf Untergründen		
	Betone	Putze	Kalksandsteine
Polyvinylacetat- und Propionat	7	5	6
Copolymere des Vinylacetats und Propionats	8	6	7
Copolymere der Acrylsäureester	12	9*	10
Copolymere der Methacrylsäureester	12*	10	10
Siloxan-Methacrylanstriche	18*	15*	19*
Siloxandeckanstrich über einem Methacrylatfilm von 50 micron	16*	16*	18*
Hydrosole (Wasserlacke) auf der Basis von Methacrylsäureestercopolymeren	>10	>10	>10

* Nachgewiesene Zeiten. Die nicht gekennzeichneten Daten sind aus dem jeweiligen Erhaltungszustand extrapoliert.

schließlich in Bild 318. Hier ist mit dünnflüssigem Harz versiegelt worden, doch der Erfolg war der gleiche. Diese Scherben lösten sich erst dann, als die Temperatur wieder anstieg. Die Verblendsteine wurden gesprengt, und die Bewohner fegten im März die abgesprengten Scherben zusammen. Solche Schäden finden wir in allen Breiten. Bild 315 und 316 zeigen Schäden in Lugano, Bild 317 in Frankfurt und Bild 318 in Hamburg. Hier sind die Fassaden regelrecht „geschlachtet" worden. Es ist meistens der nicht ausreichende Wissensstand der Beteiligten — der Planer, der Spezialfirmen und der Maler —, der, auch heute noch, immer wieder zu derartigen Fehlleistungen führt. Es muß dringend empfohlen werden,

— keine sperrenden Anstrichfilme auf die Fassade zu bringen,
— tief eindringend und möglichst den Untergrund kapillar inaktivierend zu grundieren sowie
— die Anstrichfilme möglichst wasserabweisend auszurüsten.

Die Beachtung dieser wenigen Grundsätze kann die Lebenserwartung von Anstrichen vervielfachen. Tabelle 23 gibt einen Anhalt über die nachgewiesene und extrapolierte Lebenserwartung von Anstrichmitteln, die Übersicht über Erfahrungen in einem Zeitraum von etwa 25 Jahren. Dieser Zeitraum umfaßt alle Entwicklungsstufen vom Jahre 1953 bis heute. Im einzelnen hat diese Tabelle keinen An-

318 Hier hat die Fassadenversiegelung (Lackierung) infolge der hohen Dampfsperre und der Wasseransammlung in der Wand zur Zerstörung der Verblendschale geführt.

spruch auf Vollständigkeit jeder Aussage, denn sicher sind manche Kombinationen und Versuche nicht erfaßt worden. Im Überblick dient sie jedoch recht verläßlich der Orientierung.

Bei der Lebenserwartung des Problemkomplexes „organische Anstrichmittel" müssen wir unterscheiden zwischen:

— der Lebenserwartung des Anstrichfilmes selber (Bewitterungs- und Hydrolyseresistenz),
— der Lebenserwartung der Untergrundimprägnierung (Grundierung) sowie
— der Dauer der Funktionsfähigkeit auf der Wand im Hinblick auf die Schutzfunktion.

Bei den qualitativ hochwertigen modernen Anstrichsystemen fallen die drei genannten Punkte zusammen. Die beiden Nebenfunktionen — die verschönernde Überdeckung und die Sauberhaltung — werden nicht gesondert erwähnt, weil sie bei den heutigen Systemen selbstverständlich sind. Ein Anstrichsystem erfüllt seine Wirkung so lange, wie es den Baustoff zu schützen in der Lage ist, und das ist in der Regel dann der Fall, wenn ein geschlossener Anstrichfilm vorliegt.

5 Schlußwort

Die Dimension der Zeit ist in alle Betrachtungen im Baugeschehen eingeführt worden. Das ist vereinzelt in der Erörterung der Wirtschaftlichkeit von Reparaturen und Sanierungsmaßnahmen bisher schon der Fall gewesen; über die Lebenserwartung der Baustoffe und der aus ihnen zusammengesetzten Bauteile bestand jedoch weitgehend Unklarheit.
Wirtschaftliche Betrachtungen von Baustoffen und Bauteilen basieren auf angenommenen Lebenserwartungen. Dabei ist es gleichgültig, nach welcher Formel man die Kosten pro Jahr berechnet. Diese Rechnung ist immer dann richtig, wenn alle Kosten, wie die Erstellungskosten und die Nebenkosten (Kapitaldienst, Verwaltungsanteil etc.), auf eine richtig angesetzte Erlebenszeit umgelegt werden.
Das Bundesministerium für Raumordnung, Bauwesen und Städtebau hat in seinem Forschungsbericht *Bau- und Wohnforschung – Baustoffe und Bauunterhaltungskosten, 1979. Bericht Nr. 04.051* eine ganze Reihe von Kostenanalysen durchgeführt, wobei für die Bauteile im Bereich der Dachdeckung, der Fassade und der Fenster Lebenserwartungszeiten angegeben werden. Die nachstehenden Tabellen stammen aus diesem Bericht (Autoren: Dr.-Ing. H. Menkhoff; Dipl.-Ing. G. Achterberg; Ing. grd. K.-H. Hampe).
Die angeführten Lebenserwartungszeiten sind gerundet – Annahmen, die sicherlich auf Erfahrungen beruhen. Im einzelnen kann man über die angeführten Zeiten geteilter Ansicht sein; sie wären hier und da korrigierbar. Das ändert jedoch weder etwas an der Bedeutung dieser Modellrechnungen noch an der Tatsache, daß man sich hier ernsthaft und in der ganzen Breite erstmalig mit der Einführung des Zeitfaktors in Kostenrechnungen befaßt. Die Bauwirtschaft, vor allem aber die Planer, werden sich an diese Denkweise gewöhnen müssen.

Im Laufe der mit 50 Jahren angenommenen Nutzungsdauer entstehen folgende Kosten:

Dachbelagsart	Lebensdauer in Jahren	Erstinvestitionskosten	Kapitalwerte nach 50 Jahren*
Bitumen-Pappdach	30	50,95 DM/m²	98,72 DM/m²
Kunststofffoliendach	40	55,10 DM/m²	98,53 DM/m²
Kiespreßdach	30	57,85 DM/m²	97,94 DM/m²
Kunststoff-Foliendach (UK)	40	71,20 DM/m²	110,11 DM/m²

* einschließlich Ersatzbeschaffung

Art der Außenwandverkleidung	Lebensdauer in Jahren	Erstinvestitionskosten	Kapitalwerte nach 50 Jahren
Putz mit Anstrich	50	37,25 DM/m²	69,46 DM/m²
Edelputz	50	41,80 DM/m²	46,36 DM/m²
Verblendklinker	> 50	87,50 DM/m²	91,13 DM/m²
Asbestzement-Tafeln	50	92,85 DM/m²	105,00 DM/m²
Waschbetontafeln	> 50	175,00 DM/m²	187,71 DM/m²

Fensterart	Lebensdauer in Jahren	Erstinvestitionskosten	Kapitalwerte nach 50 Jahren
Holzfenster	30	369,75 DM/St.	734,33 DM/St.
Kunststoffenster	50	522,00 DM/St.	654,45 DM/St.
Holz-Alufenster	50	585,00 DM/St.	830,36 DM/St.
Aluminiumfenster	60	725,00 DM/St.	861,21 DM/St.

Im Laufe einer mit 50 Jahren angenommenen Nutzungsdauer entstehen bei den einzelnen Belagsarten folgende Kosten:

Belagsart	Lebensdauer in Jahren	Erstinvestitionskosten	Kapitalwerte nach 50 Jahren
Vinyl-Asbest	25	9,50 DM/m²	15,15 DM/m²
Linoleum	20	12,80 DM/m²	22,26 DM/m²
PVC-heterogen	20	16,50 DM/m²	28,42 DM/m²
PVC-homogen	30	22,10 DM/m²	29,35 DM/m²
Nadelflies	10	25,00 DM/m²	71,53 DM/m²
Velours gewebt	15	32,50 DM/m²	67,14 DM/m²
Parkett (Eiche)	80	35,40 DM/m²	47,20 DM/m²
Betonwerkstein	80	36,60 DM/m²	36,60 DM/m²
Steingutfliesen	80	56,50 DM/m²	56,50 DM/m²

6 Sachwortverzeichnis

Abbeizen 69
Abdichtung 109 f., 134, 136, 142
Abplatzen 84
Acrylatlack 140
Acryldichtstoffe 140
Acrylester 140
Acrylharz 142
Acrylpolymer 140
Acrylterpolymere 135
Adhäsion 154, 157
Alkalibeständigkeit 133
Alkalireserve 59, 61 f., 96, 98
Alkalisilicate 74
Alkalisiliconatlösung 63
Alkalisiliconatzusatz 76
Alkalistabilität 130
Alkalität 55, 131, 155 f.
Alkaliwasserglas 81
Aluminium 6, 86, 101, 103
Aluminiumlegierung 86, 101, 103
Aluminiumoxid 101
Aluminiumoxidhydrat 101
Aminoplaste 128
Anorganische Anstrichmittel 73
Anorganische Dämmstoffe 142
Anschlußfugen 134
Ansetzmörtel 41
Anstrich 51, 61, 66, 69, 76, 80, 100, 108
Anstrichfilm 69, 76, 152, 154 ff., 161 f.
Anstrichmittel 67, 75, 81, 152, 154 ff., 161 f.
Anstrichschichten 65
Anstrichsystem 152, 154 f., 157, 161 f.
Anstrichtyp 155 f.
Asbestfaser 71
Asbestzement 69
Asbestzementplatten 6, 69, 71, 90, 157
Asphalt 109
Atmungsaktivität 152
Ausblühung 41
Ausblutung 23, 69
Ausdehnungskoeffizienten 2, 64
Auswaschung 55
Außenbeschichtung 110
Außenputz 23, 53, 76
Außenwandfuge 135
Außenwandverkleidung 163

Basalt 19
Basaltlava 11
Baustahl 100
Baustoffuntergrund 155
Bautenschutz 2
Bautenschutzmittel 133
Bekleidungen 41, 43
Bekleidungsfläche 45
Belagsart 163

Belastbarkeitsgrenze 142
Beton 3, 6 f., 29, 31, 46, 54 f., 59, 61 ff., 71, 82 ff., 86, 94, 96, 98 f., 101, 104 f., 105, 132 f., 143, 148, 155
Betonberechnung 133
Betondefekte 59
Betonsteine 12
Betonüberdeckung 61
Beschichtung 69, 71, 78, 148, 156
Bewehrung 59
Bewehrungsmatten 59
Bewehrungsstahl 3
Bims 12, 19 f., 51
Bimsbaustoffe 63 ff.
Bimsbeton 20
Bimsbetonstein 54
Bimskorn 63, 65
Bimskornschüttung 65
Bimsschüttung 63
Bindeharz 148, 154, 156
Bindemittel 1, 135 f., 140 ff., 144, 148
Bitumen 109, 118
Bitumenbahnen 109
Bitumenbasis 88
Bitumendach 88
Bitumenverguß 109
Blähschiefer 65
Blähton 65
Blasenbildung 109
Blei 6, 72, 86, 104 f.
Bleiabdichtung 72
Bleicarbonatschleier 72
Bleioxid 104
Bleirinne 104
Bleiverglasung 104
Bleiverguß 89, 104
Brandsicherheit 63, 142
Bronze 6, 71, 86, 88 ff., 92, 94
Butylkautschuk 72, 140
Butylkautschukmasse 135

Calziumcarbonat 74
Carbonatisierung 55, 96, 126
Carbonatisierungszone 59
Carbonatisierungsgeschwindigkeit 84
Chloropren 140
Chrom 6, 90, 99
Coextonsion 126 f.

Dachbahn 118
Dachbelagsart 163
Dämmputz 24, 32
Dämmstoffe 6, 46, 142, 144
—, mineralische 143
Dampfdichtheit 72
Dampfdiffusion 152, 155
Dampfdiffusionsfähigkeit 84

Dampfsperre 72, 76
Deckanstrich 155, 157
Deckenputz 82, 84 f.
Deckenputzträger 83
Deckfilm 157
Dehnungsfugen 134
Diabas 11
Dichtstoff 3, 108, 134 ff., 140 ff.
Dichtstoffqualität 141 f.
Dichtstofftyp 142
Diffusionssperre 5
Diffusionswiderstand 109
Diffusionswiderstandszahl 5
Dilatation 2
Dispersion 31, 158
Dispersionspulver 31
Dispersions-Silicatfarbe 74, 76, 81
Dolomit 10, 15, 17, 19, 23
Dünnbettkleber 54
Durchfeuchtung 82
Duroplaste 112

Edelputz 23, 51
Edelrost 100
Edelstahl 71, 94, 99
—, rostfrei 71, 86, 99
Eintopf-Silicatfarbe 76
Eisen 6, 86, 94, 99, 103
Eisenkristallite 89
Elastizitätsmodul 23, 48, 64
Elastomer 104, 112, 134
Elastomerabdichtung 72
Eloxalschicht 101
eloxieren 101
Emission 59, 96
Entzinkung 71
Entzinkungsvorgang 92
Epoxidharz 4
Epoxidharzanstrich 114
Epoxidharzbelag 114
Epoxidharzestrich 114, 116
Epoxidharzschutzsystem 61
Epoxidharzteermischung 109
Erdalkalisilicat 80
Erdfarbe 74
Erosion 1 ff., 12, 19, 22, 37, 55, 65, 86, 91
Erosionskorrosion 1, 95
Erstarrungsgestein 7
Estrich 31
Ettringitbildung 82, 84
Extender 140
Extrusion 126

Fachwerk 49
Fachwerkbauten 51
Farbanstrich 55, 154
Farbschutz 108

Fassadenanstrich 4, 80, 152, 161
Fassadenanstrichsystem 158
Fassadenbekleidung 41, 69
Fassadenlack 4, 69
Fassadenplatten 120
Fassadenreinigung 73
Feinputz 53, 75
Fensterabdichtung 135
Fensterart 163
Fensterfolie 120, 128
Filmbildung 80 f.
Flachdachabschluß 110
Flächenabdichtung 110
Flachziegel 48, 53
Flickmörtel 31, 96
Fliesen 41, 43
Fliesenbelag 43
Fliesenkleber 43, 83
Flußsäure 73
Fresken 53, 75 f.
„Frikadellentechnik" 43, 45
Frostabsprengungen 38, 43, 45, 65
Fuge 27, 43, 45 f., 64, 109, 134 f.
Fugenabdichtung 134 f.
Fugenauslegung 140, 142
Fugenberechnung 140
Fugenbreiten 64, 140
Fugenflanke 136
Fugenmaterial 63
Fugenmörtel 4, 24, 29, 45 f., 48, 65 f.
Fugenrand 140
Fugenraster 2, 140
Fugenverfüllung 66
Fungizide 128

Gasbeton 51
Gesteinswolle 143
Gewebe 54
Gips 20, 85
Gipsdeckenputz 83, 85
Gipsplatte 83 f.
Gipsputz 82 ff.
Glas 6, 41, 64, 71, 73, 134
Glasbauelement 71
Glasfaser 143
Glashalteleiste 134
Glasur 41, 43
Glasversiegelung 72
Glattstrich 29
Gold 89
Granit 10
Grauwacke 9
Grenzflächenhaftung 148
Grenzflächenspannung 76 f., 129 f., 155 f.
Grundierharz 156, 161
Grundierung 83, 155 ff., 161 f.
Gußasphalt 110
Gußeisen 94

Haarrisse 32, 66, 152
Haftvoranstrich 140
Haftputz 84
Halbölanstrich 155
Harnstoffschaum 143
Hartlöten 92
Hart-PVC 122

Hartschaum 143
Harz 69, 130, 132, 148, 156, 158, 161
Harzbeschichtung 158
Harzlösung 130
Heißasphalt 84
Hintermauerstein 65
Holz 3, 7, 51, 105, 108
Holzart 109
Holzbalken 49, 51
Holzbauteile 53, 105, 108
Holzfenster 108
Holzoberfläche 108
Holzprofile 108
Holzrahmen 108
Holzschädlinge 105
Holzschutzmittel 71, 105, 108
Holzwolleleichtbauplatten 54, 83, 94, 144
Hydrolyse 148
Hydrophobiermittel 129
Hydrophobierung 41, 61, 76, 80, 129 f., 155
Hydrosole 83, 156, 161

Imprägnierlösung 80
Imprägniermittel 129
Imprägniersalz 71
Imprägnierung 4, 15, 51, 71, 108, 129 f., 133, 157
Imprägnierwirkung 131
Innenanstrich 83
Innenputze 24 f.
Isolierglas 71 f., 134

Juramarmor 19, 87

Kadmium 104
Kaliumcarbonat 78
Kaliumsilicat 74, 78
Kaliwasserglas 74, 76, 78
Kalk 23, 29, 74, 82
Kalkanstrich 155
Kalkbindung 22, 25
Kalkfarbe 75
Kalk/Gips/Sand-Maschinenputz 82
Kalkhydrat 6, 25, 45, 69, 71, 157
Kalkhydratausblutung 84, 133
Kalkhydratläufer 4
Kalkmörtel 4, 6, 25, 49, 53, 89
Kalksandstein 6, 20, 54, 63, 65 f., 69, 105
Kalksandsteinfassade 65, 69
Kalksandsteinoberfläche 69
Kalksandsteinverblendschale 69
Kalkstein 15, 17, 19, 20, 25, 53
Kalktrennschichten 84
Kapillarinaktivierung 31, 157
Kapillarwiderstand 157
Kavitationsprozeß 91
Keramik 3, 35
keramische Platten 6, 41, 46, 54, 82 f.
keramische Schalen 55
Kieselsäure 81
Kieselsäureester 61, 77
Kitt 134
Kittbett 72
Kleber 43
Klebemörtel 41, 46, 64
Klinker 6, 34, 37 f., 41, 46

Klinkerfassade 158
Klinkerverblendschale 38
Klinkerverblendstein 53
Kohäsion 4
Kohlendioxid 81
Kohlenwasserstoffe, fluorierte 69
Konglomerate 11
Kontraktion 2
Kork 105, 144
Korkschrot 144
Korrosion 1 ff., 15, 37, 55, 59, 72, 86, 88 ff., 94 ff., 98, 101, 103 f.
Korrosionspotentiale 87
Korrosionsresistenz 100
Korrosionsrisiko 99
Kunstharz 31, 81, 109, 134, 148, 156
Kunstharzagglomerate 156
Kunstharzbasis 88
Kunstharzdispersion 7, 41, 80 f., 83, 156, 161
Kunstharzdispersionsanstrich 69, 148, 158
Kunstharzfilm 38, 81
Kunstharzmörtel 4
Kunstharzplastik 148
Kunstharzputz 3, 148
Kunstharzzusatz 78
Kunststoff 31, 55, 71, 81, 94, 104 f., 113 f., 119 f., 127, 129 f.
Kunststoffbahn 118
Kunststoffbeschichtung 84
Kunststoffdispersionen 74, 76
Kunststoff-Fassade 128
Kunststoffoberfläche 121, 123, 128
Kunststoffprofile 86, 120, 124, 128
Kunststoffschrauben 71
Kunststofftypen 120
Kunststoffzusatz 83
Kupfer 6, 86, 88 ff., 92, 94 f., 100, 105
Kupferblech 86, 90
Kupferlegierung 71, 86, 89, 92, 94 f.
Kupferoxidschicht 88
Kupferoxidschutzschicht 90 f.
Kupferriffelblech 90
Kupferrohr 6, 88, 90 f.
Kupferrohrleitung 90 f.

Lackschicht 38
Lasur 108
Lava 19
Legierung 89
Lehm 34, 49
Lehmstein 35
Lehmverputz 35
Leichtbeton 6, 65
Leichtmetall 6, 101
Leichtmetall-Legierung 126
Lochfraß 86, 88, 90 ff.
Lösungsmittel 156
Luftporenedelputz 23

Magnesit 144
Magnesium 101
Mangan 99
Marmor 8, 15, 19
Maschinengipsputz 89
Maschinenputz 82

Mauermörtel 25, 27, 29, 64 f.
Mauerwerk 38, 41, 53 f.
Mauerwerkfassade 29
Mehrscheibenglas 71 f.
Melaminharz 129
Messing 6, 71, 86, 88 f., 92, 94
Metallseife 7, 31 f., 130
Metamorphes 7
Methacrylat 69, 73, 141
Methacrylatlack 141
Methacrylharz 157
Methylsiloxan 130, 133
Methylsiloxanharz 131
Methylsiloxanharzimprägnierung 131
Mikroorganismen 105
Mineralfarbanstrich 74 ff., 155
Mineralfarbe 6, 25, 74, 76, 80
Mineralfaser 143
Mischpolymerisate 113
Mischmauerwerk 49, 53, 55
Mittelmosaik 46
Mörtel 4, 6 f., 15, 23 f., 27, 143
Mörtelbett 45
Mörtelfugen 43, 45 f., 69, 131 f.
Mörtelfugenabrisse 65
Mörtelschicht 61
Mörtelverguß 46
Molybdän 99
Mosaik 15, 41
Muschelkalk 9, 17, 19

Nachimprägnierung 105
Nachschwinden 46, 83
Natriumsilicat 74
Naturbims 63
Naturstein 3, 6 f., 23, 25, 35, 41, 46, 48 f., 53, 104
Naturwerksteine 8, 12
Nickel 6, 90, 99

Oberflächenspannung 76 f., 129 f., 133
Ölfarbenanstrich 155
Onyx 11
organische Anstrichmittel 162
— Baustoffe 105
— Dämmstoffe 142 f.
— Kunststoffe 105, 112 ff., 116
Organo-Silicatanstrich 69, 81
Organo-Silicatfarbe 76
Oxidation 86, 89, 112
Oxidfarbe 78
Oxidhaut 104

Patina 89 f., 129
Perlit 32, 143
Phenolharzschaum 143
Phosphatdosieranlage 91
Pigmente 74
Pigmentzusatz 104
Plexiglas 127
PMMA 122, 126 ff.
Polyäthylenfolie 118
Polychloroprene 116, 118
Polyesterharz 4
Polyisobutylen 118
Polyisocyanuratschaum 143

Polymethacrylat 103
Polyolefinschaum 143
Polystyrolhartschaumplatten 118
Polystyrolschaum 143
Polystyrolschaummörtel 32
Polysulfid 72, 104, 116, 140, 142
Polysulfiddichtstoffe 72, 135
Polysulfidmasse 135 f.
Polyurethan 103, 126, 140, 142 f.
Polyvinylchlorid 103
Polyvinylchloridfolie 116
Punktkorrosion 101
Putz 3 f., 23, 25, 27, 29, 32, 51, 54 f., 73, 75 f., 80, 83
Putzart 53
Putzdicke 85
Putzfassade 158
Putzlage 148
Putzmalerei 75
Putzschale 54
Putzstärke 83
Putzuntergrund 75
PVC 122 f., 126 ff.
PVC-Schaum 143

Quarzit 11
Quarzkorn 78

Randdichtung 72
Realkalisierung 61
Reinaluminium 101
Reinigen 69, 101, 128
Reinigungsmittel 46, 73
Reinigungsschaden 46
Rekristallisation 74
Risse 1, 32
Rißbildung 86
Rohrmatte 83
Rost 55, 62, 98
Rostbildung 86
Rostschutz 61
Rostschutzanstrich 94, 104

Salzsprengung 23
Sandstein 9, 20, 22
Schaumglas 143
Schaumstoff 32
Schichtgestein 7, 12
Schiefer 11, 22 f.
Schimmelpilz 105
Schutzanstrich 60 f., 76, 88, 103
Schwarzmassen 109
Schwefeldioxid 20, 80
Schwefeloxid 81
Schwefelsäure 80
Schwindbewegung 46
Serpentin 9
Sgraffiti 75
Silan 20, 77, 130, 132 f.
Silanimprägnierung 133
Silber 89
Silicat 41, 86, 133
Silicatanstrich 74, 76 ff., 80 f., 155
Silicatfarbe 6, 74, 76
Silicatfarbenanstrich 76, 132
Silicat-Siliconat-Anstrichmittel 74

Silicon 129
Siliconat 132
Siliconat-Wasserglas-Mischung 132
Siliconharz 73, 76, 129 f.
Siliconharzimprägnierung 60, 69, 129
Siliconimprägnierung 130
Siliconkautschuk 112, 135, 140, 142
Siliconöl 101, 112, 142
Siliziumdioxid 78
Siloxan 20, 77, 130, 133
Siloxananstrich 51, 69, 157 f.
Siloxanharz 130, 161
Siloxanharze 73, 80, 112, 129 ff., 156
Siloxanharzimprägnierung 130 ff.
Siloxanharzlösung 130, 157 f.
Siloxanimprägniermittel 69
Siloxanimprägnierung 23, 32, 51, 69, 81, 129, 133
Siloxanharz-Silan-Gemisch 131
Siloxan-Silan-System 4, 61
Sinterschichten 84
Spaltklinker 41
Spaltkorrosion 101
Spannungsrisse 73
Spannungsrißkorrosion 71, 92
Sperrputz 23, 31
Spritzbeton 61
Stahl 6, 55, 59, 62, 71, 86, 94 ff., 98 ff., 103, 133
Stahlanker 99
Stahlberechnung 55, 65, 95
Stahlbeton 6 f., 55, 59, 61
Stahldraht 98
Stahlmatte 95
Stahloberfläche 89
Stahlortung 96
Stahlrohr 95
Steingut 41
Steinzeug 41
Streckmetall 54
Streckmetallarmierung 98
Stroh 49, 105
Sulfat 41

Taupunktfront 63
Taupunktwasser 158
Teer 109
Teerpech 109
Thermoplaste 112
Thiokol 72, 136
Thiokolgehalt 141
Titan 6
Titandioxid 121, 124, 126, 129
Titanzink 86, 88
Ton 34 f., 37, 46
Tonschiefer 23
Trachyt 11
Travertin 10, 15, 17, 19
Trennmittel 84
Trockenestriche 82
Trockenmörtel 82
Trockenrohdichte 63
Trockenschwindung 84
Tuffstein 4, 19, 53

Unterrostung 100
Unterstopfungsmaterial 140

Verätzung 73
Verblendmauerwerk 20
Verblendschale 29, 38, 46, 48, 54, 66, 69, 158
Verblendschaltechnik 35
Verblendstein 161
Verblendung 54
Verblendwand 131
Vergruung 108
Verguß 110
Verlötung 72
Vermiculit 143
Verseifung 81, 83
Versiegelung 134, 158
Verklinkerung 34
Verlegemörtel 41, 45 f.
Verlegeuntergrund 43, 46
Verschmutzung 55, 66, 69, 73, 76
Verzinkung 71, 89, 94
Vinyltoluol 73

Vormauerschale 38, 46, 48
Vormauerstein 65
vulkanische Gesteine 19
vulkanischer Tuff 11

Wärmedämmung 51, 63 f.
Wärmedämmwert 63
Walzasphalt 110
Wandputz 85
Wasserabweisung 4, 31, 129, 131 ff., 155
Wasserbelastung 1, 105, 157
Wasserdampfdiffusion 81, 156
Wasserdampfdiffusionswiderstandsfaktor 5, 65, 76
Wasserdampfdurchlässigkeit 148
Wassereinwirkung 2
Wasserglas 61, 81
Wasserglasanstrich 76
Wasserglasfassadenanstrich 132
Weichmacher 140 f.
Weichmacherwanderung 141
Weich-PVC 123

Zement 29, 63, 144
Zementbindung 64
Zementfarbanstrich 74
zementgebundene Baustoffe 143
Zementleimhaut 84
Zementstein 64 f.
Ziegel 3 f., 6, 15, 25, 34 f., 37 f., 41, 46, 48 f., 53 f., 63, 131
Ziegelmauerwerk 54
Zink 6, 86, 88 f., 92, 94, 104
Zinkdacheindeckung 88
Zinkkarbonat 88
Zinklegierung 92
Zinkoxid 88
Zinkschmelzbad 89
Zinkstaubfarbe 88
Zinn 89, 104
Zinnbronze 89
Zweikomponenten-Silicatfarbe 76

VIEWEG

Wie können Bauschäden vermieden werden? — dieses Buch gibt Antworten!

Erich Schild, H.-F. Casselmann, Günter Dahmen und Rainer Pohlenz

Bauphysik

Planung und Anwendung

Mit 310 Abb. und 30 Tafeln. 2., durchges. Aufl. 1979. VIII, 215 S. 21 X 29,7 cm. Gbd.

Ohne grundlegende Kenntnisse bauphysikalischer Prozesse können bauschadensfreie Hochbauten nicht mehr sicher geplant werden. Die seit langem wissenschaftlich und praktisch über Bauschadensprobleme arbeitenden Autoren beschäftigen sich schwerpunktmäßig mit der unzureichenden Berücksichtigung bauphysikalischer Beanspruchungen bei der Hochbauplanung. Ihr Buch gliedert sich in die Hauptabschnitte Wärmeschutz, Tauwasserbildung, Längenänderungen, Sonnenschutz, Schallschutz und Raumakustik. Ausgehend von Planungsaufgaben der Architekten und Ingenieure werden praktische Lösungswege in ihren systematischen Schritten anwendungsbezogen dargestellt. Das Buch vermittelt dementsprechend so viel wie nötig und so wenig wie möglich bauphysikalische Theorie.

„Bei den heute wesentlich komplizierter gewordenen Baukonstruktionen und der Flut von neuen Baumaterialien kann das Konstruieren heute (leider) nicht mehr nach handwerklichen Rezeptbüchern erfolgen. In Kenntnis dieser Gegebenheit ist der Arbeitsgruppe mit E. Schild eine weitere gute Arbeit gelungen."

Detail 2/1980

Inhalt: Wärmeschutz — Wasserdampfdiffusion — Formänderungen — Tageslichtbeleuchtung — Besonnung — Sonnenschutz — Schallschutz — Außenlärm — Raumakustik — Luftschallschutz — Trittschallschutz — Nebenwegübertragung — Haustechnik — Tabellenanhang — Literaturverzeichnis — Stichwortverzeichnis.